S7－1200/1500 PLC
应用技术

主　编　刘东海　卢丹萍　李佳宝

副主编　徐祖萱　梁澄河　李　波

北京理工大学出版社
BEIJING INSTITUTE OF TECHNOLOGY PRESS

图书在版编目（CIP）数据

S7－1200/1500 PLC 应用技术／刘东海，卢丹萍，李佳宝主编．－－北京：北京理工大学出版社，2025．1．

ISBN 978－7－5763－4889－7

Ⅰ．TM571．61

中国国家版本馆 CIP 数据核字第 2025DM9021 号

责任编辑：王培凝　　**文案编辑**：李海燕

责任校对：周瑞红　　**责任印制**：施胜娟

出版发行／北京理工大学出版社有限责任公司

社　　址／北京市丰台区四合庄路 6 号

邮　　编／100070

电　　话／（010）68914026（教材售后服务热线）

（010）63726648（课件资源服务热线）

网　　址／http：//www．bitpress．com．cn

版 印 次／2025 年 1 月第 1 版第 1 次印刷

印　　刷／涿州市新华印刷有限公司

开　　本／787 mm×1092 mm　1/16

印　　张／14．75

字　　数／342 千字

定　　价／68．00 元

前　言

2022 年党的二十大报告强调，坚持把发展经济的着力点放在实体经济上，推进新型工业化，加快建设制造强国、质量强国。2024 年政府工作报告中提出，实施制造业技术改造升级工程，培育壮大先进制造业集群，创建国家新型工业化示范区，推动传统产业高端化、智能化、绿色化转型。为助力国家加快建设制造强国、质量强国，培育壮大先进制造业集群，推动产业转型升级，编写团队深入行业企业调研，融入“四新”，并结合多年 PLC 课程教学及技能竞赛指导经验，精心组织和编写教学内容。

本书内容选取及编写具有以下特点：

1. 内容选取紧密对接制造技术改造升级和产业高端化、智能化、绿色化转型对 PLC 技术人才的能力和素质需求。以 S7－1200/1500 PLC 在生产实践中的典型应用为载体，基于工作过程开发教学任务。内容编排遵循学生认知和学习规律，循序渐进构建学习情境，开发模块任务。教学活动采用项目导向任务驱动模式，参照岗位工作过程设计各项任务活动，提升学生任务参与度，激发学习兴趣，增强教学效果。

2. 按照由浅及深、由基础到综合的认知和学习规律，循序渐进地构建学习情境，设计教学任务。内容分为 3 大模块 16 个任务。模块 1 为入门篇，共 4 个学习任务，主要学习 PLC 发展历史、结构、功能及 PLC 软件项目创建、硬件组态及程序编辑等基本使用方法，为后续任务学习和实施奠定基础。模块 2 为基础项目篇，共 8 个任务，主要以电动机、数码管、抢答器、交通灯、洗衣机、装配流水线、自动装料系统等常见 PLC 控制对象或控制过程为载体，学习西门子 PLC 常用指令、HMI 系统设计、程序虚拟仿真调试及在线调试的方法和技巧。模块 3 为进阶项目篇，设计了 4 个进阶项目任务，主要学习 PLC PID 功能、步进电机控制、以太网通信及 1500 PLC GRAPH 语言及程序设计方法。

3. 精心设计教学内容和活动，注重理实一体化教学，充分体现“学中做、做中学”的职教特点。闭环教学活动设计，课前预习引导、课中任务实施及评价、课后练习巩固。课中，基于工作过程设计任务各项活动，包括任务分组、制订计划、准备工具及材料、填写实施步骤、按步骤实施任务、任务实施评价。任务实施环节活动又分为分配 I/O、绘制电气接线图、编写 PLC 程序、开发 HMI 系统及在线调试或仿真调试。任务完成后依据任务实施评分表逐项评分，含自评、互评、教师评价，构建三维评价体系。任务能力强的小组可以实施拓展任务，满足不同学习能力层次的学习需求。

4. 从全局出发考虑思政元素的挖掘和融入。从任务载体选取、任务情境构建、小贴士拓展阅读、任务实施、任务评价等不同角度多渠道、多形式地挖掘和梳理蕴藏其中的思政元素，将科技强国、劳动精神、工匠精神、民族品牌自豪感、安全环保意识，以及制造强国等党的二十大报告精神等思政元素融入知识学习和技能训练中，实现德技双修。

5. 本书配套开发了任务导入、程序设计、虚拟调试、在线调试视频，以及教学课件和习题库，并提供源程序下载，能起到良好的助学助教作用。

本书具体编写分工如下：刘东海负责全书框架结构设计、统稿及思政元素挖掘，并编写了任务 1.1 ~ 1.4，卢丹萍编写了任务 2.1 ~ 2.3 及 3.4，李佳宝编写了任务 2.4 ~ 2.6，徐祖萱编写了任务 2.7、2.8 及 3.2，梁澄河编写了任务 3.1、3.3，李波制作了配套课件、开发了习题库及协助挖掘思政元素。在本书编写过程中得到了李海桦、李修明、郭宏涛三位企业高级工程技术人员的指导，他们从工程实际出发对本书编写提供了宝贵的意见和建议。郭宏涛对全书内容进行了审稿。在本书编写过程中参考并引用了一些教材、文献及有关网站的内容，在此向相关作者致以诚挚的谢意！

由于缺乏经验，书中难免有疏漏之处，敬请广大读者提出宝贵意见和建议，以便进一步修改和完善。

编　　者

目　　录

模块 1　S7 - 1200/1500 入门篇

任务 1.1　初识 PLC

学习情境

随着计算机工业控制技术的不断发展，监控技术日趋完善，PLC 在生产过程控制中发挥着不可替代的重要作用。进入 21 世纪，生产技术发展愈发迅速，企业生产日益智能化、数字化和无人化，灯塔工厂、熄灯工厂不断涌现，但其底层都离不开 PLC 对生产设备和生产过程的自动控制。

教学目标

1. 知识目标

（1）了解 PLC 的产生和发展历史。

（2）掌握 PLC 基本结构和工作原理。

（3）熟知 PLC 的性能指标。

2. 能力目标

（1）能辨识常用 PLC 品牌及型号。

（2）能说出小型 PLC 的组成部分。

（3）能辨认 PLC 所使用的电源类型及电压值。

3. 素质目标

（1）树立支持和使用国产 PLC 品牌的意识。

（2）明确安全用电的重要性。

任务要求

（1）列出国内外常用 PLC 品牌及三个以上具体型号。

（2）分别简述 PLC 的功能和特点。

小贴士

党中央实施创新驱动发展战略，格外重视自主创新和创新环境建设，努力提升我国产业水平和实力，推动我国从经济大国向经济强国、制造强国转变。

——2022 年 8 月 17 日，习近平总书记在辽宁考察时强调

知识链接

1. PLC 定义

PLC（Programmable Logic Controller）即可编程控制器，是一种数字式的电子装置，它使用了可编程序的存储器以存储指令，能完成逻辑、顺序、计时、计数和算术运算等功能，并通过数字或类似的输入/输出模块，以控制各种机械设备或生产过程。在传统的顺序控制器的基础上，引入了微电子、计算机、自动控制和通信技术而形成的一代新型工业控制装置。目的是用来取代继电器，执行逻辑、计时、计数等顺序控制功能，建立远程控制系统。具有通用性强、使用方便、适应面广、可靠性高、抗干扰能力强、编程简单等特点。

PLC 在工业控制系统为各式各样的自动化控制设备提供了非常可靠的控制应用。PLC 替代了大量的继电器，并能通过组态软件，与工业以太网监控系统，成套设备中和触摸屏组成能完成特定自动化生产，简化操作，提高了生产率，降低了员工的劳动强度，广泛应用于钢铁、石油、化工、电力、建材、机械制造、汽车、轻纺、交通运输、环保及文化娱乐等各个行业。

如图 1－1－1 所示，是我国无锡信捷电气股份有限公司研发生产的 XDH 系列小型 PLC 基本单元，集成了 CPU、存取器、电源、I/O 接口及通信接口，该公司还研发生产了配套的各种扩展单元，包括 I/O 扩展模块、AD/DA 扩展模块、微距测量扩展模块、温度扩展模块、通信扩展模块等，能提供功能强大、型号丰富的全线 PLC 产品，目前主要 PLC 产品包括 XD/XC 系列小型 PLC、XL 系列薄型卡片式 PLC、XG 系列中型 PLC。

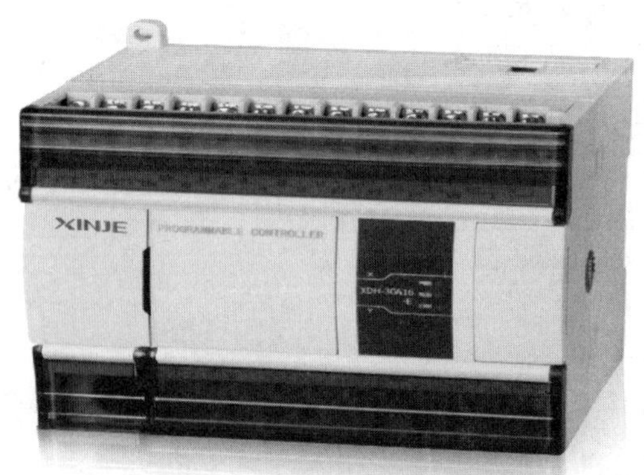

图 1－1－1　信捷 XDH 系列小型 PLC

2. PLC 的产生及其发展历程

1）PLC 的产生

美国汽车工业生产技术要求的发展促进了 PLC 的产生，20 世纪 60 年代，美国通用汽车公司在对工厂生产线调整时，发现继电器、接触器控制系统修改难、体积大、噪声大、维护不方便以及可靠性差，于是提出了著名的“通用十条”招标指标。实际上就是当今 PLC 最基本的功能，已具备 PLC 的特点。

美国数字设备（DEG）公司根据通用汽车公司的要求，于 1969 年研制出第一台可编程控制器（PDP - 14），在通用汽车公司的生产线上试用后，效果显著。几乎同时美国莫迪康（Modi - con）公司也研制出 084 控制器，此程序化手段用于电气控制，开创了工业控制的新纪元，从此这一新的控制技术迅速在工业发达国家发展。1971 年日本推出 DSC - 80 控制器，1973 年德国、1974 年法国都有突破，我国于 1974 年开始研制可编程控制器，1977 年在工业领域推广应用 PLC。

PLC 最初的目的是替代机械开关装置（继电模块）。然而，自从 1968 年以来，PLC 的功能逐渐代替了继电器控制板，现代 PLC 具有更多的功能。其用途从单一过程控制延伸到整个制造系统的控制和监测。

2）PLC 的发展

20 世纪 70 年代初出现了微处理器。人们很快将其引入可编程逻辑控制器，使可编程逻辑控制器增加了运算、数据传送及处理等功能，完成了真正具有计算机特征的工业控制装置。此时的可编程逻辑控制器为微机技术和继电器常规控制概念相结合的产物。个人计算机发展起来后，为了方便和反映可编程控制器的功能特点，可编程逻辑控制器定名为 Programmable Logic Controller（PLC）。

20 世纪 70 年代中末期，可编程逻辑控制器进入实用化发展阶段，计算机技术已全面引入可编程控制器中，使其功能发生了飞跃，更高的运算速度、超小型体积、更可靠的工业抗干扰设计、模拟量运算、PID 功能及极高的性价比奠定了它在现代工业中的地位。

20 世纪 80 年代至 90 年代中期，是可编程逻辑控制器发展最快的时期，年增长率一直保持为 30%~40%。在这个时期，PLC 的处理模拟量能力、数字运算能力、人机接口能力和网络能力得到大幅提高，可编程逻辑控制器逐渐进入过程控制领域，在某些应用上取代了在过程控制领域处于统治地位的 DCS 系统。

20 世纪末期，可编程逻辑控制器的发展特点是更加适应现代工业的需要。这个时期发展了大型机和超小型机，诞生了各种各样的特殊功能单元，生产了各种人机界面单元和通信单元，使应用可编程逻辑控制器的工业控制设备的配套更加容易。

PLC 产生于 20 世纪 60 年代末，崛起于 20 世纪 70 年代，成熟于 20 世纪 80 年代，于 20 世纪 90 年代取得技术上的新突破，未来，PLC 技术将朝加强通信联网能力、开放性、小型化、高速化、软 PLC、语言标准化及中国化方向发展。

3）PLC 的功能特点

（1）可靠性高。由于 PLC 大都采用单片微型计算机，因而集成度高，再加上相应的保护电路及自诊断功能，提高了系统的可靠性。

（2）编程容易。PLC 的编程多采用继电器控制梯形图及命令语句，其数量比微型机指令要少得多，除中高档 PLC 外，一般的小型 PLC 只有 16 条左右。由于梯形图形象而简单，因此容易掌握、使用方便，甚至不需要计算机专业知识就可进行编程。

（3）组态灵活。由于 PLC 采用积木式结构，用户只需要简单组合便可灵活地改变控制系统的功能和规模，因此，可适用于任何控制系统。

（4）输入/输出功能模块齐全。PLC 的最大优点之一，是针对不同的现场信号（如直流或交流、开关量、数字量或模拟量、电压或电流等），均有相应的模板可与工业现场的器件（如按钮、开关、传感电流变送器、电动机启动器或控制阀等）直接连接，并通过总线与 CPU 主板连接。

（5）安装方便。与计算机系统相比，PLC 的安装既不需要专用机房，也不需要严格的屏蔽措施。使用时只需把检测器件与执行机构和 PLC 的 I/O 接口端子正确连接，便可正常工作。

（6）运行速度快。由于 PLC 的控制是由程序控制执行的，因而不论其可靠性还是运行速度，都是继电器逻辑控制无法相比的。

任务引导

认真分析任务，明确任务目标。为顺利完成任务，提前查阅相关资讯，并回答下列引导问题。

引导问题 1：

PLC 最早产生于哪一年？应用在什么生产线上？

引导问题 2：

我国最早于什么时候开始研制可编程逻辑控制器？什么时候开始推广应用？

引导问题 3：

PLC 在美国应用获得成功后，有哪些国家相继对 PLC 进行了研发？

任务实施

（1）列出国内外常用 PLC 的品牌及 3 个以上具体型号。

（2）分别描述 PLC 的功能和特点。

PLC 的功能：

PLC 的特点：

（3）描述通过完成本次任务学习的收获。

任务拓展

“灯塔工厂”项目由达沃斯世界经济论坛与管理咨询公司麦肯锡合作开展遴选，被誉为“世界上最先进的工厂”，是工业 4.0 技术应用的最佳实践工厂，是具有榜样意义的“数字化制造”和“全球化 4.0”示范者，代表当今全球制造业领域智能制造和数字化的最高水平。截至 2023 年 12 月，全球“灯塔工厂”共有 153 座，其中我国 62 座，占据了近半数份额。具体我国有哪些企业的工厂入选“灯塔工厂”？请列举 5 个以上。

案例参考

自世界经济论坛（WEF）2018 年开始评选全球“灯塔工厂”以来，我国陆续有企业工厂入选“灯塔工厂”。这些“灯塔工厂”广泛分布于消费品、汽车、家用电器、钢铁制品、医疗设备、制药、工业设备等多个领域。

2022 年 3 月 30 日，世界经济论坛（WEF）公布第 8 批全球“灯塔工厂”名单，全球共 13 家工厂入选，其中包括海尔郑州热水器互联工厂、美的冰箱荆州工厂、美的洗衣机合肥工厂等中国 6 家企业入选。

2022 年 10 月 11 日，世界经济论坛宣布全球范围内再添 11 家新工厂加入“全球灯塔网络”，美的厨热顺德工厂入选。

2023 年 1 月 13 日，世界经济论坛发布最新一批全球“灯塔工厂”名单，全球有 18 家工厂入选，其中 8 家来自中国，分别为工业富联（中国，深圳）、海尔（中国，合肥）、上海华谊新材料（中国，上海）、联想（中国，合肥）、亿滋（中国，苏州）、联合利华（中国，天津）、纬创资通（中国，中山）、日月光半导体（中国台湾，高雄）。

2023 年 12 月消息，世界经济论坛公布最新一批“灯塔工厂”名单，新增 21 家新晋制造业“灯塔工厂”和 4 家“可持续灯塔工厂”。至此，全球“灯塔工厂”数量已达到 153 座。上述新增的 25 家“灯塔工厂”分别位于中国、德国、印度、沙特阿拉伯、韩国、泰国、土耳其和美国等 8 个国家。其中，13 家工厂所在地为中国，位居全球新增数量第一名，凸显出中国在多个行业中的智能制造能力。

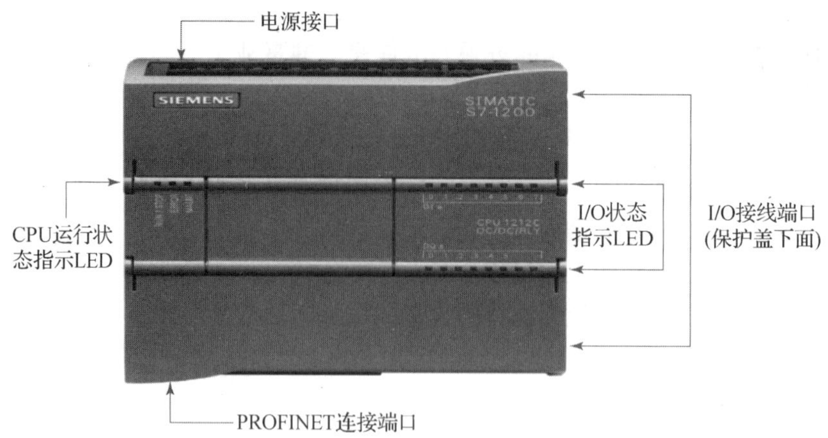

图 1－2－1　S7－1200 PLC

图 1－2－2　S7－1200 PLC 内部主电路

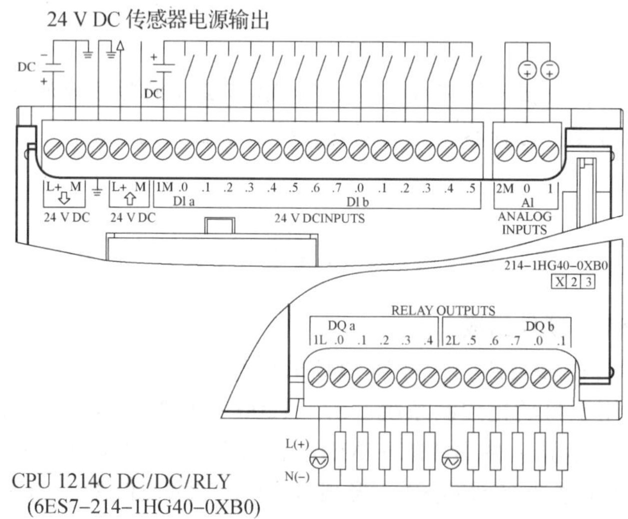

图 1－2－3　S7－1200（1214C）电气接线图

1）S7－1200 PLC 电源

S7－1200 PLC 电源用于将交流电转换成 PLC 内部所需的直流电，大部分 PLC 采用开关式稳压电源供电。

2）中央处理器

中央处理器（CPU）是 PLC 的控制中枢，也是 PLC 的核心部件，其性能决定了 PLC 的性能。中央处理器由控制器、运算器和寄存器组成，这些电路都集中在一块芯片上，通过地址总线、控制总线与存储器输入/输出接口电路相连。中央处理器的作用是处理和运行用户程序，进行逻辑和数学运算，控制整个系统使之协调。

3）存储器

存储器是具有记忆功能的半导体电路，它的作用是存放系统程序、用户程序、逻辑变量和其他一些信息。其中系统程序是控制 PLC 实现各种功能的程序，由 PLC 生产厂家编写，并固化到只读存储器（ROM）中，用户不能访问。

4）输入/输出单元

输入单元是 PLC 与被控设备相连的输入接口，是信号进入 PLC 的桥梁，它的作用是接收主令元件、检测元件传来的信号。输入的类型有直流输入、交流输入、交直流输入。

输出单元也是 PLC 与被控设备之间的连接部件，它的作用是把 PLC 的输出信号传送给被控设备，即将中央处理器送出的弱电信号转换成电平信号，驱动被控设备的执行元件。输出的类型有继电器输出、晶体管输出、晶闸门输出。

5）外部接口电路

根据 PLC 的不同机型，可以通过外部接口电路配置不同的外部设备，其作用是帮助编程、实现监控以及网络通信。常用的外部设备有编程器、打印机、盒式磁带录音机、计算机等。S7－1200 PLC 提供了 PROFINET 端口实现与其他 PLC、计算机、HMI 及带以太网接口的设备进行通信，还可使用附加模块通过 PROFIBUS、GPRS、RS485 或 RS232 等进行通信。

6）S7－1200 常见型号

S7－1200 PLC 各种型号参数如表 1－2－1 所示。

表 1－2－1　S7－1200 PLC 各种型号参数

CPU 的功能	CPU1211C	CPU1212C	CPU1214C	CPU1215C
数字量输入/输出 模拟量输入/输出	6 输入/4 输出 2 输入	8 输入/6 输出 2 输入	14 输入/10 输出 2 输入	14 输入/10 输出 2 输入/2 输出
扩展模块个数	/	2	8	8
高速计数器	3（总计）	4（总计）	6（总计）	6（总计）
集成可扩展的 工作存储器 集成可扩展的 装载存储器	25 KB/不可扩展 1 MB/24 MB	25 KB/不可扩展 1 MB/24 MB	50 KB/不可扩展 2 MB/24 MB	100 KB/不可扩展 2 MB/24 MB
单相计数器	3 个 100 kHz	3 个 100 kHz 和 1 个 30 Hz	3 个 100 kHz 和 3 个 30 Hz	3 个 100 kHz 和 3 个 30 Hz

续表

CPU 的功能	CPU1211C	CPU1212C	CPU1214C	CPU1215C
正交计数器	3 个 80 kHz	3 个 80 kHz/ 1 个 80 Hz	3 个 80 kHz/ 3 个 80 Hz	3 个 80 kHz/ 3 个 80 Hz
脉冲输出	两个 100 kHz（DC 输出）或两个 1 Hz（RLY 输出）			
脉冲同步输入	6	8	14	14
延时/环中断	总计 4 个，分辨率 1 ms			
边沿触发式中断	6 个上升沿/ 6 个下降沿	8 个上升沿/ 8 个下降沿	12 个上升沿/ 12 个下降沿	12 个上升沿/ 12 个下降沿
实时时钟精度	±60 s/月			
PROFINET	1	1	1	2
实时时钟保持时间	典型 10 天/最低 6 天			
数学运算执行速度	23 μs/指令			
布尔运算执行速度	0.08 μs/指令			

2. PLC 的工作原理

1）CPU 的工作模式

CPU 有三种工作模式：STOP 模式、STARTUP 模式和 RUN 模式，CPU 前面的状态 LED 指示当前处于何种工作模式。

（1）STOP 模式。在 STOP 模式下 CPU 不执行程序，所有的输出被禁止或按组态时的设置提供替代值或保持最后的输出值，以保证系统处于安全状态，在 STOP 模式下才可以下载项目。

（2）STARTUP 模式。在 STARTUP 模式下执行一次启动 OB（如果存在），在 STARTUP 模式下不处理任何中断事件。若系统检测到某种错误，CPU 将不能进入 RUN 模式，并保持在 STOP 模式。

（3）RUN 模式。在 RUN 模式下会重复执行程序循环 OB，任何时刻都可能发生中断事件并对其进行处理。CPU 支持通过暖启动进入 RUN 模式。暖启动不包括储存器复位，在暖启动时，所有非保持性系统及用户数据都将被初始化，保留保持性用户数据。存储器复位将清除所有工作存储器、保持性及非保持性存储区，并将装载存储器复制到工作存储器。存储器复位不会清除诊断缓冲区，也不会清除永久保存的 IP 地址值。

可组态 CPU 中“上电后启动”（StartUp after POWER ON）设置。该组态项出现在 CPU “设备组态”（Device Configuration）的“启动”（STARTUP）下，通电后，CPU 将执行一系列上电诊断检查和系统初始化操作，在系统初始化过程中，CPU 将删除所有非保持性位存储器，并将所有非保持性 DB 的内容重置为装载存储器的初始值。CPU 将保留保持性位存储器和保持性 DB 中的内容，然后切换到相应的工作模式。检测到的某些错误会阻止 CPU 进入 RUN 模式。

CPU 支持的组态选项有不重新启动（保持为 STOP 模式）、暖启动（RUN 模式）、暖启动（断电前的模式）。可以使用编程软件在线工具中的“STOP”或“RUN”命令更改当前工作模式。也可在程序中包含 STP 指令，以使 CPU 切换到 STOP 模式。这样就可以根据程序逻辑停止程序的执行。

2）PLC 的工作过程

当可编程逻辑控制器投入运行后，其工作过程一般分为三个阶段，即输入采样、用户程序执行和输出刷新三个阶段。完成上述三个阶段称作一个扫描周期。在整个运行期间，可编程逻辑控制器的 CPU 以一定的扫描速度重复执行上述三个阶段。

（1）输入采样。在输入采样阶段，可编程逻辑控制器以扫描方式依次读入所有输入状态和数据，并将它们存入 I/O 映像区中的相应单元内。输入采样结束后，转入用户程序执行和输出刷新阶段。在这两个阶段中，即使输入状态和数据发生变化，I/O 映像区中相应单元的状态和数据也不会改变。因此，如果输入是脉冲信号，则该脉冲信号的宽度必须大于一个扫描周期，才能保证在任何情况下，该输入均能被读入。

（2）执行用户程序。

在用户程序执行阶段，可编程逻辑控制器总是按由上而下的顺序依次扫描用户程序（梯形图）。在扫描每一条梯形图时，又总是先扫描梯形图左边的由各触点构成的控制线路，并按先左后右、先上后下的顺序对由触点构成的控制线路进行逻辑运算，然后根据逻辑运算结果，刷新该逻辑线圈在系统 RAM 存储区中对应位的状态；或者刷新该输出线圈在 I/O 映象区中对应位的状态；或者确定是否要执行该梯形图所规定的特殊功能指令。在用户程序执行过程中，只有输入点在 I/O 映象区内的状态和数据不会发生变化，而其他输出点和软设备在 I/O 映像区或系统 RAM 存储区内的状态和数据都有可能发生变化，而且排在上面的梯形图，其程序执行结果会对排在下面的凡是用到这些线圈或数据的梯形图起作用；相反，排在下面的梯形图，其被刷新的逻辑线圈的状态或数据只能到下一个扫描周期才能对排在其上面的程序起作用。

在程序执行的过程中，如果使用立即 I/O 指令则可以直接存取 I/O 点。即使用 I/O 指令的话，输入过程映像寄存器的值不会被更新，程序直接从 I/O 模块取值，输出过程映像寄存器会被立即更新，这跟立即输入有些区别。

（3）输出刷新。当扫描用户程序结束后，可编程逻辑控制器就进入输出刷新阶段。在此期间，CPU 按照 I/O 映像区内对应的状态和数据刷新所有的输出锁存电路，再经输出电路驱动相应的外设。这时，才是可编程逻辑控制器的真正输出。

3）PLC 工作特点

根据上述内容，可以对 PLC 工作过程的特点小结如下：

（1）PLC 采用集中采样、集中输出的工作方式，这种方式减少了外界干扰的影响。

（2）PLC 的工作过程是循环扫描的过程，循环扫描时间的长短取决于指令执行速度、用户程序的长度等因素。

（3）输出对输入的影响有滞后现象。PLC 采用集中采样、集中输出的工作方式，当采样阶段结束后，输入状态的变化将要等到下一个采样周期才能被接收，因此这个滞后时间的长短又主要取决于循环周期的长短。此外，影响滞后时间的因素还有输入滤波时间、输出电路的滞后时间等。

（4）输出映像寄存器的内容取决于用户程序扫描执行的结果。

（5）输出锁存器的内容由上一次输出刷新期间输出映像寄存器中的数据决定。

（6）PLC 当前实际的输出状态由输出锁存器的内容决定。

3. PLC 分类

1）按结构形式分类

按结构形式分类，可将 PLC 分为整体式、模块式和叠装式。

（1）整体式 PLC。整体式 PLC 是将电源 CPU、输入/输出接口等部件都集中装在一个机箱内，具有结构紧凑、体积小、价格低、安装简单等特点，输入/输出点数通常为 10～60 点。这种 PLC 体积小巧，小型、超小型 PLC 多采用整体式结构，如图 1-2-1 所示，为整体式结构 PLC。

（2）模块式 PLC。模块式 PLC 是将 PLC 各组成部分分别做成若干个单独的模块，如 CPU 模块、输入/输出模块、电源模块（有的含在 CPU 模块中）以及各种功能模块。各模块结构上相互独立，构成系统时以模块形式按一定规则组合而成（因此也称为组合式 PLC），安装在固定机架（导轨）上。这种 PLC 可以根据实际需要进行灵活配置，中型或大型 PLC 多采用模块式结构。如图 1-2-4 所示，为台达 AH500 模块式中型 PLC。

图 1-2-4　台达 AH500 模块式中型 PLC

（3）叠装式 PLC。这种 PLC 将整体式 PLC 和模块式 PLC 的特点结合起来，即构成所谓叠装式 PLC。叠装式 PLC 的 CPU、电源、输入/输出接口等也是各自独立的模块，各模块可以一层层地叠装起来，安装时使用电缆将各单元连接起来即可。这样系统不但可以灵活配置，还可以做得体积小巧。

2）按 I/O 点数分类

根据 PLC 的 I/O 点数多少，可将 PLC 分为小型、中型和大型三类。

（1）小型 PLC。I/O 点数小于 256 的为小型 PLC。小型 PLC 具有单 CPU 及 8 位或 16 位处理器，用户存储器容量一般在 4 KB 以下。

（2）中型 PLC。I/O 点数在 256～2 048 的为中型 PLC。中型 PLC 具有双 CPU，用户存储器容量为 2～8 KB。

（3）大型 PLC。I/O 点数大于 2 048 的为大型 PLC。大型 PLC 具有多 CPU 及 16 位或 32 位处理器，用户存储器容量为 8～16 KB。

任务引导

认真分析任务，明确任务目标。为顺利完成任务，提前查阅相关资讯，并回答下列引导问题。

引导问题1：

整体式PLC主要由哪些部分组成？请说出各部分的名称和功能。

引导问题2：

某S7－1200 PLC面板上印有“CPU 1214C DC/DC/RLY”这样一串符号，请说出这串符号的具体含义。

引导问题3：

拆装S7－1200 PLC时，需要注意哪些问题？

任务分组

小组讨论，制订任务方案，将工具及器件准备、PLC原理图绘制、硬件电路连线、PLC程序编写调试等工作任务分工填写在表1－2－2中。

表1－2－2　组员分工

班级		小组编号		任务分工
组长		学号		
组员	（安全员）	学号		
		学号		
		学号		

制订计划

根据任务要求，结合实训室的设备配置，选取任务所需工具及材料，完成表1－2－3的填写。

表 1－2－3　工具及材料清单

序号	工具或材料名称	型号或规格	数量	备注

根据任务要求及实施方案，确定任务步骤及具体工作内容，完成表 1－2－4 的填写。

表 1－2－4　任务实施安排

序号	工作内容	计划用时	备注

任务实施

（1）准备好拆装所需工具。

（2）按事先制订的方案对 PLC 实物进行拆解。（注意：必须在断电情况下实施拆卸和组装任务。）

（3）按事先制订的方案对完成拆解的 PLC 实物进行组装，组装完成后连接 PLC 电源，通电查看 PLC 工作状态是否能正常工作。

（4）拆除 PLC 电源连接线。

（5）简述通过完成本次任务的收获。

（6）整理。实训任务完成后，对实训场所进行“整理、整顿、清扫、清洁、安全、素养”6S 处理，归还所借的工具和实训器件。

评价反馈

对任务实施情况进行评价，并填入表 1 - 2 - 5 中。

表 1 - 2 - 5　任务实施评价

任务名称						
班级		姓名	学号		组号	
评价项目	内容	配分	评分要求	学生自评（20%）	组员互评（30%）	教师评价（50%）
专业能力（80 分）	回答引导问题	5	正确完成引导问题问答			
	采取安全措施	10	实施拆装前，断开电源			
	选择工具	15	选择适合任务实施的工具			
	拆卸步骤	15	拆卸步骤正确			
	组装步骤	15	组装步骤正确			
	通电检查	10	通电，设备指示状态正常			
	撰写报告	10	按规定格式完成实训报告撰写，内容完整，描述准确、规范			
综合素养（20 分）	遵守课堂纪律	3	遵循行业企业安全文明生产规程，自觉遵守课堂纪律			
	规范操作	5	规范任务实施中的各项操作，防范安全事故，确保人、设备安全			
	6S 管理	3	按要求实施现场 6S 管理			
	团队合作	5	工作任务分配合理，组员积极参与、沟通顺畅、配合默契			
	工作态度	2	主动完成分配的任务，积极协助其他组员完成相关工作任务			
	创新意识	2	主动探究，敢于尝试新方式方法			
小计						
总成绩						
指导教师签字				日期		

任务拓展

汇川技术 PLC 是我国深圳市汇川技术股份有限公司旗下产品。汇川技术小型 PLC 主要采用其自主研发的 AutoShop 平台进行组态编程，不仅支持标准的图形化编程语言梯形图（LD）、顺序功能图（SFC）和结构文本（ST）、指令语句表（IL）两种文本语言，还支持自定义封装可加密的功能块（FB）和函数（FC）、结构体、指针、数组等，可更方便地实现程序的标准化和复用性。除此之外，还提供图形化的组态配置、离线联调、在线修改、一键扫描配置、免程序调试伺服、指令变量增量粘贴等功能。请列举 3 种以上汇川小型 PLC 的型号并说明其使用电源类型、I/O 点数、功能特点。

案例参考

汇川技术 PLC 研发的 EASY 系列全场景紧凑型小型 PLC，功能强、性能高、接轨数字化、简单易用，是小型 PLC 的集大成者。该系列有 EASY301、EASY320、EASY523（见图 1-2-5）等 8 种型号，能满足严苛体积、多轴运控、温度控制、通信组网等中小型自动化设备需求。

图 1-2-5　汇川 EASY523 小型 PLC

该系列 PLC 具有以下优点：

（1）四核处理器，性能卓越。四核处理器成就卓越性能，带来纳秒级指令处理速度，更精准的运动控制，更稳定的过程控制。

（2）自整定 PID，轻松调节控制。集成免调试自整定自适应的 PID 算法，响应快速，调节精准，用户轻松拿捏温度、压力、流量控制。

（3）高速高精，效率提升。32 轴高速总线控制，支持同步运动，实现复杂工艺，让工艺设备飞速运转，终端用户效益提升。

（4）支持 ST 语言编程。工程师可轻松编写复杂算法和逻辑，实现高级应用；支持离线调试，调试工作前置，减轻工程师现场调试压力；支持功能块封装，工艺算法可复用，降低工程师重复低效的编程工作。

(5) EASY 采用双网口设计。该设计省网线、省交换机的同时，实现便捷组网可级联。

(6) 支持通过变量启用和禁用本地模块、EtherCAT 从站、伺服轴，支持系统参数程序修改。多个机型维护一套程序，HMI 上轻松选择机型。

(7) EASY 还可打通数据服务，支持 Ethernet/IP（最小通信周期 5 ms）、MODBUS－TCP 、CANOPEN 等多种工业通信协议，从容接入周边设备，高速数据传输。

(8) 随心扩展，精确适配特定场景。支持两个扩展卡槽，支持通信/模拟量/数字量等，精确适配特定场景，省电柜空间、省电气成本。

任务练习

(1) 有一企业使用的 PLC 系统输入/输出总点数为 1 256，属于（　　）。

A. 大型 PLC　　B. 中型 PLC　　C. 小型 PLC　　D. 超大型 PLC

(2) 整体式 PLC 由________、________、________、________及________5 个部分组成。

(3) 汇川 EASY523－0808TN PLC 输入/输出总点数为________。

(4) 西门子 PLC 面板上标有“CPU 1214C AC/DC/DC”，其中，“AC”表示________，第一个“DC”表示______________，第二个“DC”表示______________。

任务 1.3 S7－1200 PLC 硬件组态及编程环境

学习情境

在一些饮料或乳制品的生产工艺中有需要将原料进行混合搅拌的环节，以使多种原料混合均匀。这个环节可以通过 PLC 控制搅拌电动机来自动完成，根据生产工艺要求编制和运行 PLC 控制程序，可以精确控制搅拌时间和搅拌速度，使各种原料充分、均匀混合，达成生产工艺的要求，提高产品生产质量。

教学目标

1. 知识目标

(1) 熟悉 PLC 编程语言种类。

(2) 掌握 PLC 项目建立和硬件组态方法。

(3) 掌握 PLC 程序编写的基本步骤。

2. 能力目标

（1）能在博图软件中创建项目。

（2）会对所选用的硬件进行组态。

（3）能用博图软件编写简单的梯形图程序。

3. 素质目标

（1）训练系统科学的思维能力。

（2）培养严谨细致的工作作风。

任务要求

在某饮料智能化产线中有一个原料混合搅拌单元，该单元搅拌电动机由 PLC 控制。当按启动按钮时，PLC 控制该搅拌电动机立即开始运行（搅拌）；当按停止按钮时，搅拌电动机停止运行。（提示：搅拌电动机可以用灯代替，灯亮表示搅拌电动机运行，灯灭表示搅拌电动机停止。）

小贴士

高端制造是经济高质量发展的重要支撑。推动我国制造业转型升级，建设制造强国，必须加强技术研发，提高国产化替代率，把科技的命脉掌握在自己手中，国家才能真正强大起来。

——2022 年 6 月 28 日，习近平在湖北武汉考察时强调

知识链接

1. 建立项目及硬件组态

TIA Portal（Totally Integrated Automation Portal，全集成自动化平台），音译为“TIA 博途”，本书简称“博途”。它是西门子工业自动化集团发布的一款全新的全集成自动化软件，也是业内首个采用统一的工程组态和软件项目环境的自动化软件。

1）创建新项目

如图 1－3－1 所示，可在打开的博途中选择“创建新项目”选项创建“搅拌电机启停控制”工程项目。在此可以为项目命名、修改作者及选择项目存放的路径，然后单击“创建”按钮。

2）硬件组态

在博图中新建工程项目后，需按实际工程需求选择添加相应的系统硬件并做对应的设置，如 PLC 及其扩展模块、触摸屏等。

（1）为项目添加 PLC 硬件。项目创建成功后，会自动进入设备与网络下的“新手上路”界面，如图 1－3－2 所示。当单击“组态设备”后，进入图 1－3－3 所示界面。在此

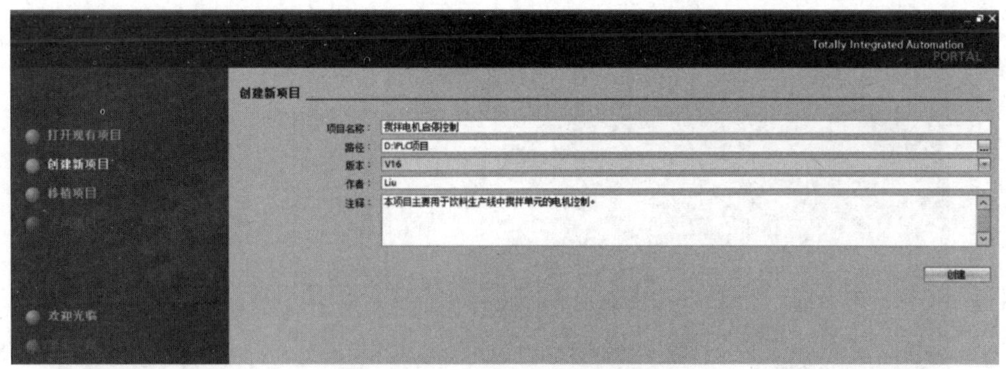

图1－3－1　博途中创建新项目

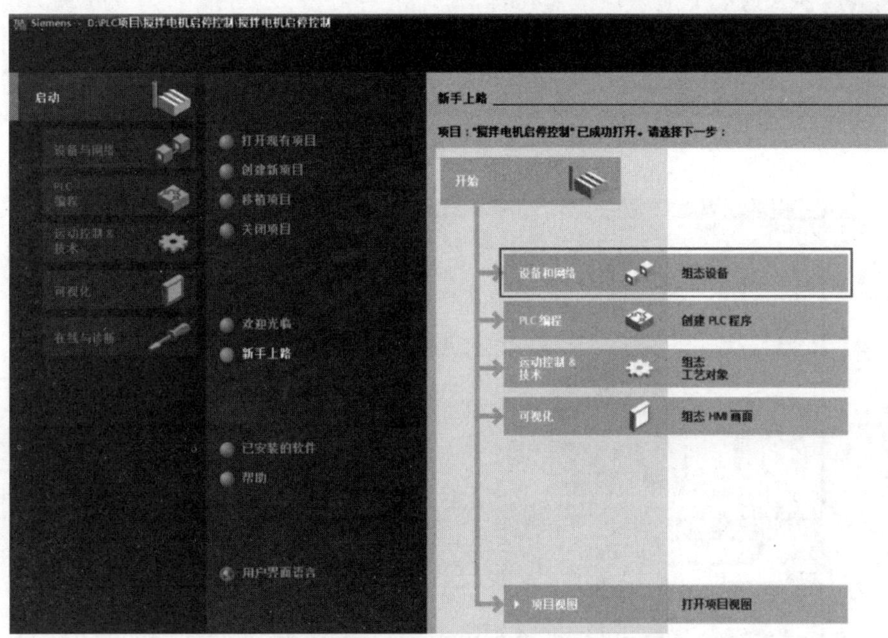

图1－3－2　"新手上路"界面

选择"添加新设备"选项，并在窗口右侧列表中选择项目所使用的PLC具体型号，在具体的CPU型号列表中，最下方的为最新型号，单击"添加"按钮即可。在此还可以选择添加HMI（触摸屏）、变频器、PC系统硬件。

（2）PLC硬件组态。设备成功添加到项目后，需对硬件进行相应设置。例如可以对PLC的PROFINET接口通信所使用的IP地址进行设置等，如图1－3－4所示。

2. PLC的编程语言

PLC有5种编程语言：梯形图（LadderLogic Programming Language，LAD）、语句表（Statement List，STL）、功能块图（Function Block Diagram，FBD）、顺序功能图（Sequenial Function Chart，SFC）、结构文本（Structured Text，ST）。最常用的是梯形图和语句表。

（1）梯形图。梯形图是使用最多的PLC图形编程语言。梯形图与继电器控制系统的电路图相似，具有直观易懂的优点，很容易被工程技术人员所熟悉和掌握。如图1－3－5所示为梯形图语言程序。

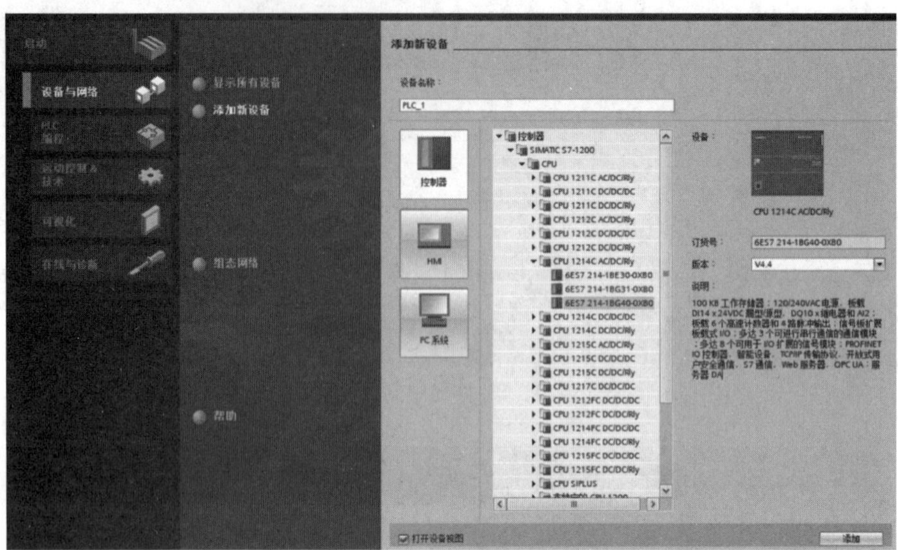

图 1－3－3　选择所需 PLC 型号

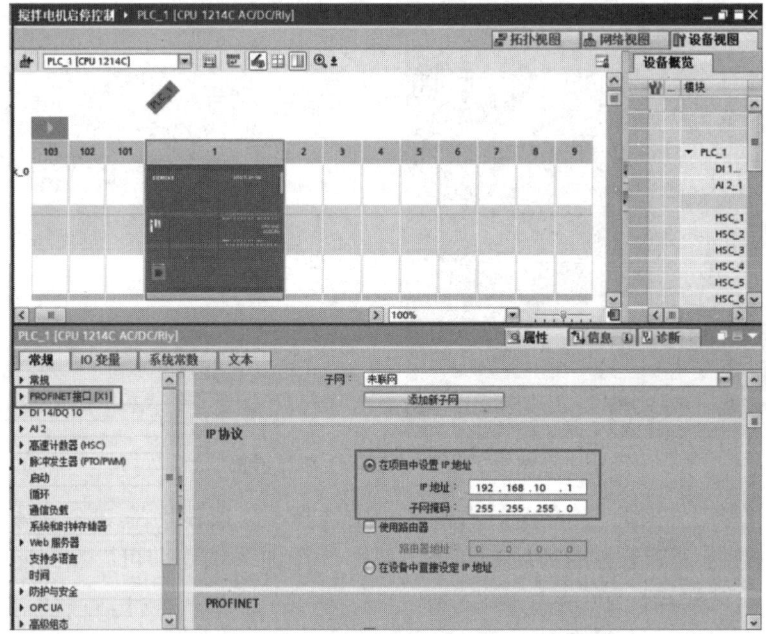

%I0.0 "Tag_1"　%I0.1 "Tag_2"　%Q0.2 "Tag_6"

%Q0.2 "Tag_6"

图 1－3－5　梯形图语言程序

图 1－3－4　PROFINET 接口 IP 地址设置

梯形图语言有以下特点：

①梯形图由触点、线圈和用方框表示的功能块组成。

②梯形图中触点只有常开和常闭，触点可以是PLC输入点接的开关，也可以是PLC内部继电器的触点或内部寄存器、计数器等的状态。

③梯形图中的触点可以任意串、并联。

④内部继电器、寄存器等均不能直接控制外部负载，只能作为中间结果使用。

⑤PLC是循环扫描事件的，沿梯形图先后顺序执行，在同一扫描周期中的结果留在输出状态寄存器中，所以输出点的值在用户程序中可以当作条件使用。

（2）语句表。语句表是使用助记符来书写程序的，又称为指令表，类似于汇编语言，但比汇编语言通俗易懂，属于PLC的基本编程语言。语句表程序如图1－3－6所示。

语句表有以下特点：

①利用助记符号表示操作功能，容易记忆，便于掌握。

②在编程设备的键盘上就可以进行编程设计，便于操作。

③一般PLC程序的梯形图和语句表可以互相转换。

④部分梯形图及另外几种编程语言无法表达的PLC程序，可用语句表来编程。

（3）功能块图。功能块图采用类似于数学逻辑门电路的图形符号，逻辑直观，使用方便。该编程语言中的方框左侧为逻辑运算的输入变量，右侧为输出变量，输入、输出端的小圆圈表示“非”运算，方框被“导线”连接在一起，信号从左向右流动，如图1－3－7所示。

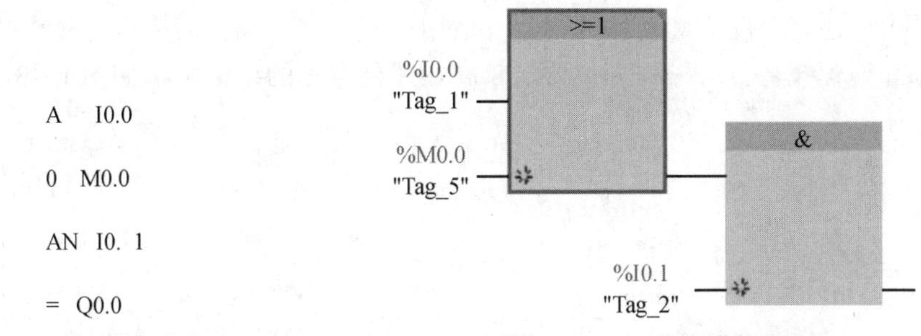

图1－3－6 语句表程序　　**图1－3－7 功能块图程序**

功能块图语言有如下特点：

①以功能模块为单位，从控制功能入手，使控制方案分析和理解变得容易。

②功能模块是用图形化的方法描述功能，它的直观性大大方便了设计人员的编程和组态，有较好的易操作性。

③对控制规模极大、控制关系较复杂的系统，由于控制功能的关系可以较清楚地表达出来，因此，编程和组态时间可以缩短，调试时间也能减少。

（4）顺序功能图。顺序功能图也称为流程图或状态转移图，简称SFC，是一种图形化的功能性说明语言，专用于描述工业期序控制程序，使用它可以对具有选择、并行等复杂结构的系统进行编程。如图1－3－8所示，是顺序功能图中最为简单的一种，没有选择、并行等结构。

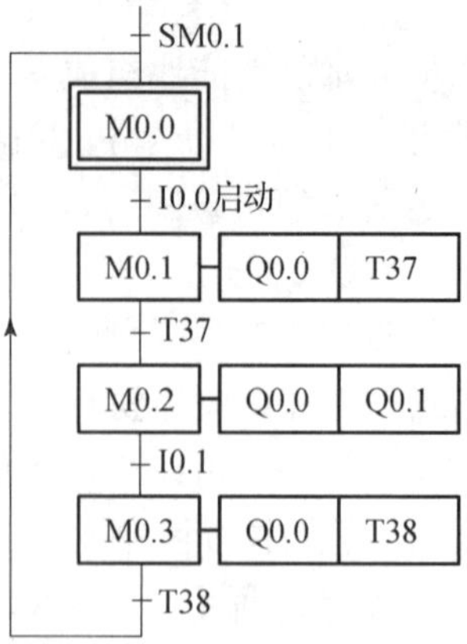

图 1－3－8　顺序功能图

顺序功能图语言有以下特点：

①以功能为主线，条理清楚，便于对程序操作的理解和沟通。

②对大型的程序，可分工设计，采用较为灵活的程序结构，可节省程序设计时间和调试时间。

③常用于系统规模较大，程序关系较复杂的场合。

④整个程序扫描时间较其他程序设计语言编制的程序扫描时间要大大缩短。

（5）结构文本。结构文本是一种高级的文本语言，被国际电工委员会（IEC）定义为 PLC 的 5 种标准编程语言之一，可以用来描述功能、功能块和程序的行为，还可以在顺序功能流程图中描述步、动作和转换的行为。运用结构化文本编程需要有计算机高级程序设计语言的知识和编程技巧，对编程人员要求较高。几种常见的结构文本如图 1－3－9 所示。

IF...THEN语法	REPEAT语法	WHILE语法	FOR语法	CASE语法
IF d < e THEN	REPEAT	WHILE m > 1 DO	FOR h:=1 TO 10 BY 2 DO	CASE f OF
f:=1;	i := m + n;	a := a + m;	a := a + h;	1: g := 10;
ELSIF d=e THEN	UNTIL i < 100	END_WHILE;	END_FOR;	2: g := 20;
f:=2;	END_REPEAT;			ELSE
ELSE				g := 0;
f:=3;				END_CASE;
END_IF;				

图 1－3－9　几种常见的结构文本

结构文本语言有以下特点：

①高级文本编程语言。

②结构化的编程方式。

③简单的标准结构。

④快速高效的编程。

⑤使用直观灵活。

⑥符合 IEC61141－3 标准。

3. 操作系统和应用程序

每个控制器（CPU）中均包含操作系统，它负责组织CPU中未与特定控制工作绑定的功能和流程。操作系统的任务包括：

①进行重启。

②刷新输入端过程映像和输出端过程映像。

③循环调用用户程序。

④采集中断信息和调用中断组织块。

⑤识别和处理故障。

⑥管理存储区。

操作系统是CPU的固定组成部分，供货时已包含在其中。用户程序包含处理特定自动化任务所需的全部功能。用户程序的任务包括：在启动组织块（OB）的帮助下，检查重新启动（暖启动）的先决条件，处理过程数据（即输入信号的状态）来控制输出信号对中断信息和中断输入端作出反应，处理正常程序运行中的故障。

1）组织块（OB）

组织块（OB）构成了控制器（CPU）操作系统与应用程序之间的接口。如图1－3－10所示，在程序中添加组织块。

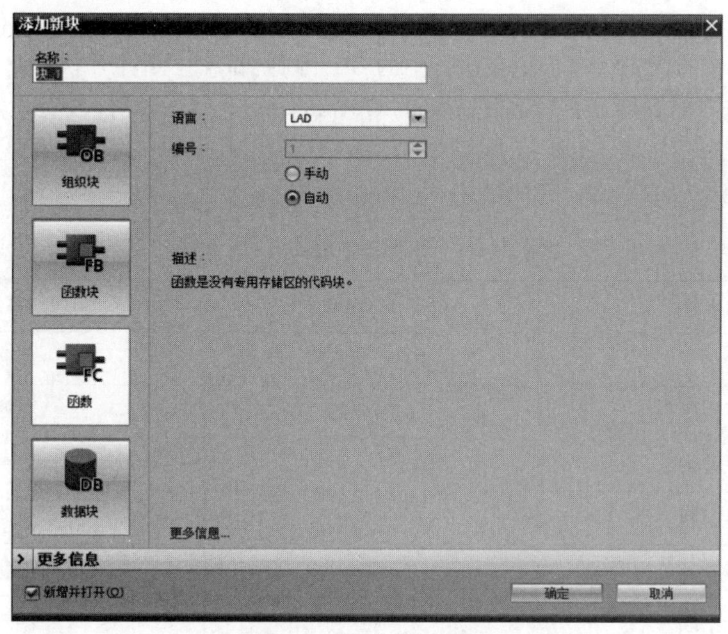

图1－3－10 添加组织块

组织块由操作系统调取并控制以下过程：

①循环程序处理（如OB1）。

②控制器的启动特性。

③中断驱动的程序处理。

④故障排除。

一个项目中必须至少含有一个组织块可用于循环程序处理。可通过启动事件来调取OB，如图 1 - 3 - 11 中所示。此时单独 OB 均具有固定的优先级，由此便可通过 OB82 来中断执行循环操作的 OB1，以便排除故障。

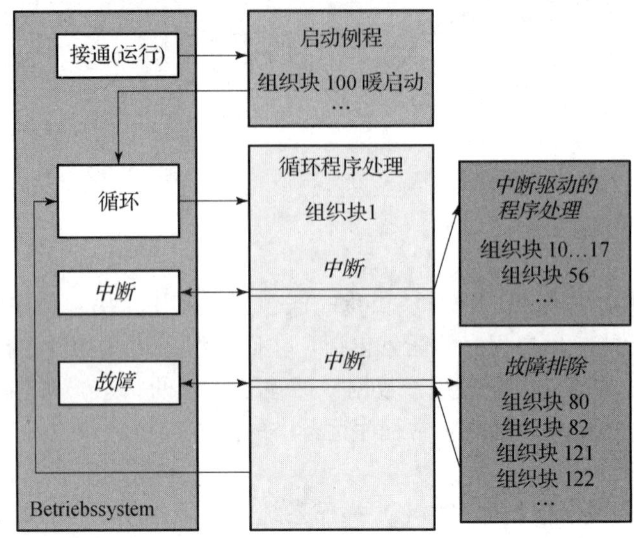

图 1 - 3 - 11　操作系统中的启动事件和 OB 的调用

出现启动事件后可能有以下反应：若该事件有一个对应的 OB，则该事件将引发此 OB 启动。若对应 OB 的优先级高于正在执行中的 OB，则立即（中断并）执行此 OB。若不是这种情况，则首先需要等待具有较高优先级的 OB 执行完毕。若该事件没有设定某个 OB，则执行默认的系统反应。表 1 - 3 - 1 中针对 S7 - 1500 给出了一些涉及启动事件、其可能的 OB 编号及默认系统反应的示例，控制器中不应存在组织块。

表 1 - 3 - 1　不同启动事件的 OB 编号

启动事件	可能的 OB 编号	默认的系统反应
启动	100，≥123	忽略
循环程序	1，≥123	忽略
日期时钟中断	10～17，≥123	—
更新中断	56	忽略
一次超出扫描循环监视时间	80	停止
诊断中断	82	忽略
编程错误	121	停止
外围设备访问错误	122	忽略

2）过程映像和循环程序处理

当在循环用户程序中输入端和输出端作出响应时，正常情况下并非由输入/输出模块直接查询信号状态，而是通过访问 CPU 的存储区实现。这个存储区包含信号状态的映像，即过程映像。循环程序处理包括以下流程：

(1) 循环程序开始时将问询单个输入端上是否带有电压。输入端的状态存储在过程输入映像（PII）里。带电压的输入端的信息为1或"High"，无电压的输入端的信息为0或"Low"。

(2) 处理器开始处理循环组织块中所保存的程序。此时，处理器会针对所需输入端信息访问之前已经读入的过程输入映像（PII），而其逻辑运算结果则将写入过程输出映像（PIO）中。

(3) 循环结束时会将过程输出映像（PIO）作为信号状态传输给输出模块使其开启或关闭。之后，将继续下一轮循环。

3）功能（FC）

功能是不带记忆能力的逻辑块，如图1－3－12所示。它们不具备数据存储器，即用于保存模块参数值的存储器。因此调取功能时，必须接通全部接口。为了能持续保存数据，必须预先创建全局数据块。一个功能包含一个程序，当功能由其他逻辑块调取时，会执行该程序。功能可用于以下用途，例如，数学功能，基于输入值返还一个结果；工艺功能，如以二进制逻辑关联方式操作的单个控制器，也可以在一个程序内的不同位置多次调用功能。

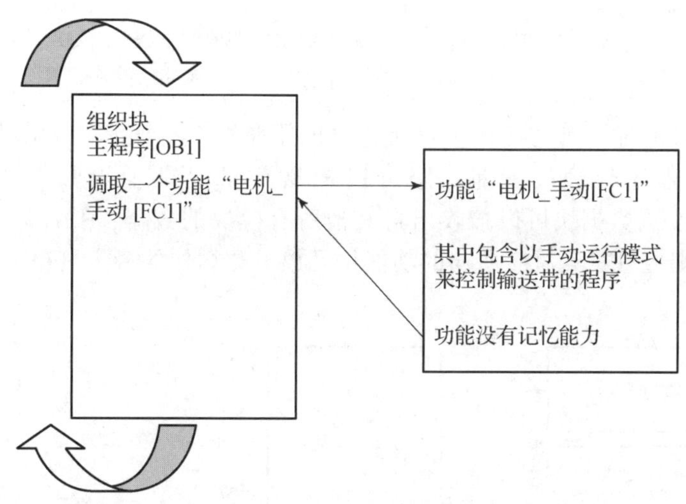

图1－3－12　功能及从组织块中调取的主程序［OB1］

4）功能块（FB）和背景数据块（DB）

功能块是逻辑块，可将输入端变量、输出端变量、通道变量及静态变量持续保存在背景数据块中。这些变量即使在模块处理过程结束之后仍可供使用。因此它们也被称作"有记忆"的模块。功能块也可以利用临时变量工作。但临时变量不会被保存在背景数据块中，而是仅在一个循环的周期时间内可供使用。

功能块可用于执行无法通过功能来实现的任务：当模块中需要定时器和计数器时，当一条信息必须始终被保存在程序中时，通过按钮预选操作模式时，其他逻辑块调用功能块时，都会执行功能块。功能块也可在一个程序内的不同位置被多次调用。由此，可简化经常重复的复杂功能的编程。功能块的调用被称为实例。一个功能块的每个实例均对应归属于一个存储区，其中包含处理功能块所需的数据。该存储器可供软件自动生成的数据块使用。存储器也可作为多重背景供一个数据块中的多个实例使用。背景数据块的最大规格和CPU型号有关，且将随之变化。功能块里所列出的变量决定了背景数据块的结构。如图 1 - 3 - 13 所示是功能块和实例及从组织块中调取的主程序。

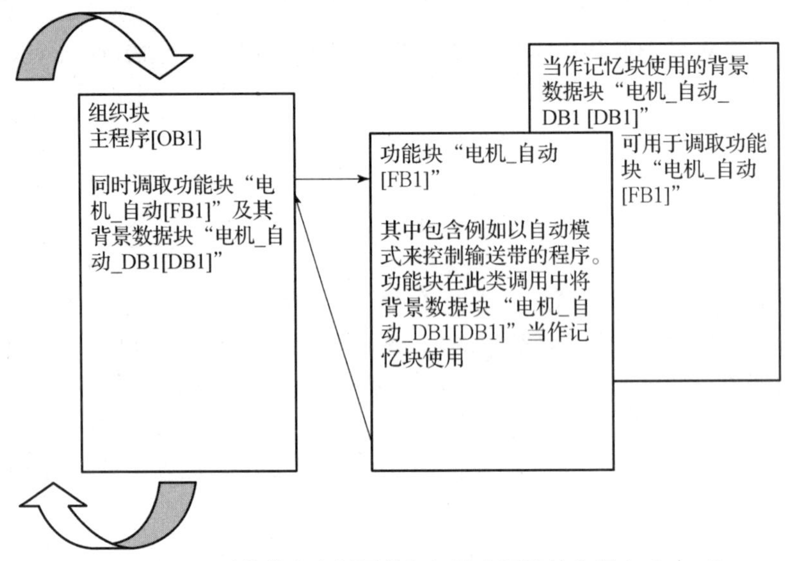

图 1 - 3 - 13　功能块和实例及从组织块中调取的主程序［OB1］

5）全局数据块

数据块与逻辑块的不同之处在于它所包含的不是指令，而是用户数据。数据块里包含的是用于用户程序处理的变量。您可以根据要求定义全局数据块的结构。如图 1 - 3 - 14 所示，全局数据块可以接收出自其他所有模块的数据，并加以利用。但背景数据块的访问权原则上只对其对应所属的功能块开放。数据块的最大规格和 CPU 型号有关，且将随之变化。

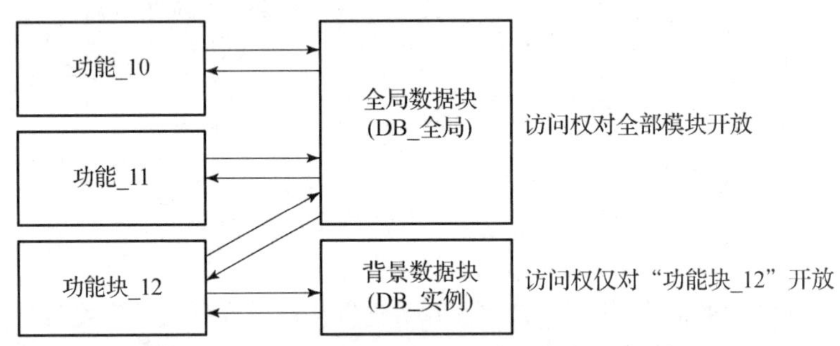

图 1 - 3 - 14　全局数据块和背景数据块之间的区别

4. 梯形图程序编制

本书主要使用梯形图编程语言来编程，以便初学者尽快掌握西门子 PLC 程序编写方法和技巧。如图 1 - 3 - 15 所示，对 PLC 进行了简单组态后，在界面左侧“项目树”中双击“Main［OB1］”，可以在打开的主程序界面中编写梯形图程序，如图 1 - 3 - 16 所示。

5. 仿真调试

博途软件提供了断开硬件（PLC）的离线仿真运行功能。离线仿真运行的步骤如下：

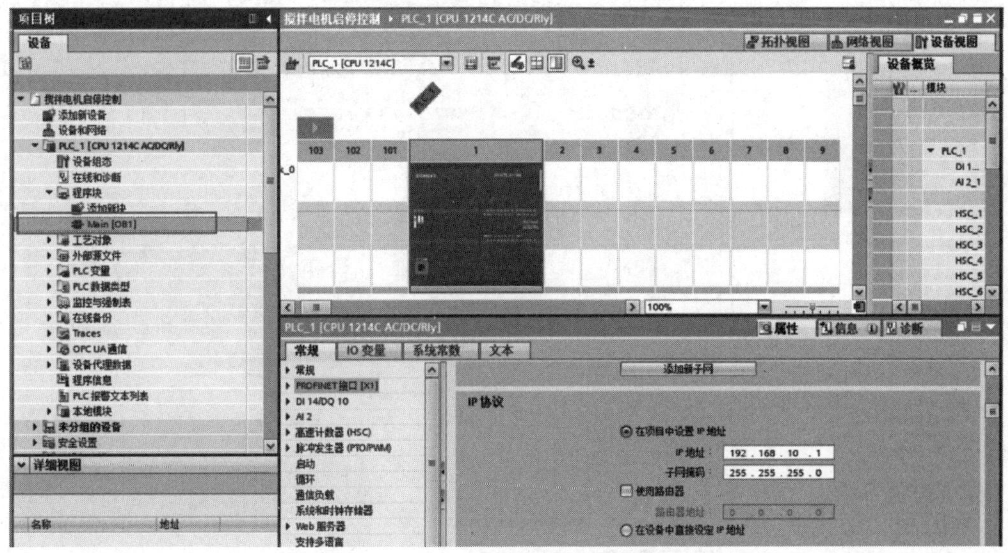

图 1－3－15　选择 Main［OB1］

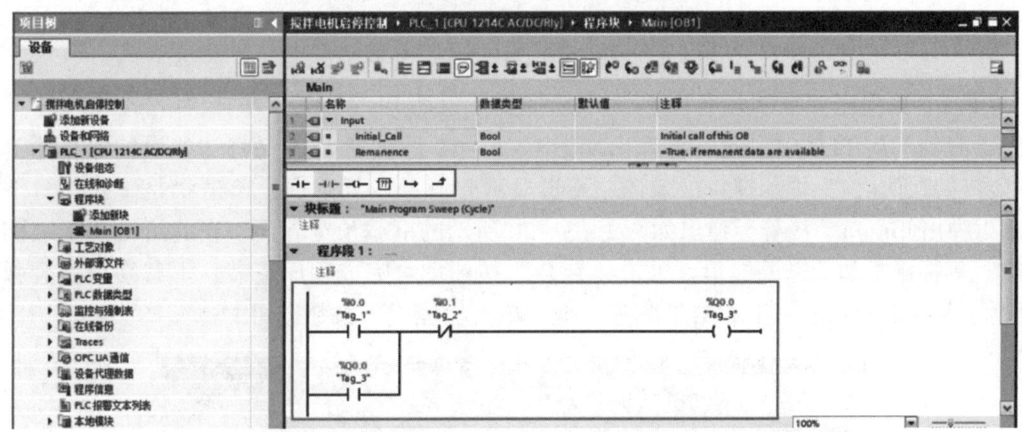

图 1－3－16　在 Main［OB1］中编制梯形图程序

（1）编译程序。进行离线仿真前，单击工具栏中的（编译）按钮，对程序进行编译。通过编译步骤可以检查出程序中存在的语法拼写错误。

（2）启动仿真。程序编译成功后，单击工具栏中（启动仿真）按钮，会弹出“启用仿真支持”的提示框，提示“该项目包含的块可能无法使用 S7－PLC SIM 仿真……”信息，单击“确认”按钮即可。此时会在界面左侧弹出 PLC 仿真运行的悬浮控制窗口，如图 1－3－17 所示，在此浮动窗口中显示当前仿真运行 PLC 的状态，同时提供了“RUN”“STOP”“PAUSE”“MRES”PLC 运行模式切换控制按钮。

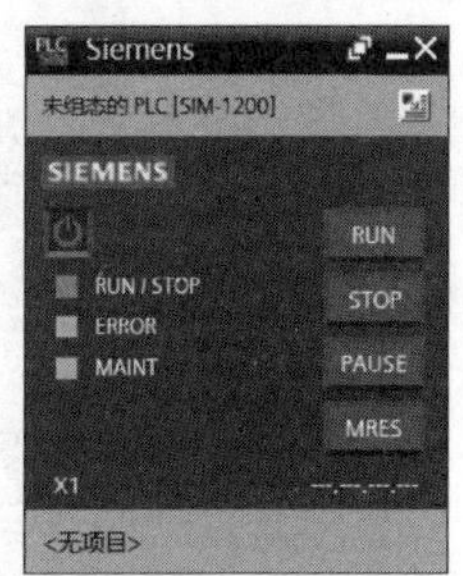

图 1－3－17　悬浮仿真控制窗口

（3）搜索硬件。在图 1－3－18 界面中单击“开始搜索”按钮，会自动搜索项目中已组态的设备，并将搜索结果显示在下方的设备列表中。

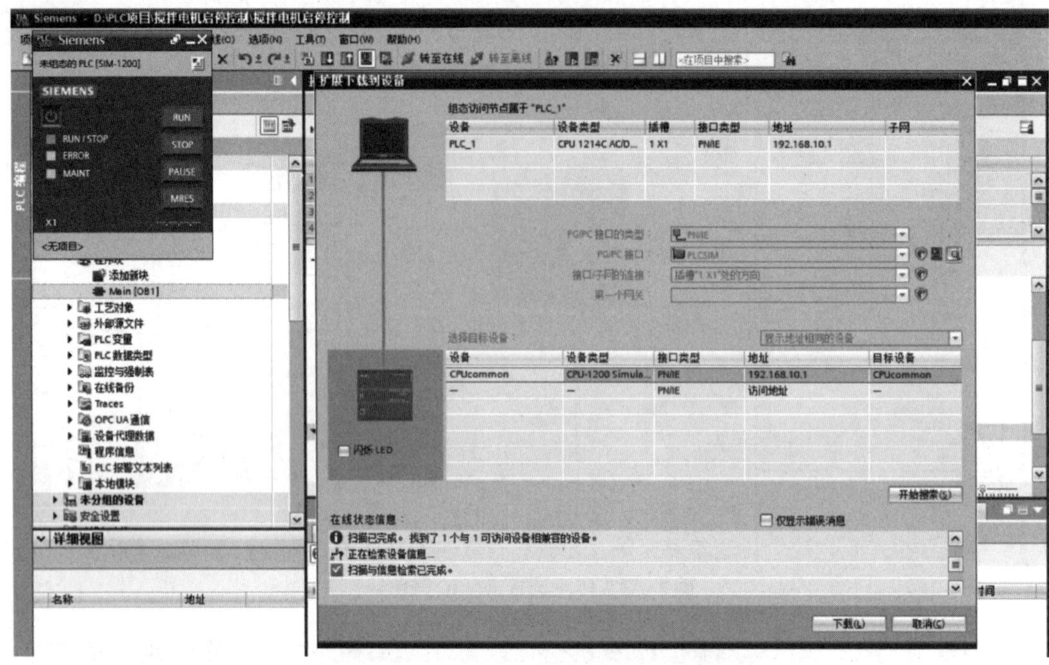

图 1－3－18　搜索项目中已组态的 PLC

（4）下载程序。在“设备”列表中选择要下载程序的 PLC，单击“下载”按钮，将程序下载到对应 PLC 中。此时会弹出如图 1－3－19 所示“是否要将这些设置保存为 PG/PC 接口的默认值?”提示窗口，勾选“不再显示此消息”复选框，单击“是”按钮，下次将不再弹出此窗口。接着会弹出如图 1－3－20 所示的下载预览界面，在此给出“下载准备就绪”等提示。如无错误提示，单击“装载”按钮即可完成程序下载。下载结束后会弹出如图 1－3－21 所示的“下载结果”显示框，单击“完成”按钮即可。

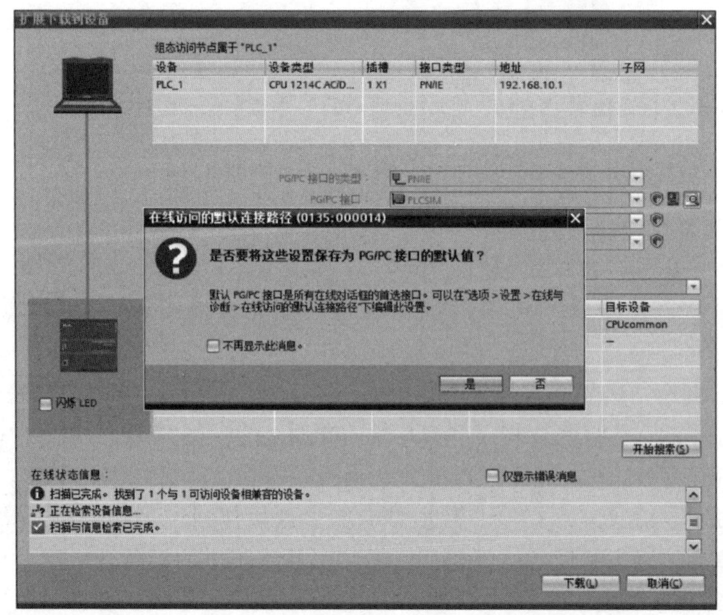

图 1－3－19　“在线访问的默认连接路径”询问对话框

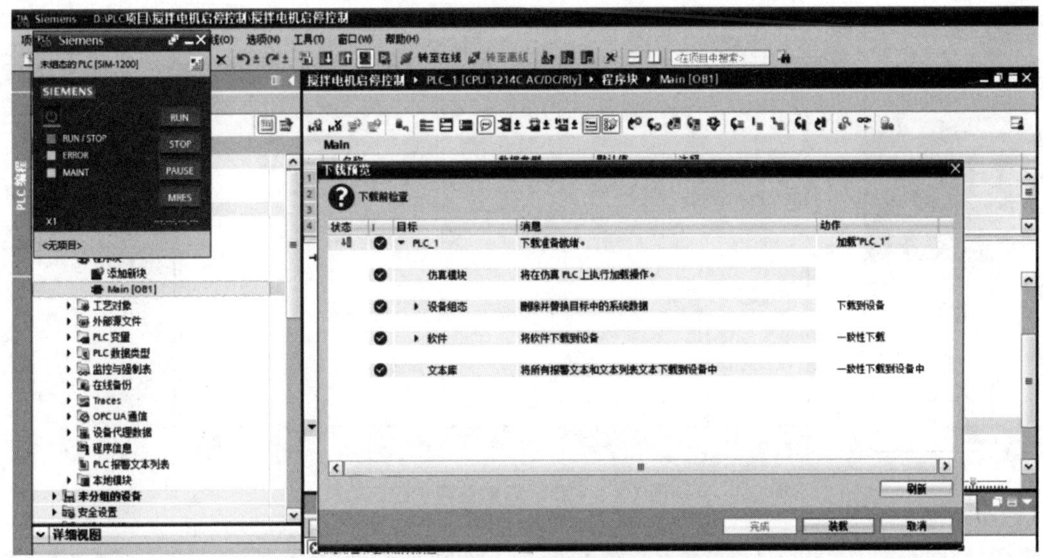

图1－3－20　“下载预览”提示框

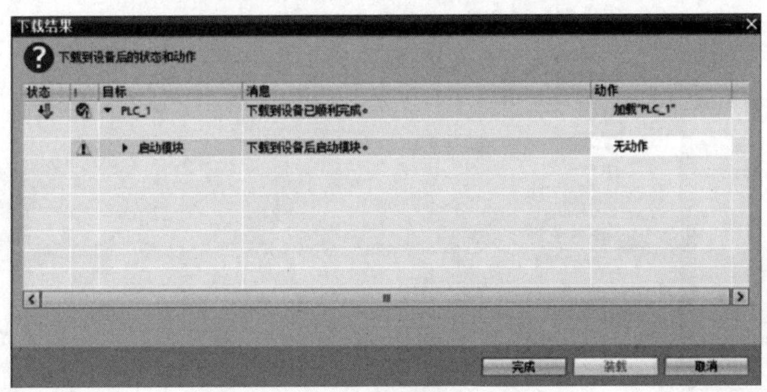

图1－3－21　“下载结果”提示框

（5）仿真运行。单击图1－3－17悬浮仿真控制窗口中的“RUN”按钮，将仿真PLC切换到“运行”状态，此时可以看到“RUN/STOP”指示灯变成了绿色，说明PLC已经在执行装载的程序了。

（6）启动监控。PLC仿真运行后，可以通过启动监控功能来观察程序运行的情况。单击工具栏中的（监控）按钮，进入监控状态，如图1－3－22所示。在此状态下，可以通过手动改变程序中输入点的状态（值）来调试程序，并查看程序运行结果是否与设计一样。在程序仿真时，输入点的值为“0”，表示“不动作”，值为“1”表示“动作”。

左键单击程序中的M0.1常开触点，再单击右键，选择将程序中“M0.1”常开触点的值修改为1，如图1－3－23所示。使此常开触点闭合，导致产生如图1－3－24所示的结果，此时，右侧输出线圈“Q0.2”通电（由原来的虚线变成了连续的绿色线，表示“接通”），并使自己的常开触点“闭合”形成了自锁，持续保持通电。

（7）结束仿真。如需结束离线仿真运行，直接单击图1－3－24中悬浮窗口中的“×”按钮，在弹出的确认退出对话框中单击“是”按钮即可。

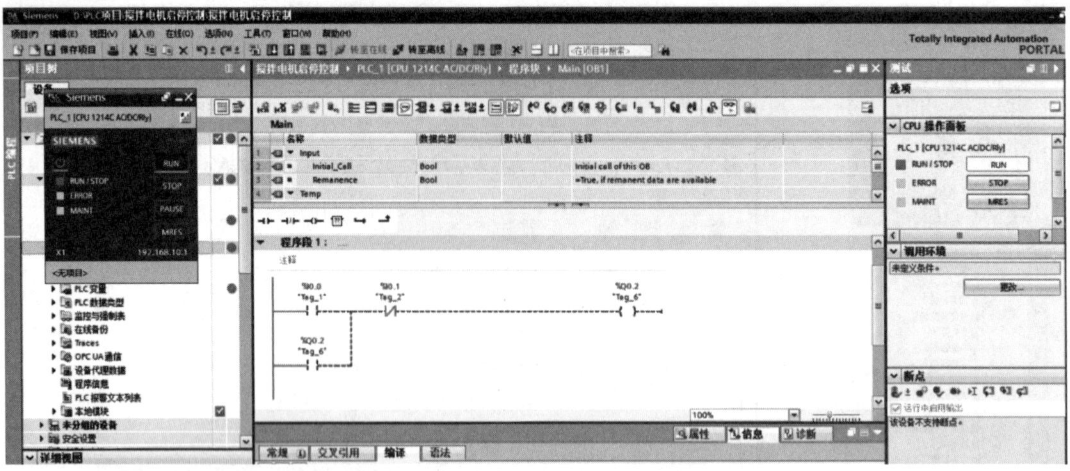

图 1－3－22　启动仿真 PLC

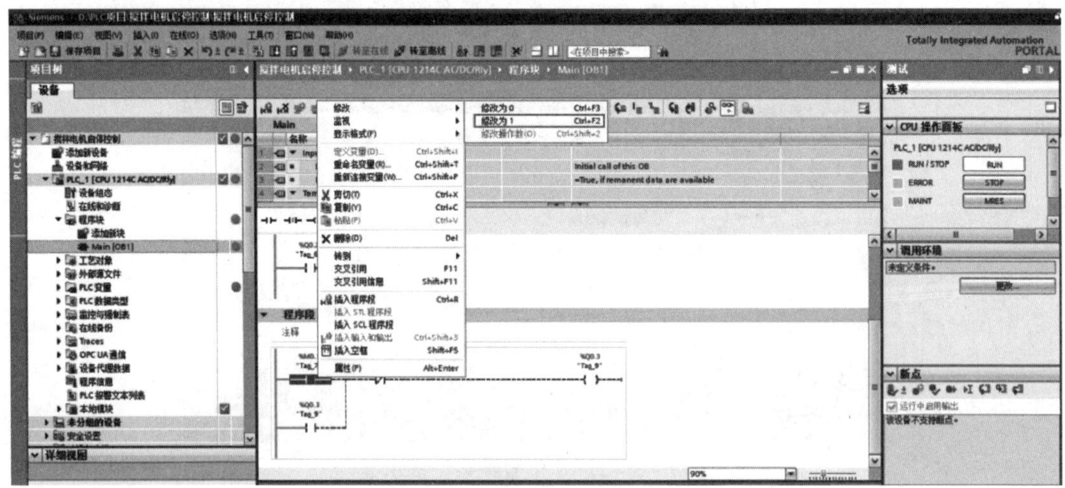

图 1－3－23　修改输入点的状态（值）

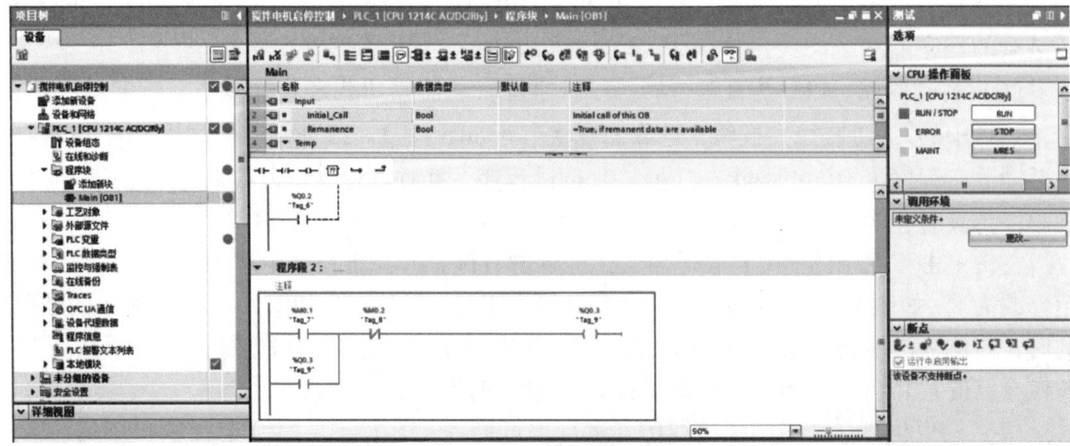

图 1－3－24　程序仿真运行结果

任务引导

认真分析任务，明确任务目标。为顺利完成任务，提前查阅相关资讯，并回答下列引导问题。

引导问题1：

请写出下列位操作指令名称及功能：

-| |-：　　　　　　　　　　　　-|/|-：

-( )-：　　　　　　　　　　　　[??]：

引导问题2：

如图1－3－25所示，PLC的CPU型号为1214C DC/DC/RLY，该PLC采用什么电源供电？其电源端子应如何接线？请在下图中绘制PLC电源的电气接线图。

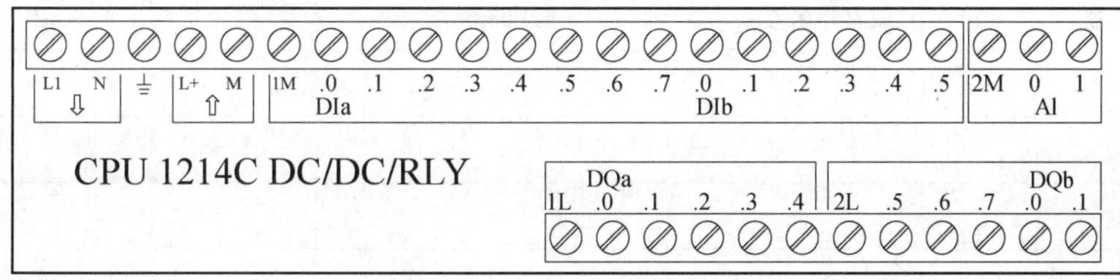

图1－3－25　1214C DC/DC/RLY

引导问题3：

请在博途软件中新建一个项目，命名为“广西农垦西江乳业有限公司智能生产线项目”，并将项目保存在本地计算机最后一个分区的“智能制造工程”文件夹，例如“E:\智能制造工程”。

引导问题4：

在某项目中，已将PLC的IP地址组态为：192.168.10.1。为能在线下载程序和调试程序，需使运行博途软件的电脑与该PLC处在同一局域网。请为此电脑设置好对应的IP地址：________________。

任务分组

小组讨论，制订任务方案，将工具及器件准备、PLC原理图绘制、硬件电路连线、PLC程序编写调试等工作任务分工填写在表1－3－2中。

表 1－3－2　组员分工表

班级		小组编号		任务分工
组长		学号		
组员	（安全员）	学号		
		学号		
		学号		

制订计划

根据任务要求，结合实训室的设备配置，选取任务所需工具及材料，完成表 1－3－3 的填写。

表 1－3－3　工具及材料清单

序号	工具或材料名称	型号或规格	数量	备注

根据任务要求及实施方案，确定任务步骤及具体工作内容，完成表 1－3－4 的填写。

表 1－3－4　任务实施安排表

序号	工作内容	计划用时	备注

任务实施

（1）列出PLC I/O分配表（见表1－3－5）。

表1－3－5　PLC I/O分配表

输入				输出			
序号	输入点	器件名称	功能说明	序号	输出点	器件名称	功能说明

（2）画出PLC的I/O接线图，并按照图纸、工艺要求、安全规范要求，安装完成PLC与外围设备的接线。（注意：需在断电情况下完成接线。）

（3）完成PLC梯形图程序设计，并下载和调试程序。（注意：硬件电路通电前，请再次检查接线，确认无误后再上电。调试过程中，要严格执行安全操作规程的规定，小组安全员做好监督工作。）

（4）简述通过完成本次实训的收获。

（5）整理。各小组完成任务实施及总结以后，按照“6S”要求，对实训场所实施整理、整顿、清扫、清洁，同时归还所借的工具和实训器件。

评价反馈

对任务实施情况进行评价，填入表 1 - 3 - 6 中。

表 1 - 3 - 6　任务实施评价表

<table>
<tr><td>任务名称</td><td colspan="6"></td></tr>
<tr><td>班级</td><td></td><td>姓名</td><td>学号</td><td></td><td>组号</td><td></td></tr>
<tr><td>评价项目</td><td>内容</td><td>配分</td><td>评分要求</td><td>学生自评（20%）</td><td>组员互评（30%）</td><td>教师评价（50%）</td></tr>
<tr><td rowspan="7">专业能力（80 分）</td><td>回答引导问题</td><td>5</td><td>正确完成引导问题问答</td><td></td><td></td><td></td></tr>
<tr><td>配置 I/O</td><td>10</td><td>I/O 分配合理</td><td></td><td></td><td></td></tr>
<tr><td>绘制电气图</td><td>10</td><td>按任务要求完成电气接线图绘制，输入/输出点使用与 I/O 分配表对应无误</td><td></td><td></td><td></td></tr>
<tr><td>连接硬件</td><td>15</td><td>按电气接线图正确连接硬件，元器件及导线选用正确合理</td><td></td><td></td><td></td></tr>
<tr><td>设计程序</td><td>25</td><td>完成程序编辑，编译无语法错误，符合程序设计规范，简洁高效</td><td></td><td></td><td></td></tr>
<tr><td>调试程序</td><td>10</td><td>按要求完成程序调试，能实现任务要求的全部功能</td><td></td><td></td><td></td></tr>
<tr><td>撰写报告</td><td>5</td><td>按规定格式完成实训报告撰写，内容完整，描述准确、规范</td><td></td><td></td><td></td></tr>
<tr><td rowspan="6">综合素养（20 分）</td><td>遵守课堂纪律</td><td>3</td><td>遵循行业企业安全文明生产规程，自觉遵守课堂纪律</td><td></td><td></td><td></td></tr>
<tr><td>规范操作</td><td>5</td><td>规范任务实施中的各项操作，防范安全事故，确保人、设备安全</td><td></td><td></td><td></td></tr>
<tr><td>6S 管理</td><td>3</td><td>按要求实施现场 6S 管理</td><td></td><td></td><td></td></tr>
<tr><td>团队合作</td><td>5</td><td>工作任务分配合理，组员积极参与、沟通顺畅、配合默契</td><td></td><td></td><td></td></tr>
<tr><td>工作态度</td><td>2</td><td>主动完成分配的任务，积极协助其他组员完成相关工作任务</td><td></td><td></td><td></td></tr>
<tr><td>创新意识</td><td>2</td><td>主动探究，敢于尝试新方式方法</td><td></td><td></td><td></td></tr>
<tr><td colspan="4">小计</td><td></td><td></td><td></td></tr>
<tr><td colspan="4">总成绩</td><td colspan="3"></td></tr>
<tr><td>指导教师签字</td><td colspan="3"></td><td>日期</td><td colspan="2"></td></tr>
</table>

任务拓展

自动化生产线通常会有自动报警系统，当报警事件发生时，即收到报警信号（如传感器检测到原料供应单元中的原料量低于设定值）时，系统会使报警灯以 1 Hz 的频率闪亮，以提醒现场工作人员。工作人员做适当处理后，按下消除报警按钮，报警灯熄灭。（提示：可在输入端接一个按钮用于模拟报警信号的产生；组态 PLC 时，可以启用系统时钟，用系统时钟来提供报警灯闪烁的频率信号。）

案例参考

案例：企业生产线（或设备）上通常会用不同颜色的灯来指示生产线的运行状态，其中绿色灯常用于指示生产线当前的运行状态。当绿色灯正常亮起时，表示生产线（设备）正在运行；绿色灯熄灭时，表示生产线（设备）停止运行。要求在 PLC 输出端接一个绿色灯，输入端分别接一个启动按钮和一个停止按钮，当按下启动按钮时，绿色指示灯亮；当按下停止按钮时，指示灯灭。

生产线运行指示系统程序设计

1. 生产线运行指示系统 I/O 分配表

生产线运行指示系统 I/O 分配表如表 1－3－7 所示。

表 1－3－7　生产线运行指示系统 I/O 分配表

输入信号				输出信号			
序号	PLC 输入点	器件名称	功能说明	序号	PLC 输出点	器件名称	功能说明
1	I0.3	SB1	启动	1	Q0.7	LED1	运行指示灯
2	I0.4	SB2	停止				

2. 硬件电路连接

按照图 1－3－26 所示系统电气接线图连接好硬件电路。

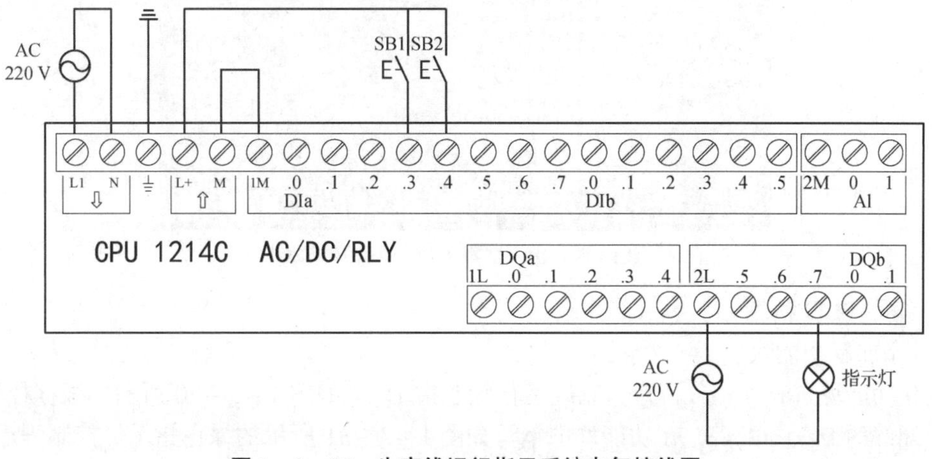

图 1－3－26　生产线运行指示系统电气接线图

3. 创建项目

打开博途软件，单击窗口左上角新建项目按钮，新建“自动化生产线运行指示系统”项目，如图 1－3－27 所示。

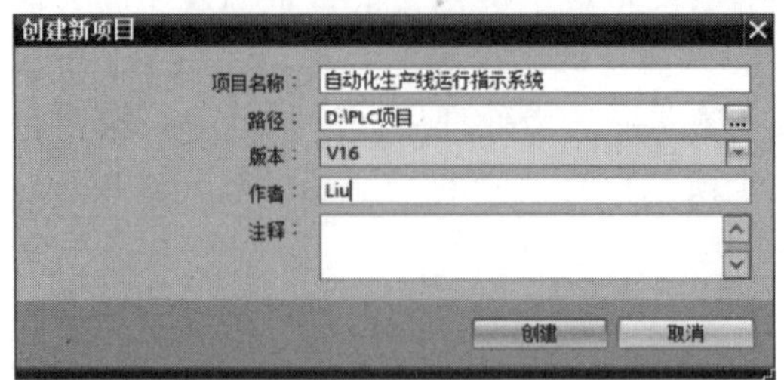

图 1－3－27　创建“自动化生产线运行指示系统”项目

4. 硬件组态

在博途软件中，为“自动化生产线运行指示系统”项目选择 1200 PLC 型号“CPU 1214C AC/DC/Rly”，版本选择 4.0 以上，以便可以进行离线仿真，并将 IP 地址设置为 192.168.10.2，接着将运行博途软件的电脑 IP 地址设为 192.168.10.3，如图 1－3－28 所示。如需启用系统自带的时钟以获得常用的几种频率信号，可在下方的“常规”属性页面中选择“系统和时钟存储器”，再勾选“启用时钟存储器字节”复选框，如图 1－3－29 所示。

图 1－3－28　选择 CPU 型号及版本

5. 编写 PLC 程序

1）添加新功能块

新建功能块（FC），命名为“系统运行状态指示”，如图 1－3－30 所示。根据控制要求和已分配好的 I/O 分配表，在功能块中编写如图 1－3－31 所示的绿色指示灯控制程序。

图1－3－29 启用时钟存储器字节

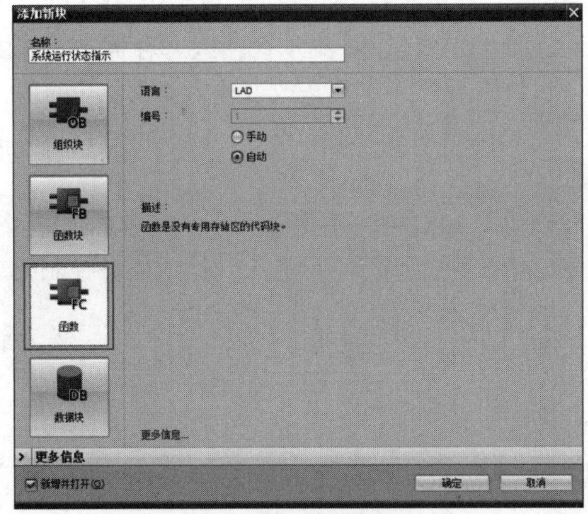

图1－3－30 新建功能块（FC）

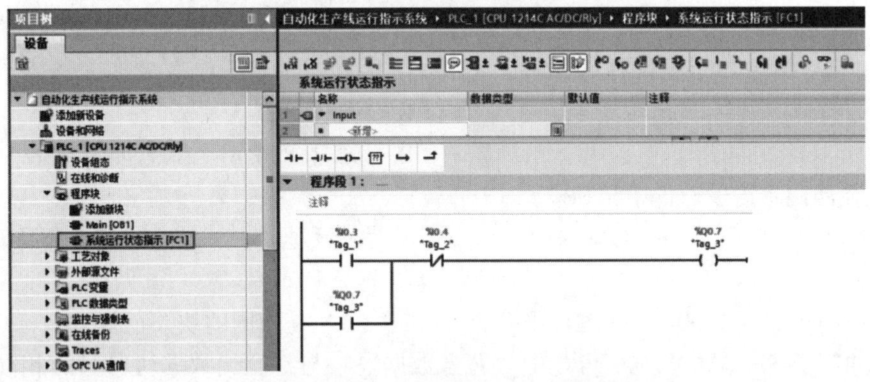

图1－3－31 绿色指示灯控制程序

2）调用功能块

所有的功能块必须在“Main［OB1］”中调用才能真正被执行。如图 1-3-32 所示，在左侧“设备”列表框中将“系统运行状态指示”拖至“Main［OB1］”程序段 1 中。

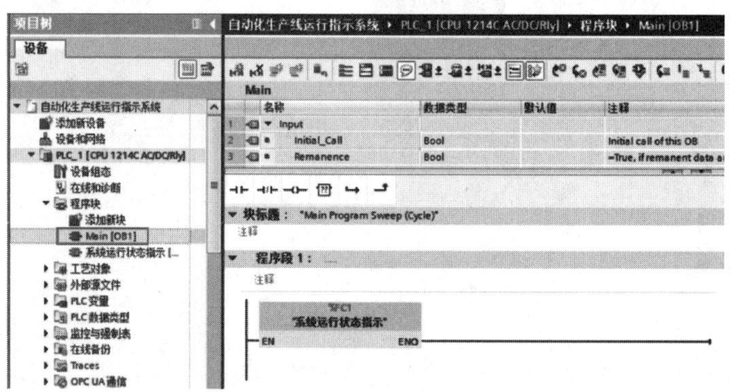

图 1-3-32　在“Main［OB1］”中调用功能块

6. 系统调试

1）进行仿真测试

参照“知识链接”的步骤启动仿真，将程序下载到仿真的 PLC 中，运行仿真，通过监控观察程序运行情况是否达到控制要求。（提示：输入寄存器 I 的值由外部事件产生，如按钮、开关、传感器等。博途仿真程序无法真正改变输入寄存器 I 的值，建议仿真前将原程序中 I0.3、I0.4 对应修改成辅助继电器 M2.3、M2.4，然后再进行仿真测试。）

2）实际下载并测试

编译以后将程序下载到实际 PLC 中，确保 PLC 处在“RUN”运行模式下，按下启动按钮，绿色指示灯亮，按下停止按钮，运行指示灯灭，达成任务控制要求。

任务练习

（1）西门子 S7-1200/1500 PLC 支持多种编程语言，分别为梯形图语言、________、________、________、________。

（2）某生产线系统中有两台 PLC 和一个触摸屏，已组建了工业以太网。两台 PLC 的 IP 地址分别为 192.168.10.2、192.168.10.3，那么下面所列 IP 地址中适宜触摸屏使用的是（　　）。

A. 192.168.8.4　　B. 192.168.9.5

C. 192.168.10.4　　D. 192.168.6.6

（3）在西门子博途软件中“FB”为（　　）。

A. 组织块　　B. 功能块　　C. 背景数据块　　D. 全局数据块

（4）判断题。

①在西门子 S7-1200/1500 PLC 中“FC”与“FB”是相同的块。（　　）

②在西门子 S7-1200/1500 PLC 中“背景数据块”与“全局数据块”具有相同的功能。（　　）

任务1.4　TIA Portal使用入门

学习情境

煤炭是我国的主要能源和重要的战略物资，占我国一次能源消耗的一半以上，是我国能源安全保障的重要基础。煤矿企业常用传输带来将生产的煤炭输送到固定地点。

教学目标

1. 知识目标

（1）理解定时器指令的功能。

（2）熟悉开发HMI界面的流程。

（3）掌握函数块的用法。

2. 能力目标

（1）能正确使用定时器指令编写程序。

（2）会使用博途软件仿真运行任务程序。

（3）能对PLC程序和任务所需硬件进行在线调试。

3. 素质目标

（1）通过任务资讯，强化信息素养。

（2）学习劳模风采，培养劳动精神。

（3）规范接线操作，增强安全意识。

任务要求

煤矿企业使用自动化传送系统将煤炭传输至指定地点。该传送系统采用PLC进行控制，其中包括传送带的启动、停止控制功能。请设计该煤炭传送带控制系统。

小贴士

李凤明，全国劳动模范，中共二十大代表，黑龙江龙煤双鸭山矿业有限责任公司职工。李凤明始终奋战在煤海第一线，在安全管理上规范标准，工程质量上精益求精，生产施工上一丝不苟，关爱职工上体贴入微。他所带领的小班是公司优秀“五型”班组，是一支敢碰硬、能打胜仗的重点采煤班组，创造过小班4 000吨、月产9万吨、年产61万吨的纪录。班组建设工作基础牢靠，实现了安全零事故，月月超额完成生产计划，职工平均工资万元以上，为企业改革发展作出了积极贡献。工作 15 年来每月入井次数 28 次以上，年年出勤都在 360 个以上，90%以上都是夜班，是矿里的“出勤大王”。他以务实的工作作风、过硬的业务技术创下骄人战绩，连续 9 年被评为公司特等劳动模范。2020 年 11 月 24 日，被表彰为全国劳动模范。2022 年 5 月 2 日，被选为中国共产党第二十次全国代表大会代表。

知识链接

1. 位逻辑指令

如图 1－4－1 所示，S7－1200/1500 PLC 提供了很多位逻辑运算指令。这些位逻辑运算指令的运算结果用二进制数字 1 和 0 来表示，可以对布尔操作数（BOOL）的信号状态扫描并完成逻辑操作。逻辑操作结果称为 RLO（Result of Logic Operation）。

名称	描述	版本
常规		
位逻辑运算		V1.0
-||-	常开触点 [Shift+F2]	
-|/|-	常闭触点 [Shift+F3]	
-|NOT|-	取反 RLO	
-( )-	赋值 [Shift+F7]	
-(/)-	赋值取反	
-(R)	复位输出	
-(S)	置位输出	
SET_BF	置位位域	
RESET_BF	复位位域	
SR	置位/复位触发器	
RS	复位/置位触发器	
-|P|-	扫描操作数的信号上升沿	
-|N|-	扫描操作数的信号下降沿	
-(P)-	在信号上升沿置位操作数	
-(N)-	在信号下降沿置位操作数	
P_TRIG	扫描 RLO 的信号上升沿	
N_TRIG	扫描 RLO 的信号下降沿	
R_TRIG	检测信号上升沿	V1.0
F_TRIG	检测信号下降沿	V1.0

图 1－4－1　位逻辑运算指令

下面是常用的 S7－1200/1500 位操作指令说明。

1）触点

-||-：常开触点的位值为 1 时，常开触点将闭合（ON）；位值为 0 时，常开触点将断开（OFF）。

-|/|-：常闭触点的位值为 1 时，常闭触点将断开（OFF）；位值为 0 时，常闭触点将闭合（ON）。

以串联方式连接的触点创建与（AND）逻辑程序段，以并联方式连接的触点创建或（OR）逻辑程序段。可将触点相互连接并创建用户自己的组合逻辑。如果用户指定的输入位使用存储器标识符 I（输入）或 Q（输出），则从过程映像寄存器中读取位值。控制过程中的物理触点信号会连接到 PLC 上的 I 端子。CPU 扫描已连接的输入信号并持续更新过程映像输入寄存器中的相应状态值。通过在 I 偏移量后加入“：P”，可指定立即读取物理输入，如“%I3.4：P”。

2）NOT 逻辑反相器

其作用是 NOT 触点取反能流输入的逻辑状态。如果没有能流流入 NOT 触点，则会有能流流出。如果有能流流入 NOT 触点，则没有能流流出。如图 1-4-2 所示，当 I0.3 的值为 1 时，没有能流流入 NOT 触点，则 Q0.3 有能流流出，其值为 1。

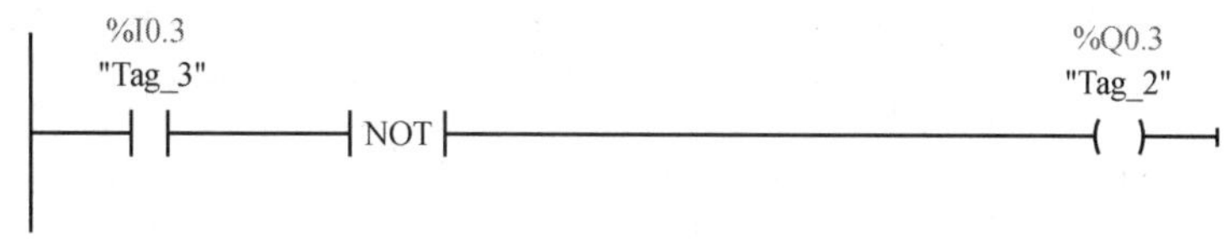

图 1-4-2 逻辑反相器程序

3）线圈

线圈是将输入信号状态（0 或 1）的逻辑运算结果信号状态写入指定的输出位，即结果信号的状态为 1，线圈通电；结果信号的状态为 0，线圈断电。线圈的通电、断电状态会直接影响其常开、常闭触点的闭合、断开状态。如果用户指定的输出位使用存储器标识符 Q，则 CPU 接通或断开过程映像寄存器中的输出位，控制输出信号连接 Q 端子。通过在 Q 偏移量后加入“:P”，还可以指定立即写入对应位线圈的状态，影响输出端子的物理输出。对于立即写入，将位数据值 1 或 0 写入过程映像输出寄存器，会直接作用于物理输出端，致输出端子直接导通或是断开。如果在输出线圈中间有“/”符号，则表示取反线圈，当有能流流过取反线圈时，则线圈为 0 状态；反之，当没有能流流过取反线圈时，线圈为 1 状态。

如图 1-4-3 所示，程序中，当输入 I0.5 常开触点闭合，且为当前程序扫描执行步时，Q0.5 写入物理输出，输出端子导通，Q.5 的常开触点闭合，常闭触点会断开；当输入 I0.6 常开触点闭合时，由于使用了“:P”，无论此行命令是否为当前程序扫描执行的指令，此时输出线圈 Q0.6 的状态都会立即写入物理输出，即指定的输出端子立即导通，且 Q.6 的常开触点立即闭合，常闭触点立即断开。当输入 M2.0 常开触点闭合时，线圈 M3.0 取反为 0 状态，M3.0 的常开触点断开，常闭触点闭合；反之，当输入 M0.2 的常开触点断开时，线圈 M3.0 取反为 1 状态，其常开触点闭合，常闭触点断开。

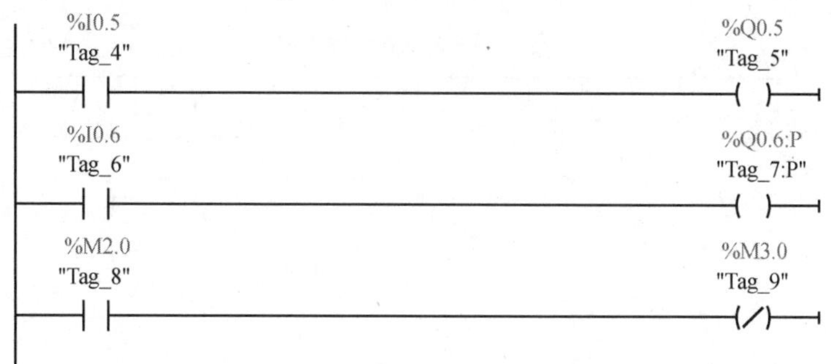

图 1-4-3 普通输出、立即输出与取反线圈输出

任务引导

认真分析任务，明确任务目标。为顺利完成任务，提前查阅相关资讯，并回答下列引导问题。

引导问题 1：

如图 1－4－4 所示的程序，是 PLC 程序设计中常用的“启保停”程序，请说出其中各触点、线圈在程序中的作用。

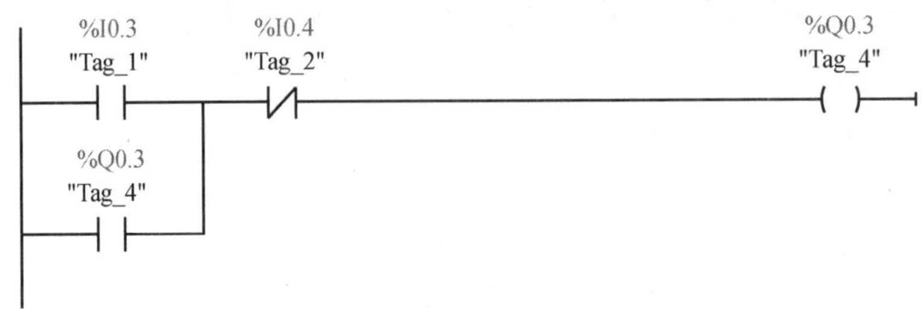

图 1－4－4 “启保停”程序

任务分组

小组讨论，制订任务方案，将工具及器件准备、PLC 原理图绘制、硬件电路连线、PLC 程序编写调试等工作任务分工填写在表 1－4－1 中。

表 1－4－1 组员分工表

班级		小组编号		任务分工
组长		学号		
组员	（安全员）	学号		
		学号		
		学号		

制订计划

根据任务要求，结合实训室的设备配置，选取任务所需工具及材料，完成表 1－4－2 的填写。

表1－4－2 工具及材料清单

序号	工具或材料名称	型号或规格	数量	备注

根据任务要求及实施方案，确定任务步骤及具体工作内容，完成表1－4－3的填写。

表1－4－3 任务实施安排表

序号	工作内容	计划用时	备注

任务实施

（1）列出PLC I/O分配表（见表1－4－4）。

表1－4－4 PLC I/O分配表

输入				输出			
序号	输入点	器件名称	功能说明	序号	输出点	器件名称	功能说明

（2）画出 PLC 的 I/O 接线图，并按照按图纸、工艺要求、安全规范要求，完成 PLC 与外围设备的接线。（注意：需在断电情况下完成硬件电气接线。）

（3）完成 PLC 梯形图程序设计，并下载和调试程序。（注意：硬件电路通电前，请再次检查接线，确认无误后再上电。调试过程中，要严格执行安全操作规程的规定，小组安全员做好监督工作。）

（4）简述通过完成本次任务的收获。

（5）整理。各小组完成任务实施及总结以后，按照“6S”要求，对实训场所实施整理、整顿、清扫、清洁等，同时归还所借的工具和实训器件。

评价反馈

对任务实施情况进行评价，填入表1－4－5中。

表1－4－5　任务实施评价表

任务名称						
班级		姓名		学号		组号
评价项目	内容	配分	评分要求	学生自评（20%）	组员互评（30%）	教师评价（50%）
专业能力（80分）	回答引导问题	5	正确完成引导问题问答			
	配置I/O	10	I/O分配合理			
	绘制电气图	10	按任务要求完成电气接线图绘制，输入/输出点使用与I/O分配表对应无误			
	连接硬件	15	按电气接线图正确连接硬件，元器件及导线选用正确合理			
	设计程序	25	完成程序编辑，编译无语法错误，符合程序设计规范，简洁高效			
	调试程序	10	按要求完成程序调试，能实现任务要求的全部功能			
	撰写报告	5	按规定格式完成实训报告撰写，内容完整，描述准确、规范			
综合素养（20分）	遵守课堂纪律	3	遵循行业企业安全文明生产规程，自觉遵守课堂纪律			
	规范操作	5	规范任务实施中的各项操作，防范安全事故，确保人、设备安全			
	6S管理	3	按要求实施现场6S管理			
	团队合作	5	工作任务分配合理，组员积极参与、沟通顺畅、配合默契			
	工作态度	2	主动完成分配的任务，积极协助其他组员完成相关工作任务			
	创新意识	2	主动探究，敢于尝试新方式方法			
小计						
总成绩						
指导教师签字				日期		

任务拓展

某煤矿生产企业采用 PLC 控制煤炭传送系统，为方便煤矿生产企业的工人对煤炭传送系统进行启动、停止控制操作，在不同的两个地方分别设有传送系统的启动、停止按钮，即该传送系统有两套启动、停止按钮，都能对传送系统的启动和停止进行控制。

案例参考

高楼供水系统程序设计

高楼供水系统仿真过程

案例：高楼供水系统设计

随着我国经济的快速发展和城乡建设的大力实施，人民的生活环境越来越好，高楼大厦随处可见。现在有一栋小区居民楼，需两级水泵接力加压将水供到较高的楼层。供水系统启动工作时，需先启动楼层较高处的水泵工作，延时 5 s 后再启动楼层低处的水泵工作；供水系统停止工作时，两台水泵同时停止工作。系统工作时，会点亮一个指示灯表示系统正在工作。现采用 PLC 实现上述供水系统的控制功能，配有 HMI（触摸屏）交互系统。

1. I/O 分配表

采用 S7－1200 PLC（CPU 1214C AC/DC/RLY）作为该供水系统的控制核心。根据系统功能，对其做 I/O 分配，如表 1－4－6 所示。

表 1－4－6　PLC I/O 分配表

输入				输出			
序号	输入点	器件名称	功能说明	序号	输出点	器件名称	功能说明
1	I0.0	SB1	启动按钮	1	Q0.0	KM1	交流接触器 1（控制水泵 1）
2	I0.1	SB2	停止按钮	2	Q0.1	KM2	交流接触器 2（控制水泵 2）
				3	Q0.2	H1	运行指示灯

2. 高楼供水控制系统 PLC 电气接线图

高楼供水控制系统 PLC 电气接线图如图 1－4－5 所示。

3. 高楼供水系统项目创建及组态

1）创建项目并添加硬件设备

在创建的项目中添加 CPU 1214C AC/DC/RLY S7－1200 PLC 和 SIMATIC 7 in 触摸屏，如图 1－4－6、图 1－4－7 所示。

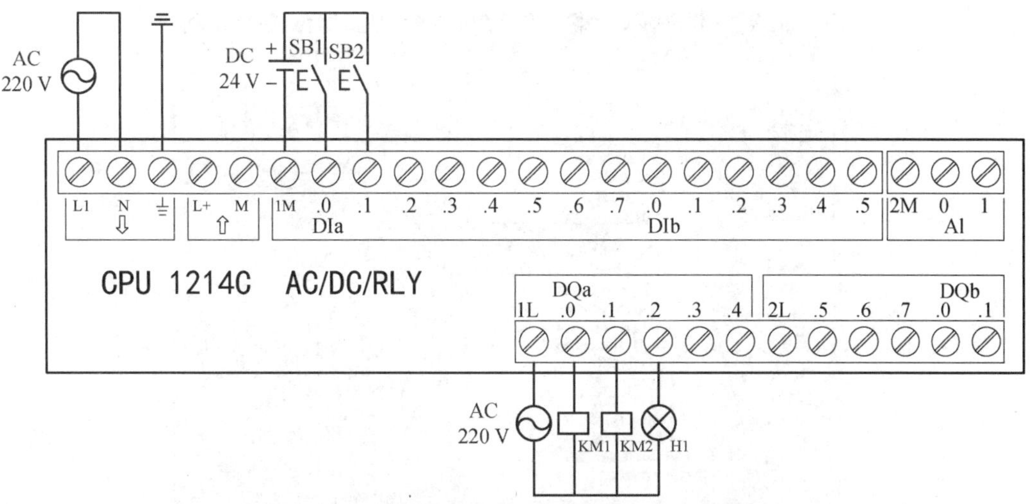

图 1 - 4 - 5　高楼供水控制系统 PLC 电气接线图

图 1 - 4 - 6　为项目添加 PLC 设备

2）为触摸屏与 PLC 建立网络连接

在上述添加触摸屏设备后，由于是为项目新添加的设备，博途软件会直接弹出如图 1 - 4 - 8 所示对话框，引导用户为此触摸屏添加需连接的 PLC，单击对话框右下角“浏览”下拉框，在下拉列表中选择对应的 PLC 设备，并单击右下角“☑”按钮。

完成添加需连接的 PLC 后，接着会弹出如图 1 - 4 - 9 所示的“子网修改”对话框，选择“使用子网的下一个空闲地址进行修改。”，然后单击“确定”按钮，结果如图 1 - 4 - 10 所示，触摸屏与 PLC 建立了网络连接，单击“完成”按钮即可。

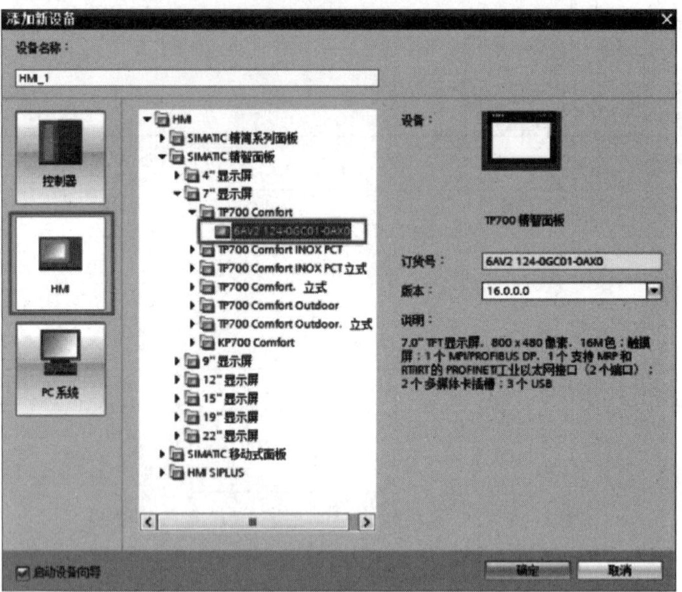

图 1-4-7　为项目添加 HMI 设备

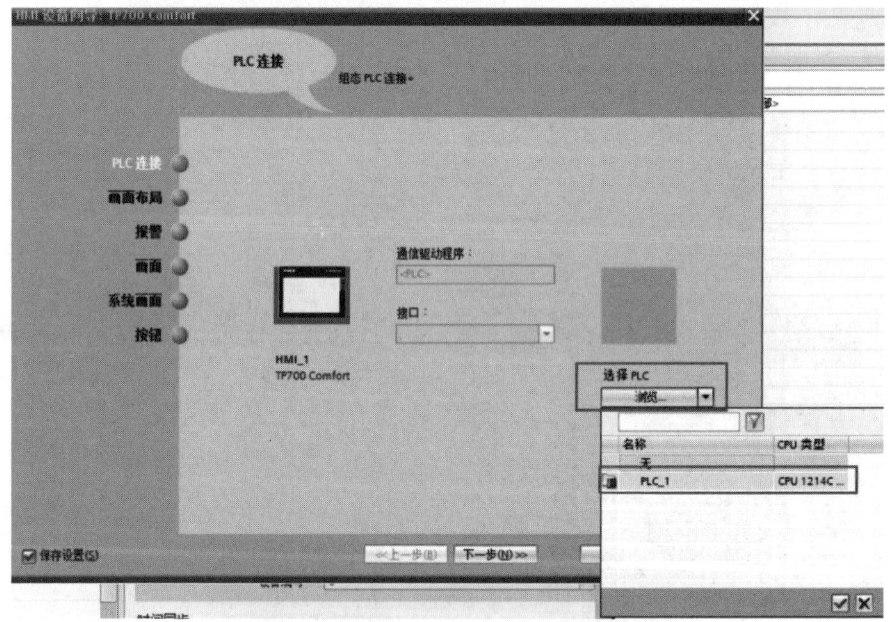

图 1-4-8　“连接 PLC 引导”对话框

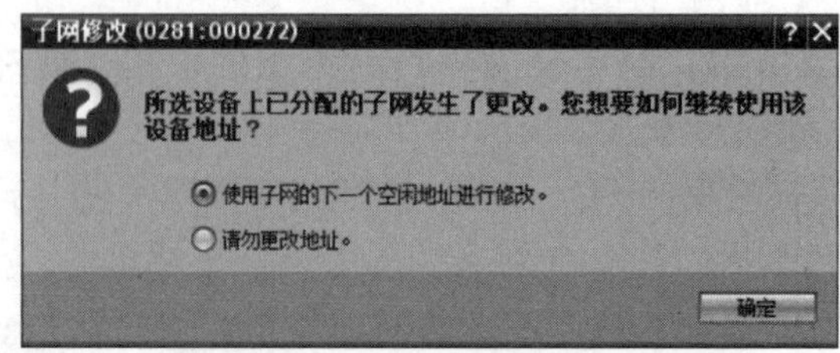

图 1-4-9　“子网修改”对话框

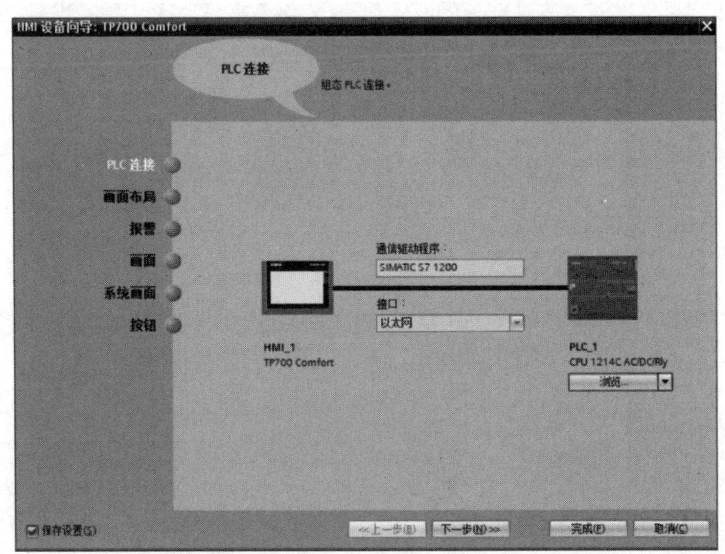

图 1-4-10 触摸屏与 PLC 设备建立网络连接

上述将触摸屏与 PLC 建立网络连接的操作也可以使用下面的方法来建立。如图 1-4-11 所示，在博途软件左边目录树中选择“设备和网络”，然后在中间窗口中用鼠标左键单击触摸屏上的网络接口，按住鼠标左键并拖拽到 PLC 的网络接口上再松开，软件将自动组建“PN/IE_1”网络连接。

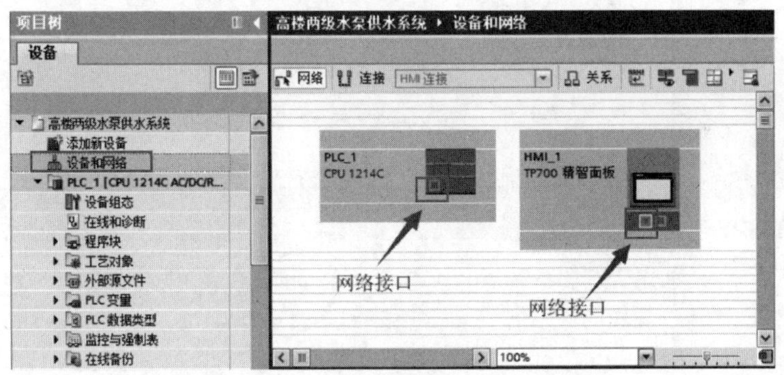

图 1-4-11 使用拖拽方式建立网络连接

3）设备组态

在博途软件左边目录树中选择“设备和网络”，此时可以看到 PLC 与触摸屏已通过“PN/IE_1”网络互相连接了，如图 1-4-12 所示。在此可以选择 PLC，进一步选择下方属性的常规选项卡里面的“PROFINET 接口[X1]”，为 PLC 配置 IP 地址为“192.168.10.2”。然后选择触摸屏，按照同样的方法设置触摸屏的 IP 地址为“192.168.10.3”，如图 1-4-13 所示。

4. 高楼供水系统 HMI 界面设计

1）设计基本界面

在左侧窗口中双击“HMI_1 [TP700 Comfort]”下的“根画面”，此时窗口打开了“根画面”设计窗口，窗口右侧为基本对象、元素及控件，如图 1-4-14 所示。

图 1－4－12　设置 PLC IP 地址

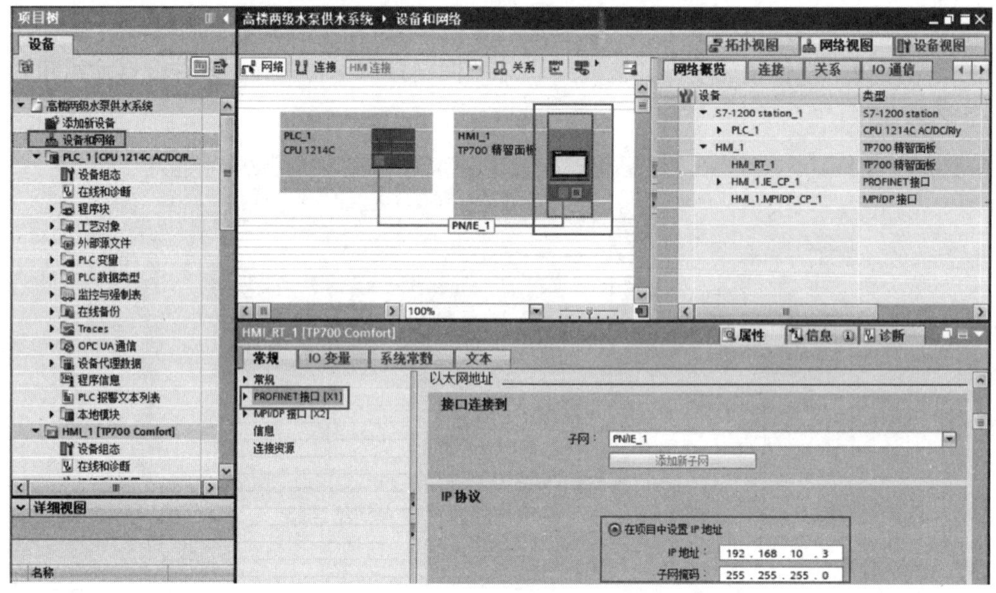

图 1－4－13　设置触摸屏 IP 地址

在此可以设计高楼供水系统的触摸屏界面。可通过双击“欢迎进入 HMI_1（TP700 Comfort）!”进入编辑状态，将其修改为“高楼两级水泵供水系统”，并为其选择合适大小的字体，本例选择 32 号字体。然后分别从右侧“元素”工具中选择按钮元素，在“根画面”设计窗口中通过按住鼠标左键并拖动，绘制两个按钮，并分别命名为“启动”和“停止”。按照上述操作，选择圆对象，在“根画面”设计窗口中绘制三个圆，分别表示实际系统中的加压水泵 1、加压水泵 2 及系统运行状态指示灯。再选择文字对象，在画面中通过单击左键，分别放下三个“text”，然后逐个双击，分别编辑为“系统状态”“水泵 1”“水泵 2”，如图 1－4－15 所示。

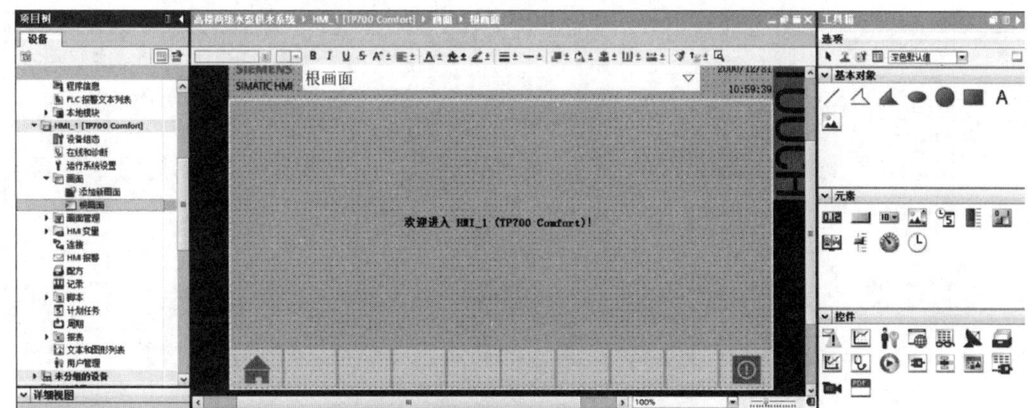

图1-4-14 “根画面”设计窗口

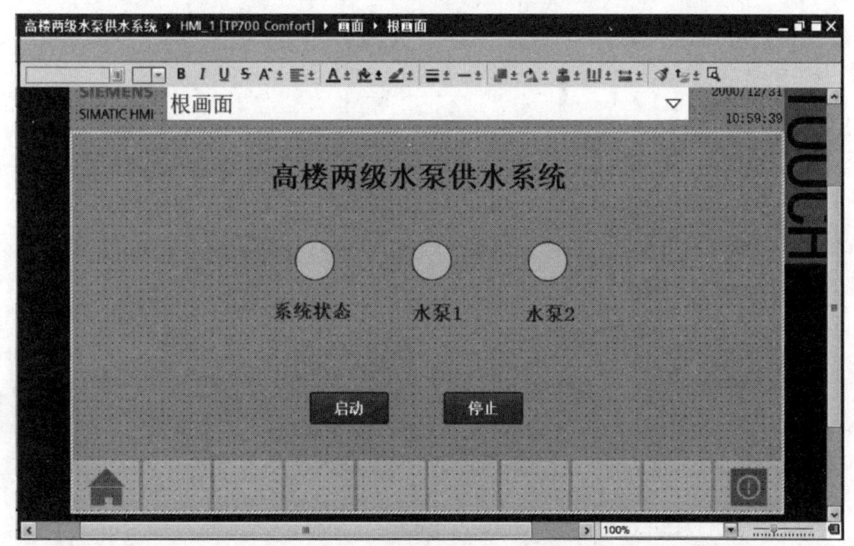

图1-4-15 高楼供水系统HMI界面

2）HMI内部变量设置及PLC变量关联

（1）设置触摸屏内部变量。在上述HMI界面中，一些对象需设置内部变量，并将其与PLC变量（PLC内部辅助继电器、输出映像过程寄存器等）做对应的关联，才能通过网络实时交换数据，向PLC发送信号或从PLC读取数据。例如，为代表水泵1的“圆”对象设置一个内部变量“触摸屏水泵1”与PLC中的Q0.0（依据I/O分配表）对应关联起来，触摸屏上的对象就能实时显示加压水泵1的实际运行状态。内部变量设置如图1-4-16所示。

（2）关联PLC变量。为触摸屏内部变量关联PLC变量时，可以依据前面的PLC I/O分配表。但需注意的是触摸屏上的启动、停止按钮无法关联PLC的I输入变量，因为这些信号由外部硬件提供（外部按钮、开关、传感器等）。可借用PLC内部辅助继电器来实现触摸屏启动、停止按钮功能。例如，用M2.0、M2.1来对应关联触摸屏内部的启动、停止按钮。如图1-4-17所示，单击“触摸屏启动”内部变量右侧的“PLC变量”栏下方的“未定义”，在弹出的下拉列表中选择PLC的默认变量表，再选择地址为“%M2.0”的变量，最后单击“☑”按钮确认。按此方法为其他触摸屏内部变量关联好PLC变量，结果如图1-4-18所示。

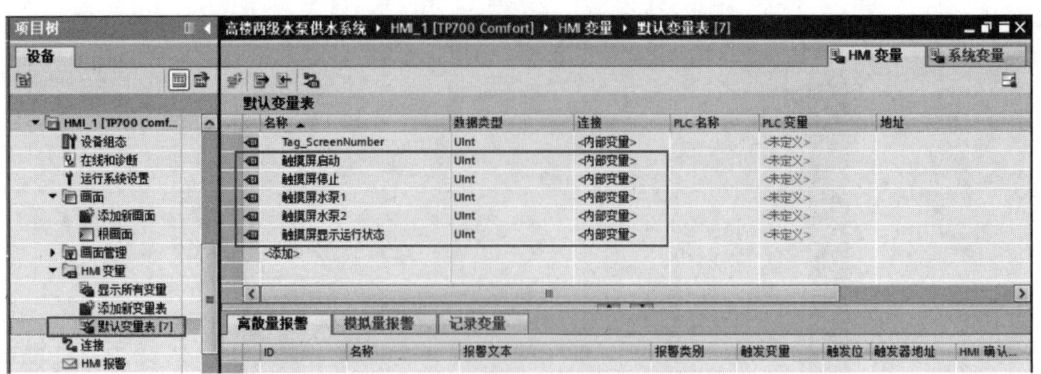

图 1－4－16　触摸屏内部变量设置

图 1－4－17　为触摸屏内部变量关联 PLC 变量

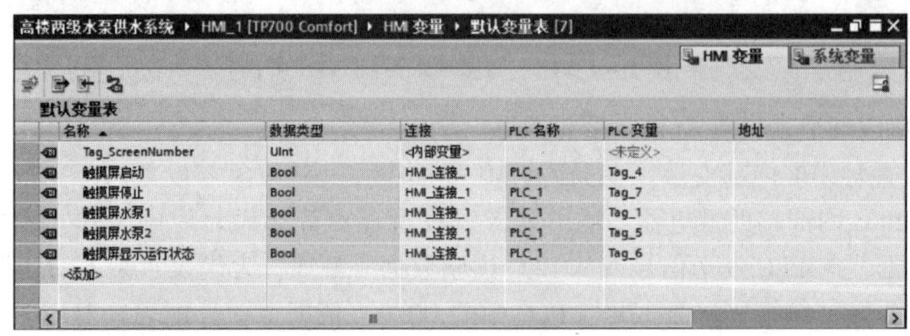

名称	数据类型	连接	PLC 名称	PLC 变量	地址
Tag_ScreenNumber	UInt	<内部变量>		<未定义>	
触摸屏启动	Bool	HMI_连接_1	PLC_1	Tag_4	
触摸屏停止	Bool	HMI_连接_1	PLC_1	Tag_7	
触摸屏水泵1	Bool	HMI_连接_1	PLC_1	Tag_1	
触摸屏水泵2	Bool	HMI_连接_1	PLC_1	Tag_5	
触摸屏显示运行状态	Bool	HMI_连接_1	PLC_1	Tag_6	
<添加>					

图 1－4－18　变量关联结果

3）触摸屏对象属性设置

界面构图完成后，需对各个对象进行“事件”设计，才能在真正运行时起作用。

按钮设置：根据控制要求，按下触摸屏的启动、停止按钮，能对应控制系统启动、停止。需对启动、停止按钮都配置成具有按下置位（接通），松开复位（断开）的功能。如图 1－4－19 所示，先配置按下置位功能。选择界面中的“启动”按钮，在下方“属性”中依次选择“事件”→“按下”→“添加函数”→“按下按键时置位位”。此外在此还需为“变量（输入输出）”指定关联的内部变量。单击其粉红色栏右侧的下拉按钮，在弹出的框中依次选择HMI“默认变量表”→“触摸屏启动”。再为启动按钮配置释放复位功能，在界面中，依次单击“释放”→“添加函数”→“复位变量中的位”。按照上述方法设置好“停止”按钮事件。

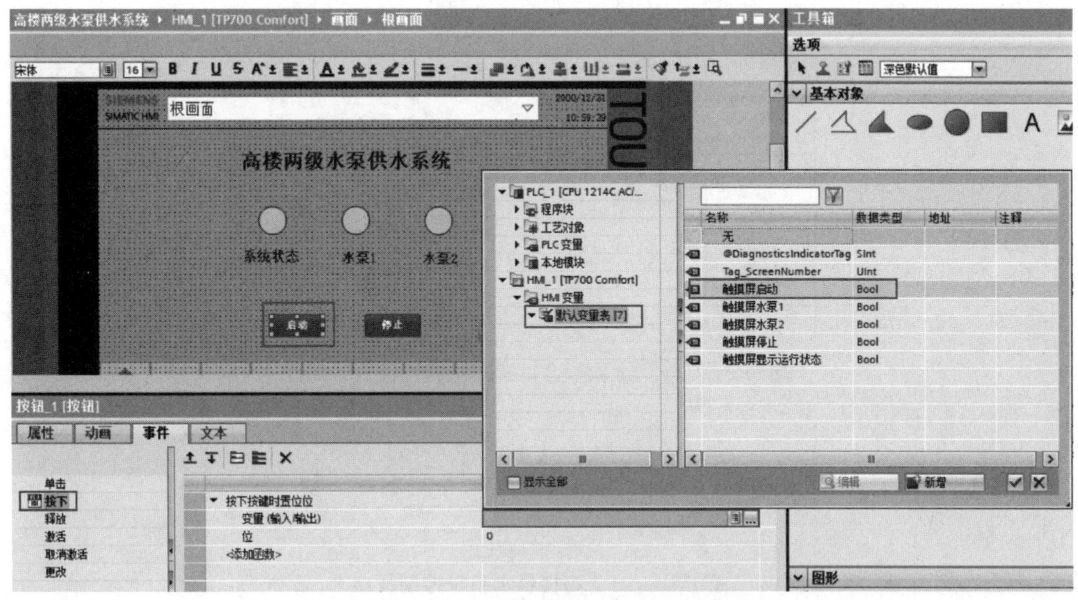

图1－4－19　配置启动按钮按下置位功能

圆的设置：根据要求，用圆的状态表示系统、水泵的运行状态，亮绿色表示运行，亮黑色表示停止。如图1－4－20所示，依次选择“动画”→“显示”→“添加新动画”→“外观”，并在变量名称下拉框中选择关联“触摸屏显示运行状态”变量，然后在范围“0”时显示黑色，范围“1”时显示绿色状态。按上述操作分别设置好水泵1、水泵2的圆动画。

图1－4－20　运行指示灯的设置

5. 高楼供水系统程序设计

根据系统功能需求，及 I/O 分配，设计 PLC 控制程序如图 1 - 4 - 21 所示。其中 M2. 0、M2. 1 为触摸屏上启动、停止按钮关联的 PLC 变量。I0. 0、I0. 1 为连接实际硬件按钮的 PLC 输入变量。

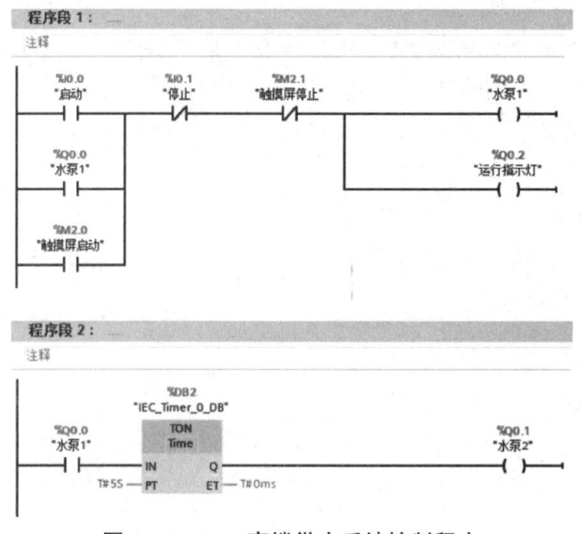

图 1 - 4 - 21　高楼供水系统控制程序

6. 仿真运行

1）启动 PLC 仿真

在博途软件中编译上述程序后，单击启动仿真按钮，将程序下载到搜索到的 PLC 中，随即单击仿真控制窗口中的“RUN”按钮，启动虚拟的 PLC 运行。再单击启用/禁用监视按钮，开启监视，如图 1 - 4 - 22 所示。

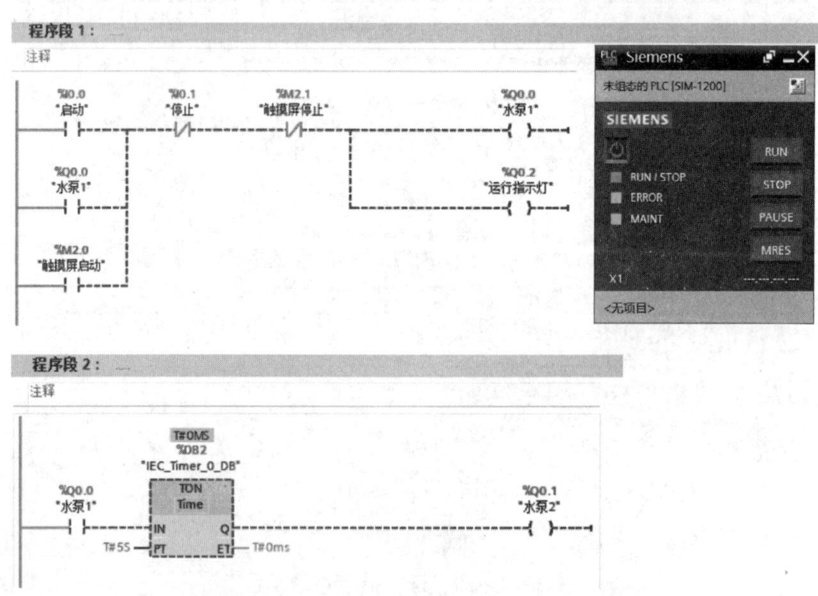

图 1 - 4 - 22　运行仿真程序并开启监视功能

2）启动HMI仿真

选中触摸屏“根画面”，单击上方工具栏中的启动仿真按钮，系统会自下载并启动触摸屏仿真界面，如图1－4－23所示。

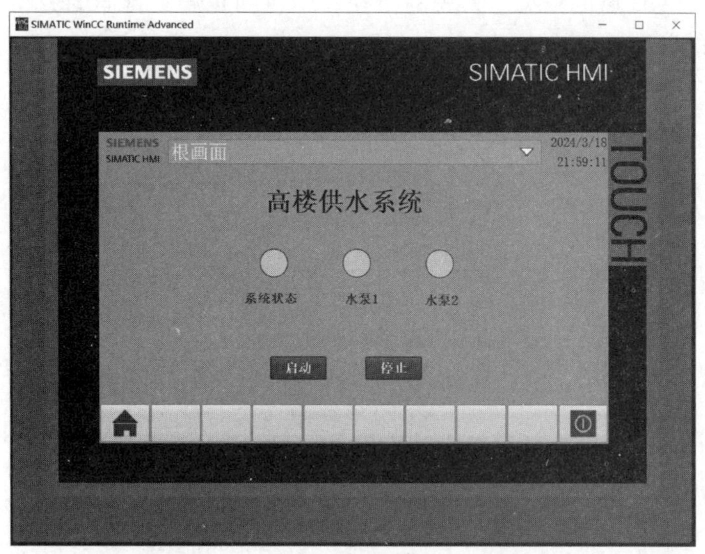

图1－4－23　触摸屏仿真运行界面

3）PLC与触摸屏联合调试

如图1－4－24所示，将监视程序窗口和触摸屏仿真运行窗口调整到合适的位置，方便观察二者的运行状态。在触摸屏仿真窗口中用鼠标单击“启动”按钮，可以观察到触摸屏中表示“系统状态”“水泵1”运行状态的圆立即变成了绿色，同时可以监视到PLC程序中Q0.0、Q0.2变成了绿色，导通输出，Q0.0的常开触点闭合形成自锁。5 s后触摸屏中表示“水泵2”运行状态的圆也变成了绿色，PLC程序中Q0.1也变成了绿色，导通输出。

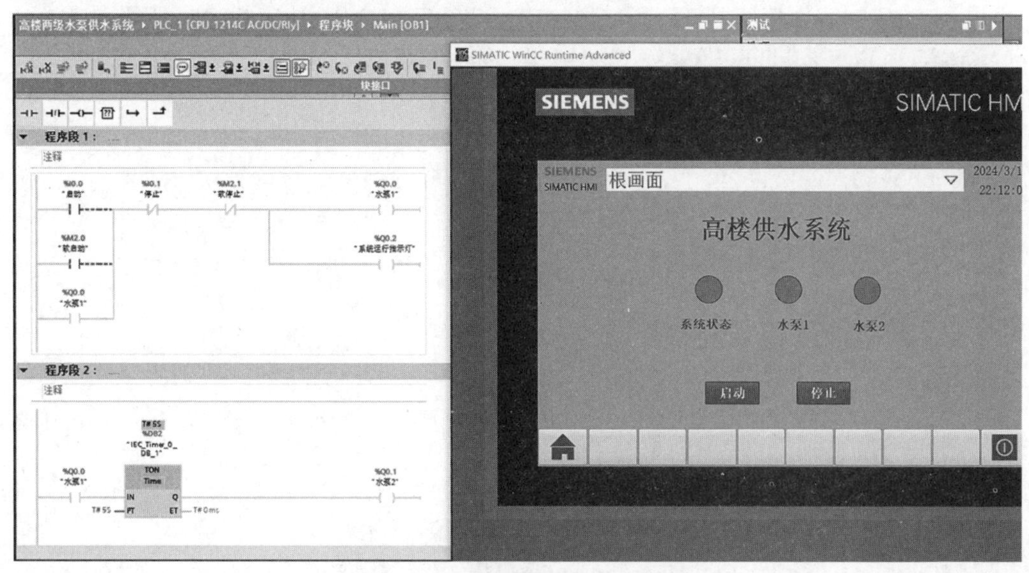

图1－4－24　仿真运行情况截图

任务练习

(1) 劳动模范是民族的精英、人民的楷模。李凤明是煤炭行业的劳动模范，请列举三个以上其他行业的劳动模范。

(2) 在案例参考程序中使用了定时器指令，如图 1-4-25 所示，那么该定时器指令中的“T#5S”参数作用：________________。

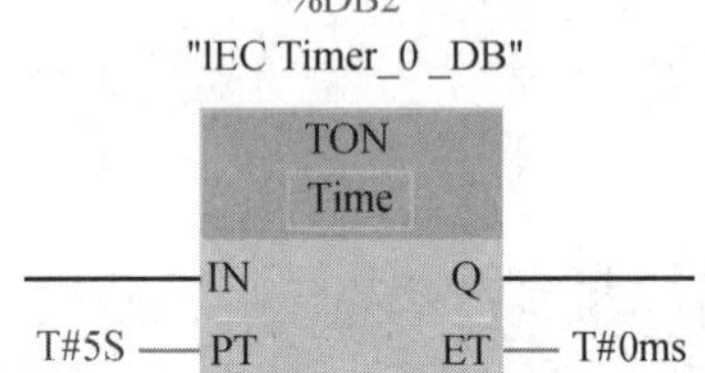

图 1-4-25　接通延时定时器指令

(3) 如图 1-4-26 所示的程序，I0.4 输入端接常开按钮。程序运行后，当按钮按下时，线圈 Q0.3 的值为________；按钮放开时，线圈 Q0.3 的值为________。

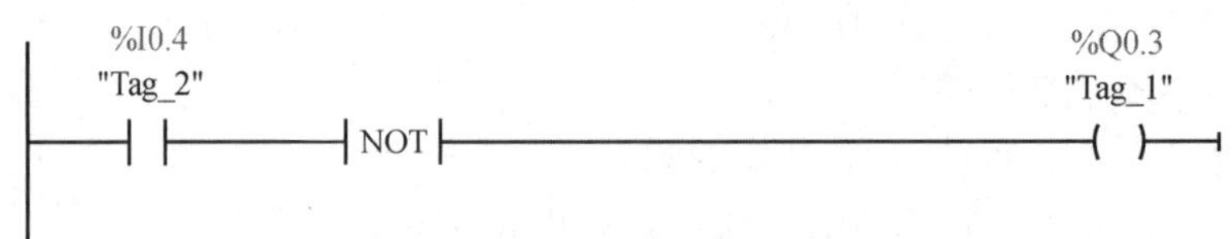

图 1-4-26　逻辑反相器程序

(4) 下面所列博途软件工具栏按钮图标中，哪个是“启用/禁用监视”功能？(　　)

A.　　　　B.　　　　C.　　　　D.

模块 2　S7-1200/1500 基础应用篇

任务 2.1　电动机正反转控制系统设计与调试

学习情境

东方明珠广播电视塔是上海市标志性建筑，已成为上海现代化建设的标志、对外宣传和风貌展示的窗口、文化交流的纽带、改革开放的象征。东方明珠塔高 468 m，游客可以乘坐电梯到达观光层欣赏整个上海市的壮丽景色。游客乘坐的观光电梯，其上升和下降是通过电动机的正反转来实现的。

教学目标

1. 知识目标

(1) 理解置位、复位指令的作用和功能。

(2) 理解置位优先、复位优先指令的作用和功能。

(3) 掌握博途软件程序编写及 HMI 界面设计的方法。

(4) 掌握博途软件中 PLC 程序与 HMI 联合调试的流程。

2. 能力目标

(1) 能正确使用置位、复位指令完成任务要求。

(2) 能正确使用置位优先、复位优先指令完成拓展任务要求。

(3) 能独立完成 TIA Portal 程序编写及 HMI 界面设计。

3. 素质目标

(1) 通过小组实训，提高个人沟通能力，提升团队合作精神。

(2) 通过任务训练，提升发现和解决问题的综合素养。

(3) 规范接线操作，增强安全意识。

任务要求

某电梯系统中，电梯轿厢的上升和下降由 PLC 控制三相异步电动机的正反转来实现，即按下正向启动按钮，电动机启动并正向运转；按下反向启动按钮，电动机启动并反向运转；按下停止按钮，电动机停止运行。需要完成的工作如表 2－1－1 所示的任务清单。

表 2－1－1　任务清单

序号	任务内容	任务要求	验收方式
1	完成 PLC 控制线路原理图绘制	符合电气接线原理图绘图原则，符合任务要求接线原则	材料提交
2	按原理图完成硬件接线	符合电气线路接线标准，正确按照原理图完成接线	成果展示
3	完成 PLC 程序设计，实现任务要求	实现任务要求	成果展示
4	完成任务工单信息记录	内容完整，图片清楚	材料提交

小贴士

年轻一代成为奋力拼搏、振兴中华的一代，实现第二个百年奋斗目标就充满希望。青年学子要树牢科技报国志，刻苦学习钻研，勇攀科学高峰，在推进强国建设、民族复兴伟业中绽放青春光彩。

——习近平 2023 年 9 月 6 日至 8 日在黑龙江考察时的讲话

知识链接

1. 电动机正反转控制电路

如图 2－1－1 所示为电动机正反转控制电路图，实现三相异步电动机双重互锁的正反转运行控制电路。KM1 为正转接触器，KM2 为反转接触器。闭合断路器 QS 后，当按下正向启动按钮 SB2 后，KM1 得电，KM1 的主触头闭合，电动机按正向方向转动。同时 KM1 的辅助常开触头闭合，实现自锁。KM1 的辅助常闭触头断开，实现联锁。按下停止按钮 SB1，电动机停止运行。同理，当按下反向启动按钮 SB3 后，KM2 得电，KM2 的主触头闭合，电动机按反向方向转动。同时 KM2 的辅助常开触头闭合，实现自锁。KM2 的辅助常闭触头断开，实现联锁。

2. 置位和复位指令

1）S 指令

S 指令称为置位指令，是由置位线圈和置位线圈对应的位地址组成的。如表 2－1－2 所示，“IN” 为要监视位置的位变量，“OUT” 为要置位位置的位变量。当置位指令激活时，对

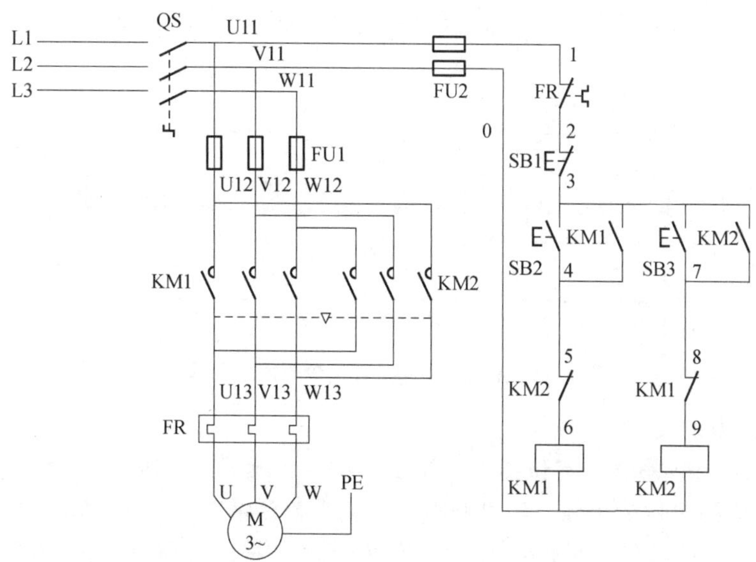

图 2 - 1 - 1　电动机正反转控制电路图

应的位地址置 1。应用如图 2 - 1 - 2 所示，当 I0.0 接通时，置位指令被激活，置位线圈 Q0.0 得电。当 I0.0 断开后，置位线圈 Q0.0 状态保持不变。注意：线圈 Q0.0 执行复位指令，Q0.0 才能恢复初始状态。

2）R 指令

R 指令称为复位指令，是由复位线圈和复位线圈对应的位地址组成的。如表 2 - 1 - 2 所示，“IN”为要监视位置的位变量，“OUT”为要复位位置的位变量。当复位指令激活时，对应的位地址复位为 0。应用如图 2 - 1 - 2 所示，当 I0.1 接通时，复位指令被激活，复位线圈 Q0.0 为初始状态；当 I0.0 断开后，线圈 Q0.0 状态保持不变。

表 2 - 1 - 2　置位/复位说明表

LAD	FBD	SCL	说明
"OUT" —(S)—	"OUT" "IN" —[S]—	不提供	置位输出： S（置位）激活时，OUT 地址处的数据值设置为 1；S 未激活时，OUT 不变
"OUT" —(R)—	"OUT" "IN" —[R]—	不提供	复位输出： R（复位）激活时，OUT 地址处的数据值设置为 0；R 未激活时，OUT 不变

3. 置位和复位位域

1）SET_BF 指令

SET_BF 指令又称多点置位指令。如表 2 - 1 - 3 所示，“OUT”为要置位的位域的起始元素，“N”为要置位的个数。当 SET_BF 指令被激活时，将从指定的地点开始连续 N 个地址置位为 1。应用如图 2 - 1 - 3 所示，当 I0.0 闭合时，从 Q0.0 开始的 5 个位地址都置 1，即 Q0.0 输出 1，Q0.1 输出 1，Q0.2 输出 1，Q0.3 输出 1，Q0.4 输出 1，Q0.5 输出 1。当 I0.0 断开时，这些地址都能保持 1 不变。

图 2－1－2　置（复）位指令应用样例程序

2）RESET_BF 指令

RESET_BF 指令又称多点复位指令。如表 2－1－3 所示，“OUT”为要置位的位域的起始元素，“N”为要复位的个数。当 RESET_BF 指令被激活时，将从指定的地点开始连续 *N* 个地址复位为 1。应用如图 2－1－3 所示，当 I0.0 闭合时，从 Q0.0 开始的 5 个位地址都复位为 0，即 Q0.0 到 Q0.5 输出 0。当 I0.0 断开时，这些地址都能保持 0 不变。

注意：这两个指令必须是分支中最右端的指令。

表 2－1－3　SET_BF 指令和 RESET_BF 指令说明表

LAD	FBD	SCL	说明
"OUT" —(SET_BF)— "n"	"OUT" SET_BF EN N	不提供	置位位域：SET_BF 激活时，为从寻址变量 OUT 处开始的“n”位分配数据值 1；SET_BF 未激活时，OUT 不变
"OUT" —(RESET_BF)— "n"	"OUT" RESET_BF EN N	不提供	复位位域：RESET_BF 为从寻址变量 OUT 处开始的“n”位写入数据值 0；RESET_BF 未激活时，OUT 不变

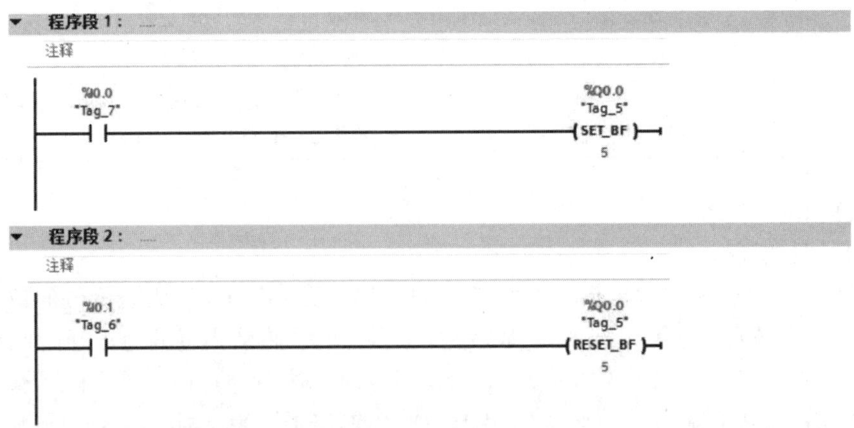

图 2－1－3　置位（复位）位域指令应用样例程序

4. 置位优先和复位优先锁存器

1）RS

RS 称为置位优先锁存器。其指令说明如表 2 - 1 - 4 所示，它是由复位信号端 R、置位信号端 S、输出端 Q、位地址 INOUT 组成的。其中输入端中的 1 表示优先，即当两个信号同时输入时，置位信号优先，位地址和输出端 Q 将要置位为 1。其输入输出关系如表 2 - 1 - 5 所示。

表 2 - 1 - 4　置位优先和复位优先指令说明表

LAD/FBD	SCL	说明
"INOUT" RS R　Q S1	不提供	复位/置位触发器：RS 是置位优先锁存，其中置位优先。如果置位（S1）和复位（R）信号都为真，则地址 INOUT 的值将为 1
"INOUT" SR S　Q R1	不提供	复位输出：R（复位）激活时，OUT 地址处的数据值设置为 0；R 未激活时，OUT 不变

其应用如图 2 - 1 - 4 所示。当信号 I0.0 接通时，M7.0 复位为 0，Q0.0 也复位为 0。I0.0 断开时，M7.0 和 Q0.0 保持不变。当信号 I0.1 接通时，M7.0 置位为 1，Q0.0 也置位为 1。I0.1 断开时，M7.0 和 Q0.0 保持不变为 1。直到再次接通 I0.0，M7.0 和 Q0.0 才复位为 0。但是当 I0.0 和 I0.1 同时接通时，置位优先，则 M7.0 和 Q0.0 置位为 1。

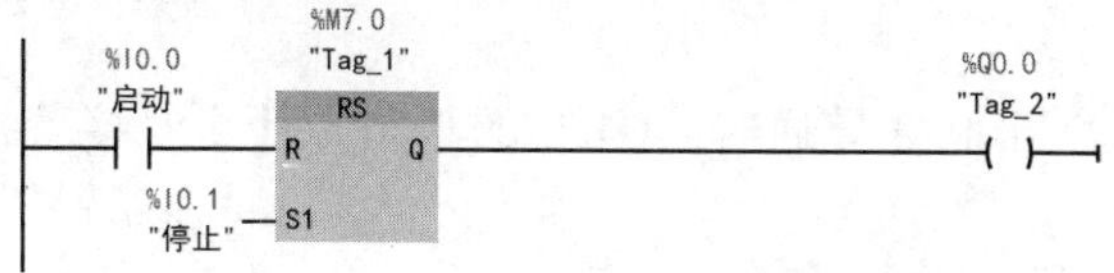

图 2 - 1 - 4　RS 指令应用样例程序

2）SR

SR 称为复位优先锁存器。其指令说明如表 2 - 1 - 4 所示，它是由复位信号端 R、置位信号端 S、输出端 Q、位地址 INOUT 组成的。其中输入端中的 1 表示优先。即当两个信号同时输入时，复位信号优先，位地址和输出端 Q 将要复位为 0。其输入/输出关系如表 2 - 1 - 5 所示。

表 2 - 1 - 5　置位优先和复位优先指令输入/输出关系表

	输入 S1	输入 R	输出 OUT 位
指令 RS	0	0	先前状态
	0	1	0
	1	0	1
	1	1	1

续表

指令 RS	输入 S	输入 R1	输出 OUT 位
	0	0	先前状态
	0	1	0
	1	0	1
	1	1	0

其应用如图 2－1－5 所示。当信号 I0.0 接通时，M7.0 置位为 1，Q0.0 也置位为 1。I0.0 断开时，M7.0 和 Q0.0 保持不变。当信号 I0.1 接通时，M7.0 和 Q0.0 复位为 0。但是当 I0.0 和 I0.1 同时接通时，复位优先，则 M7.0 和 Q0.0 复位为 0。

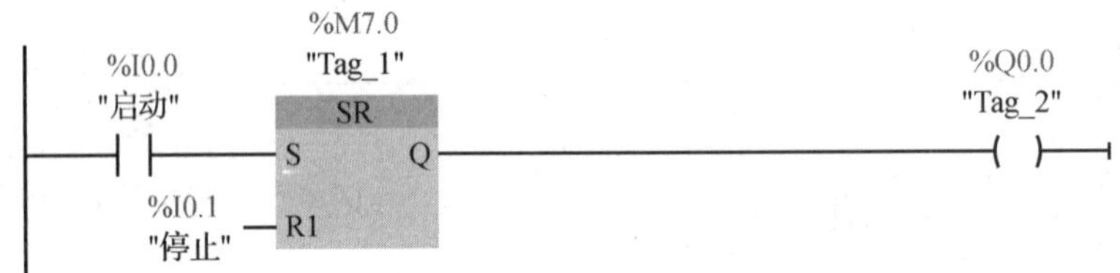

图 2－1－5　SR 指令应用样例程序

任务引导

认真分析任务，明确任务目标。为顺利完成任务，提前查阅相关资讯，并回答下列引导问题。

引导问题 1：

如图 2－1－6 所示，当 I0.0 导通时，Q4.0 的状态是什么？接着接通 I0.1 时，Q4.0 的状态又是什么？

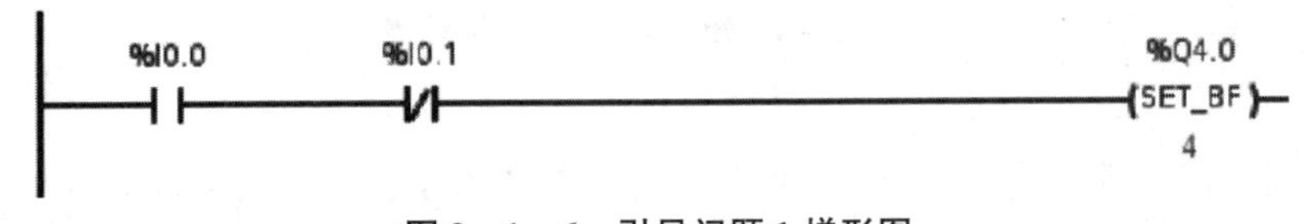

图 2－1－6　引导问题 1 梯形图

引导问题 2：

如图 2－1－7 所示，当 I0.0 和 I0.1 同时导通时，M0.0 和 Q4.0 的状态是什么？

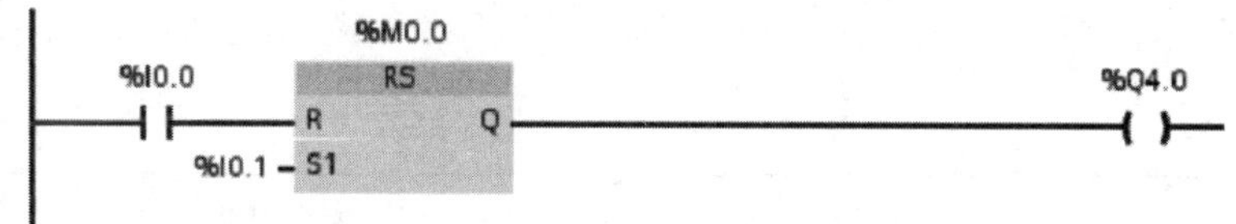

图 2 - 1 - 7　引导问题 2 梯形图

引导问题 3：

通常，为了防止电动机过载运行而导致电动机损坏，会在其硬件电气系统中接入一个什么器件来保护电动机？

任务分组

小组讨论，制订任务方案，将工具及器件准备、PLC 原理图绘制、硬件电路连线、PLC 程序编写调试等工作任务分工填写在表 2 - 1 - 6 中。

表 2 - 1 - 6　组员分工

班级		小组编号		任务分工
组长		学号		
组员	（安全员）	学号		
		学号		
		学号		

制订计划

根据任务要求，结合实训室的设备配置，选取任务所需工具及材料，完成表 2 - 1 - 7 的填写。

表 2 - 1 - 7　工具及材料清单

序号	工具或材料名称	型号或规格	数量	备注

根据任务要求及实施方案，确定任务步骤及具体工作内容，完成表 2 - 1 - 8 填写。

表 2 - 1 - 8　任务实施安排表

序号	工作内容	计划用时	备注

任务实施

（1）列出 PLC 的 I/O 分配表（见表 2 - 1 - 9）。

表 2 - 1 - 9　PLC I/O 分配表

输入信号				输出信号			
序号	PLC 输入点	器件名称	功能说明	序号	PLC 输出点	器件名称	功能说明

（2）画出 PLC 的 I/O 接线图，并按照图纸、工艺要求、安全规范要求，安装完成 PLC 与外围设备的接线。（注意：需在断电情况下完成硬件电气接线。）

（3）完成 PLC 梯形图程序设计，并下载和调试程序。（注意：硬件电路通电前，请再次检查接线，确认无误后再上电。调试过程中，要严格执行安全操作规程的规定，小组安全员做好监督工作。）

（4）简述通过完成本次任务的收获。

（5）整理。各小组完成任务实施及总结以后，按照“6S”要求，对实训场所实施整理、整顿、清扫、清洁等，同时归还所借的工具和实训器件。

评价反馈

对任务实施情况进行评价，填入表2－1－10中。

表2－1－10　任务实施评价表

任务名称						
班级		姓名	学号		组号	
评价项目	内容	配分	评分要求	学生自评（20%）	组员互评（30%）	教师评价（50%）
专业能力（80分）	回答引导问题	5	正确完成引导问题问答			
	配置I/O	10	I/O分配合理			
	绘制电气图	10	按任务要求完成电气接线图绘制，输入/输出点使用与I/O分配表对应无误			
	连接硬件	15	按电气接线图正确连接硬件，元器件及导线选用正确合理			
	设计程序	25	完成程序编辑，编译无语法错误，符合程序设计规范，简洁高效			
	调试程序	10	按要求完成程序调试，能实现任务要求的全部功能			
	撰写报告	5	按规定格式完成实训报告撰写，内容完整，描述准确、规范			
综合素养（20分）	遵守课堂纪律	3	遵循行业企业安全文明生产规程，自觉遵守课堂纪律			
	规范操作	5	规范任务实施中的各项操作，防范安全事故，确保人、设备安全			
	6S管理	3	按要求实施现场6S管理			
	团队合作	5	工作任务分配合理，组员积极参与、沟通顺畅、配合默契			
	工作态度	2	主动完成分配任务，积极协助其他组员完成相关工作任务			
	创新意识	2	主动探究，敢于尝试新方式方法			
小计						
总成绩						
指导教师签字				日期		

任务拓展

电机正反转控制系统程序设计

任务1：在电动机正反转控制实训任务的基础上增加触摸屏控制设计。另外，使用热继电器保护电动机，在电动机过载时能自动断开电源，程序上也需做对应的设计。

具体要求：在博途软件中增加触摸屏设备，设计触摸屏界面，实现触摸屏上的按钮控制电动机正反转。屏幕上用两个灯表示电动机当前正转、反转运行状态。

任务2：使用置位优先或复位优先指令编写程序控制电动机，实现电动机的正反转运动控制。

案例参考

案例：用 PLC 实现三相异步电动机的连续运行控制，即按下启动按钮，电动机启动并单向运转；按下停止按钮，电动机停止运转。

分析：根据上述要求可知，系统通过启动按钮和停止按钮进行控制。因此，启动按钮、停止按钮都是作为 PLC 的输入信号。而执行元件只要是交流接触器，通过它的主触点将三相电与三相异步电动机接通。因此 PLC 的输出信号连接交流接触器的线圈。如图由于要求按下启动按钮电动机能持续运动，即其线圈要一直得电，即使松开启动按钮后线圈也要保持得电，因此在 PLC 编程中，可以考虑使用 S 指令实现。当按下停止按钮后线圈断电，可以使用 R 指令实现。

实施步骤：

1. PLC 的 I/O 和变量分配

根据前面分析得出，输入信号主要有启动按钮、停止按钮、热继电器，输出信号控制一个交流接触器线圈。对这些进行分配，如表 2－1－11 所示。PLC 程序中对应的变量分配如图 2－1－8 所示，触摸屏上的按钮信号也分配了对应的中继继电器。

表 2－1－11　PLC I/O 分配表

输入信号				输出信号			
序号	PLC 输入点	器件名称	功能说明	序号	PLC 输出点	器件名称	功能说明
1	I0.0	SB1	启动按钮	1	Q0.0	KM	交流接触器
2	I0.1	SB2	停止按钮				

默认变量表

	名称	数据类型	地址	保持	从 H...	从 H...	在 H...	注释
1	启动	Bool	%I0.0		✔	✔	✔	
2	电机	Bool	%Q0.0		✔	✔	✔	
3	停止	Bool	%I0.1		✔	✔	✔	
4	触摸屏启动	Bool	%M10.0		✔	✔	✔	
5	触摸屏停止	Bool	%M10.1		✔	✔	✔	
6	<新增>				✔	✔	✔	

图 2－1－8　PLC 变量分配图

2. PLC的I/O接线图

根据控制要求及I/O分配表，绘制出电动机连续运行控制的PLC电气接线图，如图2－1－9所示。

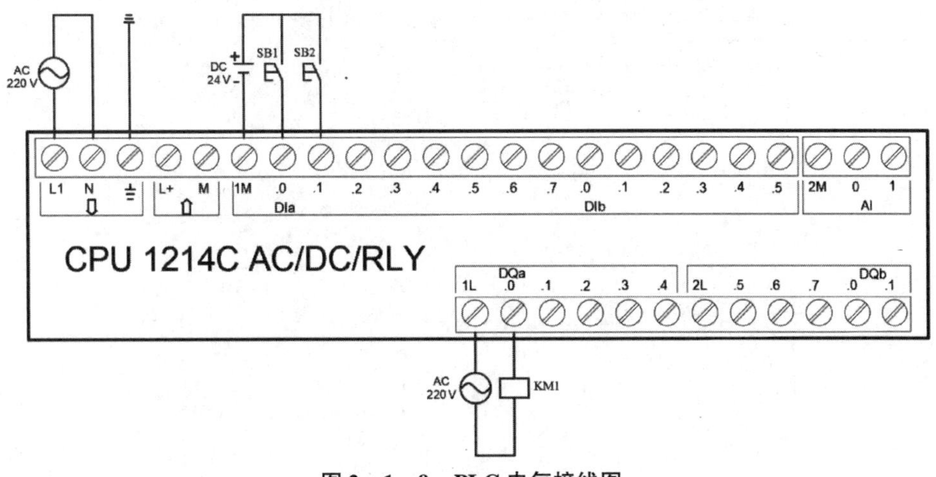

图2－1－9　PLC电气接线图

3. 创建项目

在博途软件中创建一个新的项目，添加新设备，选择CPU 1214C AC/DC/RLY。

4. 编写PLC程序

根据要求，使用置位和复位指令完成电动机的连续运动。如图2－1－10所示，按下启动按钮时，置位指令被激活，Q0.0置位为1。松开按钮，Q0.0保持1不变，电动机持续运动。当停止按钮按下时，复位指令被激活，Q0.0复位为0，电动机停止。

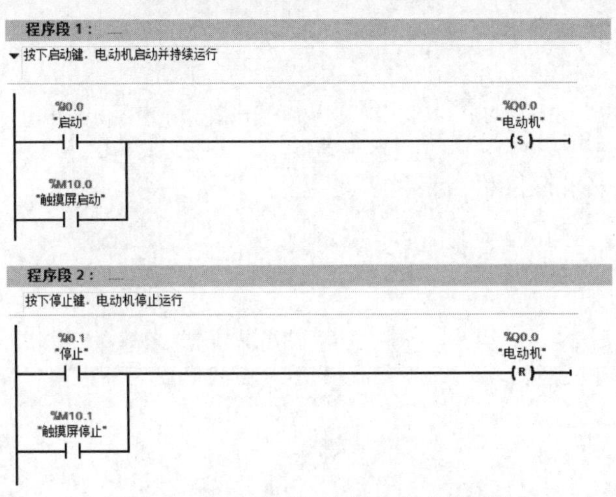

图2－1－10　电动机启停控制参考程序

5. 设计HMI界面

添加新设备：在项目树中，双击“添加新设备”，选中要使用的触摸屏，单击“确定”按钮，如图2－1－11所示。

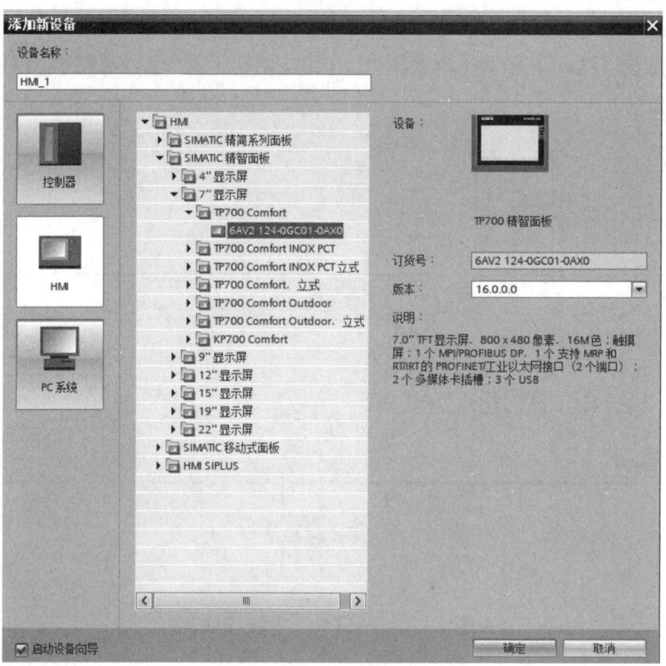

图 2－1－11　触摸屏选型

HMI 界面设计：在触摸屏的工具箱中选择按钮及圆形，绘制简单的界面。界面如图 2－1－12 所示，将两个按钮分别命名为“启动”和“停止”，用一个圆形代表灯，用于显示电动机的运行状态。

图 2－1－12　触摸屏界面设计图

按键设置：根据要求，按下触摸屏的启动和停止按钮，能控制电动机的启动和停止。因此启动和停止按钮在设置时，选择需要设置的按键，然后选择“事件”→“按下”，并添加函数。需要把按键设置成按1松0的状态，同时关联的变量为M10.0或M10.1，设置如图2－1－13、图2－1－14所示。

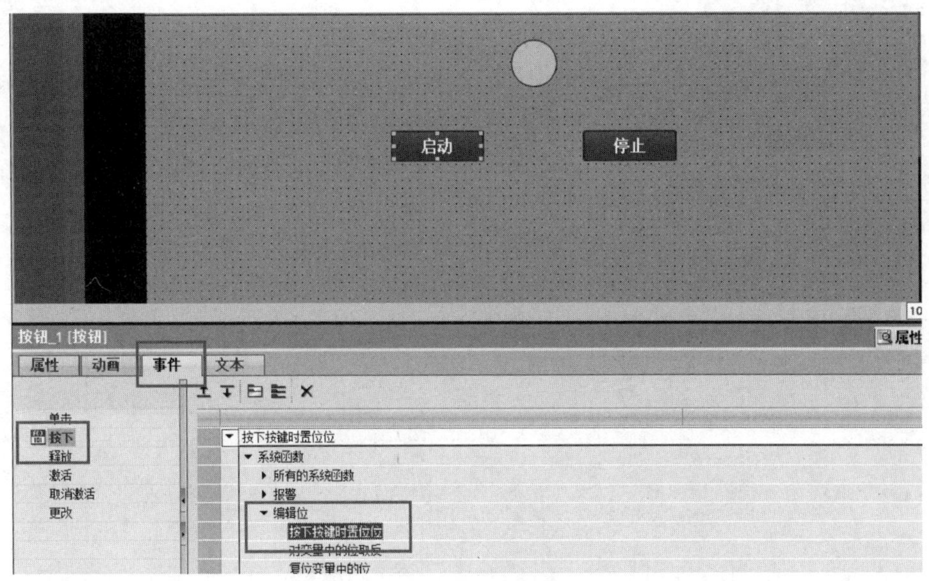

图2－1－13　启动按键设置（a）

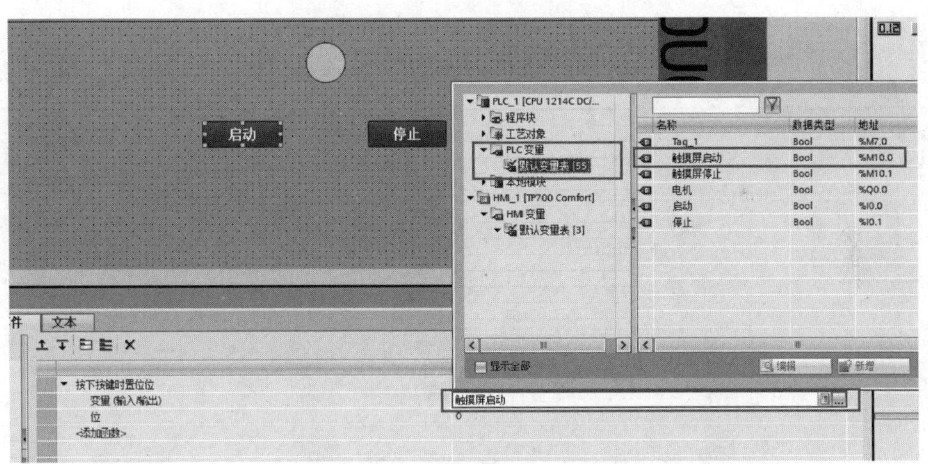

图2－1－14　启动按键设置（b）

灯设置：根据要求，用灯的状态表示电动机的运行状态，亮红色表示运行，亮绿色表示停止。在动画设置部分添加外观设置，使其关联Q0.0电动机驱动，如图2－1－15所示，然后设置成输出0（电动机停止）时显示绿色状态，输出1（电动机运行）时显示红色状态，如图2－1－16所示。

6. 系统调试

选中项目树中的“HMI_1”，单击工具栏中的“下载”按钮，将画面编译并下载到触摸屏中，下载完成后，触摸屏自动进入运行。单击PLC“运行”按钮，让PLC运行。单击“开始”按钮，将看到LED指示灯变红，再单击“停止”按钮，将看到LED指示灯变绿，本次任务调试完成。

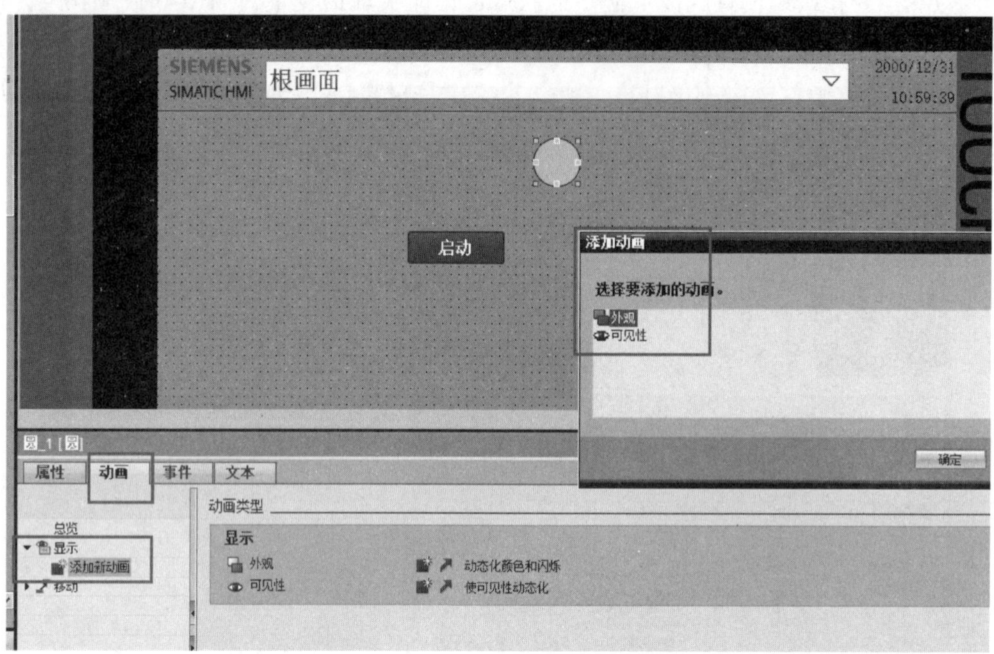

图 2-1-15　灯的颜色亮灭设置（一）

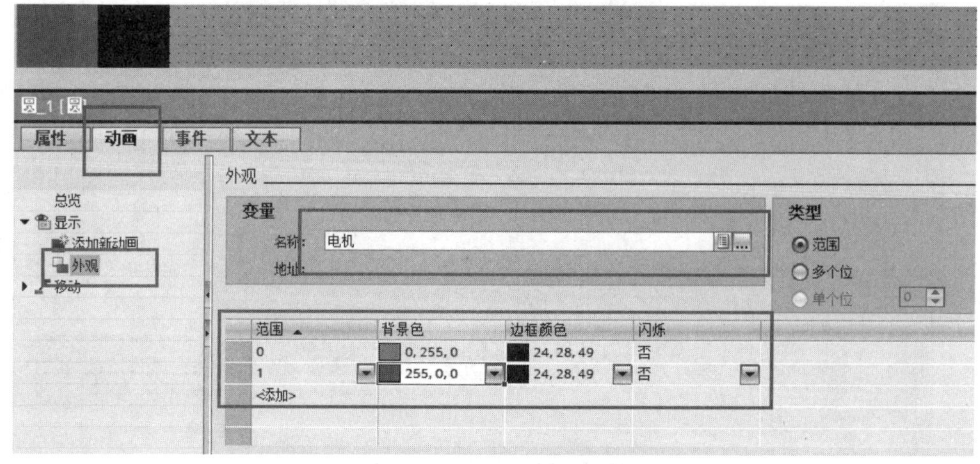

图 2-1-16　灯的亮灭颜色设置（二）

任务练习

（1）对于位元件来说一旦被置位，就保持通电。只有对其复位，才能断电。(　　)

（2）在一个程序中，可以重复对一个位元件使用置位或复位指令。(　　)

（3）S/R 指令可以互换次序使用，但由于 PLC 采用扫描工作方式，所以写在前面的指令具有优先权。(　　)

任务 2.2　数码显示控制系统设计与调试

学习情境

2022 年，我国成功举办了第 24 届冬季奥林匹克运动会。这是我国历史上第一次举办冬季奥运会。开幕式前，在北京王府井大街树立有倒计时牌，通过倒计时牌，方便人们了解冬奥会的筹备进度和距离开幕式的时间，也能促进人们深入地了解冬奥会的历史和文化，增强对冰雪运动的认知和兴趣。

教学目标

1. 知识目标

（1）了解 PLC 的数据类型。

（2）理解数码管结构及显示原理。

（3）理解 MOVE 移动指令的作用和功能。

2. 能力目标

（1）能够独立完成任务要求对应的 PLC 原理图设计。

（2）能够理解 MOVE 移动指令，并能够在 PLC 编程中合理地运用该指令。

（3）能够实现抢答器的控制要求。

3. 素质目标

（1）通过小组实训，具备自我管理、团队精神和交往能力。

（2）通过完成任务，提高创新能力和自我学习能力。

（3）规范接线操作，增强安全意识。

任务要求

用 PLC 设计一个数码管显示系统，该系统有 4 个按钮 S1、S2、S3、S4，当任意按下一个按钮后，数码管显示对应的数字，即当按下 S1 时，显示数字 1；当按下 S2 时，显示数字 2；当按下 S3 时，显示数字 3；当按下 S4 时，显示数字 4。

需要提交的内容如表 2－2－1 所示的任务清单。

表 2－2－1　任务清单

序号	任务内容	任务要求	验收方式
1	完成 PLC 控制线路原理图绘制	符合电气接线原理图绘图原则，符合任务要求接线原则	材料提交

续表

序号	任务内容	任务要求	验收方式
2	按照原理图完成硬件接线	符合电气线路接线标准，正确按照原理图完成接线	成果展示
3	完成 PLC 程序设计，实现任务要求	实现任务要求	成果展示
4	完成任务工单信息记录	内容完整，图片清楚	材料提交

小贴士

北京冬季奥运会的成功举办，不仅在文化、经济、生态、政治等多个方面产生了深远影响，推动了我国冰雪运动的发展，增强了民族自信，促进了中西文化的交流融合，而且也为我国在国际舞台上树立了良好的国际形象，提高了我国的国际影响力，彰显了我国强大的综合国力。

知识链接

1. 西门子 PLC 的基本数据类型和寻址方式

1）西门子 PLC 的基本数据类型

如表 2-2-2 所示是西门子 PLC 的基本数据类型，主要包括：位（bit）、字节（Byte）、字（Word）、双字（DWord）、整数（INT）、双整数（DINT）、浮点数（REAL）等。

表 2-2-2　西门子 PLC 基本数据类型

类型	符号	位数	范围	说明
位	BOOL	1	TRUE/1 FALSE/0	常称为 BOOL（布尔型），只有两个值：0 或 1。 举例：I0.0，Q0.1，M0.0，V0.1 等
字节	Byte	8	0~255	一个字节（Byte）等于 8 bit。 举例：IB0、QB0、MB0、VB0 等
字	Word	16	0~65 536	相邻的两字节（Byte）组成一个字（Word）来表示一个无符号数，因此，字为 16 位。 举例：IW0 是由 IB0 和 IB1 组成的，其中 I 是区域标识符，W 表示字，0 是字的起始字节

续表

类型	符号	位数	范围	说明
双字	DWord	32	0～4 294 967 295	相邻的两个字（Word）组成一个双字来表示一个无符号数。以上的字节、字和双字数据类型均为无符号数，即只有正数，没有负数。 举例：MD100 是由 MW100 和 MW102 组成的，其中 M 是区域标识符，D 表示双字，100 是双字的起始字节
整型	SINT	8	－128～127	有符号数整数
	INT	16	－32 768～32 767	有符号数整数
	DINT	32	－2 147 483 648～2 147 483 647	有符号数整数
	USINT	8	0～255	无符号数整数
	UINT	16	0～65 535	无符号数整数
	UDINT	32	0～4 294 967 295	无符号数整数
字符	CHAR	8	ASCII 编码 16#00～16#7F	显示字符 举例：‘a 或者 CHAR#‘a’
宽字符	WCHAR	16	UNICODE 编码 16#0000～16#D7FF	可以显示汉字 举例：WCHAR#‘中’
浮点数	REAL	32	－3. 402 823e＋38～－1. 175 495e－38，0. 0，1. 175 495e－38～3. 402 823e＋38	可以表示数字，有6位有效数字。 举例：1. 234 5
浮点数	LREAL	64	－1. 797 693 134 862 315 7e＋308～－2. 225 073 858 507 201 4e－308，0. 0，2. 225 073 858 507 201 4e－308～1. 797 693 134 862 315 7e＋308	可以表示数字，有15位有效数字。只支持符号寻址。 举例：1. 234 5

2）西门子 PLC 的寻址方式

PLC 的存储区域包括：输入映像区（I）、输出映像区（Q）、内部存储区（M）、物理输入区（PI）、物理输出区（PQ）、数据块（DB）、数据块（DI）和临时堆栈（L）。

输入映像区（I）：该区与 PLC 输入端相连，用于接收 PLC 外部开关信号。当扫描周期开始时，CPU 对物理输入点进行采样，并将采样值写入输入映像区中。可以按照位、字节、字或者双字来取过程映像输入区的数据。有以下寻址方式：

寻址方式按位寻址：I［字节地址］．［位地址］，如：I0. 0、I0. 1。

寻址方式按字节、字、双字寻址：I［长度］［起始字节地址］，如：IB0、IW0、ID0。

输出映像区（Q）：用于将 PLC 内部输出传送给外部负载。在每次扫描周期结尾时，CPU 将输出映像区中的数值复制到物理输出点上。寻址方式与输入映像区 I 相同。

寻址方式按位寻址：Q［字节地址］.［位地址］，如，Q0. 0、Q0. 1。

寻址方式按字节、字、双字寻址：Q［长度］［起始字节地址］，如，QB0、QW0、QD0。

内部存储区（M）：M 表示内部存储区。MB 表示长度为字节的操作数在内部存储区，

MW 表示长度为字的操作数在内部存储区，MD 表示长度为双字的操作数在内部存储区。如表 2 - 2 - 3 所示为 MD100 的数据存储结构。

表 2 - 2 - 3　MD100 的数据存储结构

<table>
<tr><td rowspan="32">MD100</td><td rowspan="16">MW100</td><td rowspan="8">MB100</td><td>M100. 7</td></tr>
<tr><td>M100. 6</td></tr>
<tr><td>M100. 5</td></tr>
<tr><td>M100. 4</td></tr>
<tr><td>M100. 3</td></tr>
<tr><td>M100. 2</td></tr>
<tr><td>M100. 1</td></tr>
<tr><td>M100. 0</td></tr>
<tr><td rowspan="8">MB101</td><td>M101. 7</td></tr>
<tr><td>M101. 6</td></tr>
<tr><td>M101. 5</td></tr>
<tr><td>M101. 4</td></tr>
<tr><td>M101. 3</td></tr>
<tr><td>M101. 2</td></tr>
<tr><td>M101. 1</td></tr>
<tr><td>M101. 0</td></tr>
<tr><td rowspan="16">MW102</td><td rowspan="8">MB102</td><td>M102. 7</td></tr>
<tr><td>M102. 6</td></tr>
<tr><td>M102. 5</td></tr>
<tr><td>M102. 4</td></tr>
<tr><td>M102. 3</td></tr>
<tr><td>M102. 2</td></tr>
<tr><td>M102. 1</td></tr>
<tr><td>M102. 0</td></tr>
<tr><td rowspan="8">MB103</td><td>M103. 7</td></tr>
<tr><td>M103. 6</td></tr>
<tr><td>M103. 5</td></tr>
<tr><td>M103. 4</td></tr>
<tr><td>M103. 3</td></tr>
<tr><td>M103. 2</td></tr>
<tr><td>M103. 1</td></tr>
<tr><td>M103. 0</td></tr>
</table>

M100. 1 是位状态，为 M 存储器的第 100 个字节的第 1 位。

MB100 是字节类型地址，为 M 存储器的第 100 个字节，一个字节 8 个位，所以 MB100 就包含了 M100. 0～M100. 7。

MW100 是字类型地址，为 M 存储器的第 100 个字，一个字 2 个字节 16 个位，所以 MW100 就包含了 MB100、MB101，即包含 M100. 0～M100. 7、M101. 0～M100. 7 这 16 个位。

MD100 是双字类型地址，为 M 存储器的第 100 个双字，一个双字 2 个字 4 个字节 32 个位，所以 MD100 就包含了 MW100～MW102。即包括 MB100、MB101、MB102、MB103 这 4 个字节，也包括 M100. 0～M100. 7，M101. 0～M101. 7，M102. 0～M102. 7，M103. 0～M103. 7 共 32 个位。

数据块（DB）寻址方式：

在 DB 块中建立的变量都会有一个对应的绝对地址。使用时需要注意的是，对于 DB 块的访问，在一个程序中可以添加多个 DB 块，所以在访问时需要在访问的地址前面加上 DB 块的名称。

寻址方式按位寻址：如访问 DB1 中的第 0 个字节的第 0 个位，地址应该是 DB1. DBX0. 0；

寻址方式按字节寻址：访问 DB1 中的第 1 个字节，地址为 DB1. DBB1；

寻址方式按字寻址：访问 DB1 中的第 2 个字，地址为 DB1. DBW2；

寻址方式按双字节寻址：访问 DB1 中的第 4 个字，地址为 DB1. DBD4。

很显然，我们看到地址中的 DB1 是 DB 块的名称，后面用小黑点间隔开，后面的地址是 DB＋X/B/W/D＋数字的形式就可以了。

常数的表示方法：常数可以是字节、字或双字，CPU 以二进制方式存储，也可以用十进制、十六进制 ASCII 码及浮点数形式来表示。表 2－2－4 所示是西门子 PLC 中所用到的常数。

表 2－2－4　西门子 PLC 常数

符号	说明	举例
B#16#，W#16#，DW#16#	十进制字节、字和双字	B#16#45：十六进制字节常数 45
D#	IEC 日期常数	D#2004115：2004 年 1 月 15 日
L#	32 位双整数常数	L#－5：长整数－5
P#	地址指针常数	P#M20：M20 的地址
S5T#	S5 时间常数（16 位）	S5T#4 s30 ms：4 秒 30 毫秒
T#	IEC 时间常数（32 位，带符号）	T#1d_2h_15m_30s_45ms：1 天 2 小时 15 分 30 秒 45 毫秒
TOD#	实时时间常数（16 位/32 位）TOD#235045300	TOD#23：50：45. 300
C#	计数器常数（BCD 编码）	C#150
2#	二进制常数	2#10010011：二进制常数 10010011

说明：

S5T#格式为 S5T#aD_bH_cM_dS_eMS，其中 a、b、c、d、e 分别是日、小时、分、秒和毫秒的数值，输入时可以省掉下划线。

D#取值范围为 D#1990_1_1～D#2168_12_31。

2. 移动指令

1）S7－1200 PLC 的移动指令

S7－1200 PLC 的移动指令包括：MOVE（传送值）、MOVE_BLK（传送块）、UMOVE_BLK（无中断传送块）和 MOVE_BLK_VARIANT（传送块）。

使用传送指令可将数据元素复制到新的存储器地址并从一种数据类型转换为另一种数据类型。传送过程不会更改源数据。MOVE 指令用于将单个数据元素从参数 IN 指定的源地址复制到参数 OUT 指定的目标地址。

“传送块”（MOVE_BLK）指令是将一个存储区（源范围）的数据传送到另一个存储区（目标范围）中。使用参数“COUNT”可以指定将传送到目标范围中的元素个数。可通过 IN 参数处的元素宽度来指定待传送元素的宽度。仅当源范围和目标范围的数据类型相同时，才能执行该指令。“IN”和“OUT”参数传送的类型为数组 ARRAY 类型。表 2－2－5 所示为关于 S7－1200 PLC 的传送指令说明。

表 2－2－6 是 MOVE 指令的数据类型。表 2－2－7 是 MOVE_BLK 和 UMOVE_BLK 指令的数据类型。

表 2－2－5　S7－1200 PLC 的传送指令说明

LAD	SCL	说明
MOVE EN ENO IN OUT1	out1 := in;	将存储在指定地址的数据元素复制到新地址或多个地址，输入和输出的数据类型要一样
MOVE_BLK EN ENO IN OUT COUNT	MOVE_BLK(in:=_variant_in,count:=_uint_in,out=>_variant_out);	将数据元素块复制到新地址的可中断移动
UMOVE_BLK EN ENO IN OUT COUNT	UMOVE_BLK(in:=_variant_in,count:=_uint_in,out=>_variant_out);	将数据元素块复制到新地址的不可中断移动
MOVE_BLK_VARIANT EN ENO SRC Ret_Val COUNT DEST SRC_INDEX DEST_INDEX	MOVE_BLK(SRC:=_variant_in,COUNT:=_udint_in,SRC_INDEX:=_dint_in,DEST_INDEX:=_dint_in,DEST=>_variant_out);	将源存储区域的内容移动到目标存储区域。可以将一个完整的数组或数组中的元素复制到另一个具有相同数据类型的数组中。源数组和目标数组的大小（元素数量）可以不同。可以复制数组中的多个或单个元素。源数组和目标数组都可以用 Variant 数据类型来指代

表 2 - 2 - 6　MOVE 指令的数据类型

参数	数据类型	说明
IN	SInt，Int，DInt，USInt，UInt，UDInt，Real，LReal，Byte，Word，DWord，Char，WChar，Array，Struct，DTL，Time，Date，TOD，IEC 数据类型，PLC 数据类型	源地址
OUT	SInt，Int，DInt，USInt，UInt，UDInt，Real，LReal，Byte，Word，DWord，Char，WChar，Array，Struct，DTL，Time，Date，TOD，IEC 数据类型，PLC 数据类型	目标地址

表 2 - 2 - 7　MOVE_BLK 和 UMOVE_BLK 指令的数据类型

参数	数据类型	说明
IN	SInt，Int，DInt，USInt，UInt，UDInt，Real，LReal-Byte，Word，DWord，Time，Date，TOD，WChar	待复制源区域中的首个元素
COUNT	UInt	要复制的数据元素数
OUT	SInt，Int，DInt，USInt，UInt，UDInt，Real，LReal，Byte，Word，DWord，Time，Date，TOD，WChar	源范围内容要复制到的目标范围中的首个元素

例 1：使用传送指令实现 MW20 的数据传送到 MW30 中。

图 2 - 2 - 1 所示是 MOVE 指令的具体应用。实现了把 MW20 里的数据 “18” 传送到 MW30 中。如果需要同时传送到其他地址，还可以单击 “OUT1” 生成多个目标地址进行传送。

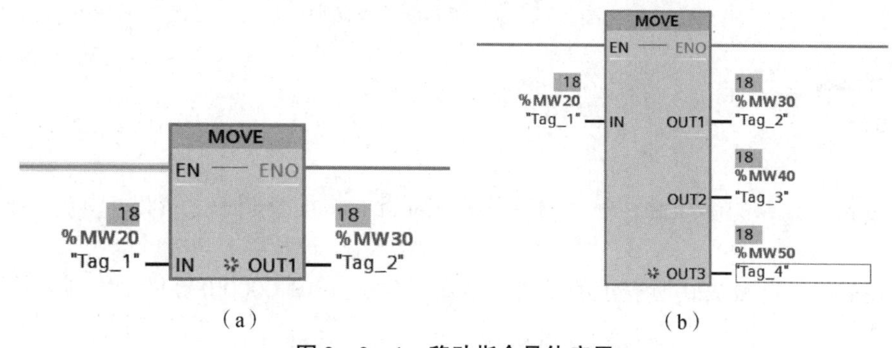

图 2 - 2 - 1　移动指令具体应用

(a) 移动指令应用；(b) 移动指令应用

例 2：使用移动指令实现在 DB 块中建立两个数组的数据进行传递。

首先在数据 DB 块中新建两个数组，名称为数组 1、数组 2。数据类型为 Byte 类型，元素有 6 个，如图 2－2－2 所示。

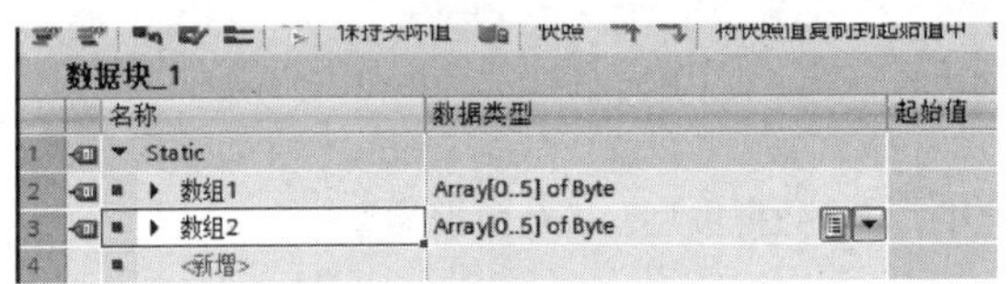

数据块_1

	名称	数据类型	起始值
1	▼ Static		
2	▶ 数组1	Array[0..5] of Byte	
3	▶ 数组2	Array[0..5] of Byte	
4	<新增>		

图 2－2－2　DB 块中创建数组

如图 2－2－3 所示，程序中实现了从数据块 1 中数组 1 的第 0 个地址开始，连续传送 5 个数据到数据块 1 中数组 2 的连续 5 个地址中。传送结果如图 2－2－4 所示。指令实现了把数组 1［0］到数组 1［4］的数据传送给数组 2［0］到数组 2［4］。

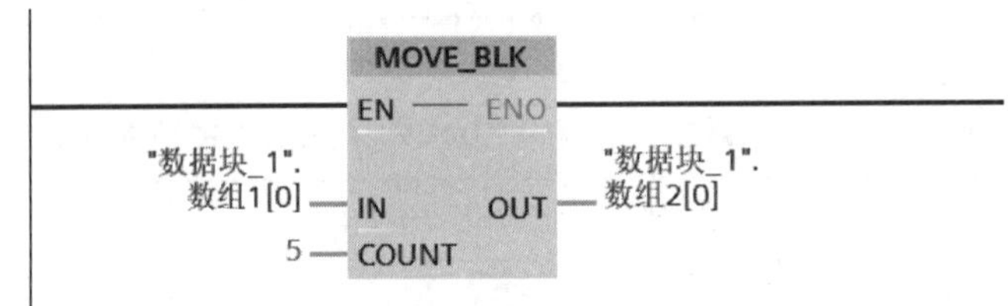

图 2－2－3　传送块指令应用

数据块_1

名称	数据类型	起始值	监视值	保持
▼ Static				
▼ 数组1	Array[0..5] of Byte			
数组1[0]	Byte	16#0	16#01	
数组1[1]	Byte	16#0	16#02	
数组1[2]	Byte	16#0	16#03	
数组1[3]	Byte	16#0	16#04	
数组1[4]	Byte	16#0	16#05	
数组1[5]	Byte	16#0	16#06	
▼ 数组2	Array[0..5] of Byte			
数组2[0]	Byte	16#0	16#01	
数组2[1]	Byte	16#0	16#02	
数组2[2]	Byte	16#0	16#03	
数组2[3]	Byte	16#0	16#04	
数组2[4]	Byte	16#0	16#05	
数组2[5]	Byte	16#0	16#00	
<新增>				

图 2－2－4　传送块传输结果

任务引导

认真分析任务，明确任务目标。为顺利完成任务，提前查阅相关资讯，并回答下列引导问题。

引导问题 1： 当 MW20 所表示的二进制数为“0000 1001 0000 0000”时，分别是哪几个位为“1”？

引导问题2：如果 MD0 = 16#1F，那么，MB0，MB1，MB3、M0.0 和 M3.0 的数值是多少？

引导问题3：请把图 2 - 2 - 5 所示存储区 M 区域的地址 M1.7 和 M2.5 所在的方框涂成黑色。

	7			M区				0
数据字节0								
数据字节1								
数据字节2								
数据字节*n*								

图 2 - 2 - 5　存储区 M 区域

引导问题4：运行图 2 - 2 - 6 所示程序，如果数组 1 [3] 的数据为 45，则数组 2 [3] 的数据为多少？

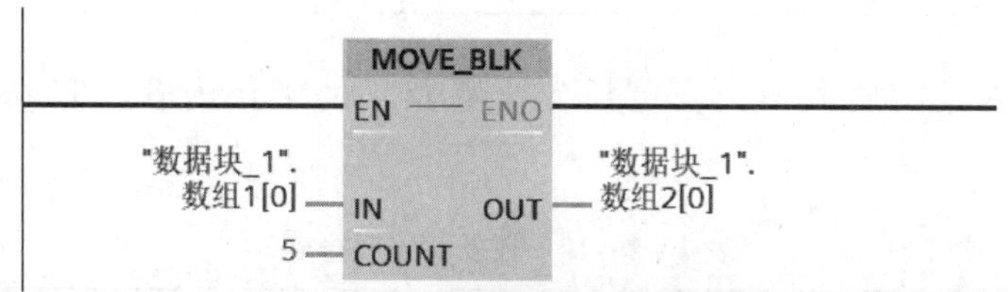

图 2 - 2 - 6　数据块传送梯形图程序

任务分组

小组讨论，制订任务方案，将工具及器件准备、PLC 原理图绘制、硬件电路连线、PLC 程序编写调试等工作任务分工填写在表 2 - 2 - 8 中。

表 2 - 2 - 8　组员分工

班级		小组编号		任务分工
组长		学号		
组员	（安全员）	学号		
		学号		
		学号		

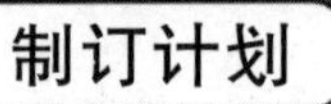

根据任务要求，结合实训室的设备配置，选取任务所需工具及材料，完成表 2 - 2 - 9 的填写。

表 2 - 2 - 9　工具及材料清单

序号	工具或材料名称	型号或规格	数量	备注

根据任务要求及实施方案，确定任务步骤及具体工作内容，完成表 2 - 2 - 10 的填写。

表 2 - 2 - 10　任务实施安排表

序号	工作内容	计划用时	备注

任务实施

(1) 列出 I/O 分配表（见表 2 - 2 - 11）。

表 2－2－11　PLC I/O 分配表

输入信号				输出信号			
序号	PLC 输入点	器件名称	功能说明	序号	PLC 输出点	器件名称	功能说明

（2）画出 PLC 的 I/O 接线图，并按照图纸、工艺要求、安全规范要求，安装完成 PLC 与外围设备的接线。（注意：需在断电情况下完成硬件电气接线。）

（3）完成 PLC 梯形图程序设计，并下载和调试。（注意：硬件电路通电前，请再次检查接线，确认无误后再上电。调试过程中，要严格执行安全操作规程的规定，小组安全员做好监督工作。）

（4）简述通过完成本次任务的收获。

（5）整理。各小组完成任务实施及总结以后，按照“6S”要求，对实训场所实施整理、整顿、清扫、清洁等，同时归还所借的工具和实训器件。

评价反馈

对任务实施情况进行评价，填入表 2－2－12 中。

表 2－2－12　任务实施评价表

任务名称						
班级		姓名		学号		组号
评价项目	内容	配分	评分要求	学生自评（20%）	组员互评（30%）	教师评价（50%）
专业能力（80 分）	回答引导问题	5	正确完成引导问题问答			
	配置 I/O	10	I/O 分配合理			
	绘制电气图	10	按任务要求完成电气接线图绘制，输入/输出点使用与 I/O 分配表对应无误			
	连接硬件	15	按电气接线图正确连接硬件，元器件及导线选用正确合理			
	设计程序	25	完成程序编辑，编译无语法错误，符合程序设计规范，简洁高效			
	调试程序	10	按要求完成程序调试，能实现任务要求的全部功能			
	撰写报告	5	按规定格式完成实训报告撰写，内容完整，描述准确、规范			
综合素养（20 分）	遵守课堂纪律	3	遵循行业企业安全文明生产规程，自觉遵守课堂纪律			
	规范操作	5	规范任务实施中的各项操作，防范安全事故，确保人、设备安全			
	6S 管理	3	按要求实施现场 6S 管理			
	团队合作	5	工作任务分配合理，组员积极参与、沟通顺畅、配合默契			
	工作态度	2	主动完成分配的任务，积极协助其他组员完成相关工作任务			
	创新意识	2	主动探究，敢于尝试新方式方法			
小计						
总成绩						
指导教师签字				日期		

任务拓展

基于前面数码管显示系统的基础，增加一个开始按钮和一个复位按钮，只有在按下开始按钮后，再按下 4 个按钮当中任意按钮，数码管才显示对应的数字。当按下复位按钮后，数码管显示 0，再按开始按钮后，又可以选择显示相应数字。

案例参考

数码显示控制系统设计与调试

现有一数码显示系统，使用 PLC 实现数码管的显示控制，即按下启动按钮时，数码管可以显示 0~9 中指定的任意数字。当按下停止按钮时，数码管显示 0。

分析：该系统由启动按钮、停止按钮提供系统启动或停止显示的输入信号，一个数码管显示具体数字，因此可以使用实训平台的抢答器模块来实现。抢答器模块使用的设备为 7 段数码控制（SM20），设备硬件中数码管已连接了一个编码器，因此，我们只需要把需要显示的数传送给编码器，则数码管就可以显示出对应的数字。程序中可以使用传送指令把想要显示的数传送到编码器。

实施步骤：

1. I/O 和变量分配

根据前面分析得出，输入信号主要有启动按钮、停止按钮。输出信号是连接到编码器的输入端 A、B、C、D。对这些进行分配，如表 2 - 2 - 13 所示。

表 2 - 2 - 13　PLC I/O 分配表

输入信号				输出信号			
序号	PLC 输入点	器件名称	信号名称	序号	PLC 输出点	器件名称	信号名称
1	I0.0	SB1	启动按钮	1	Q0.0	编码器	输入端 A
2	I0.1	SB2	停止按钮	2	Q0.1	编码器	输入端 B
				3	Q0.2	编码器	输入端 C
				4	Q0.3	编码器	输入端 D

2. PLC 的 I/O 电气接线图

根据控制要求及 I/O 分配表，绘制出 PLC 的 I/O 接线图，如图 2 - 2 - 7 所示。

3. 创建项目

打开博途软件创建一个新的项目，添加新设备选择 CPU 1214C AC/DC/RLY。

4. 编写 PLC 程序

根据要求，使用置位和复位指令完成系统的启动和停止。如图 2 - 2 - 8 所示，当启动按钮按下时，系统启动标志 M10.0 位置，M10.0 导通后执行 MOVE 指令，把数据 2 传送到 QB0 上，则数码管显示 2。当停止按钮按下时，M10.0 复位，执行 MOVE 指令，把 0 传送到 QB0 上，则数码管显示 0。

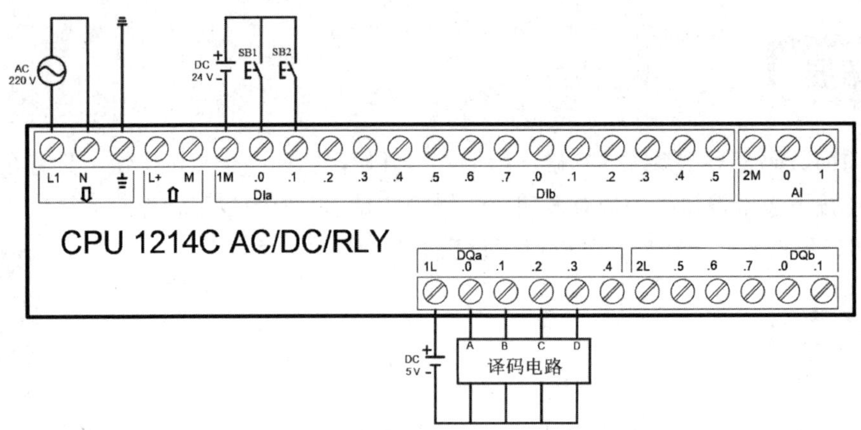

图 2－2－7　数码显示系统 PLC 电气接线图

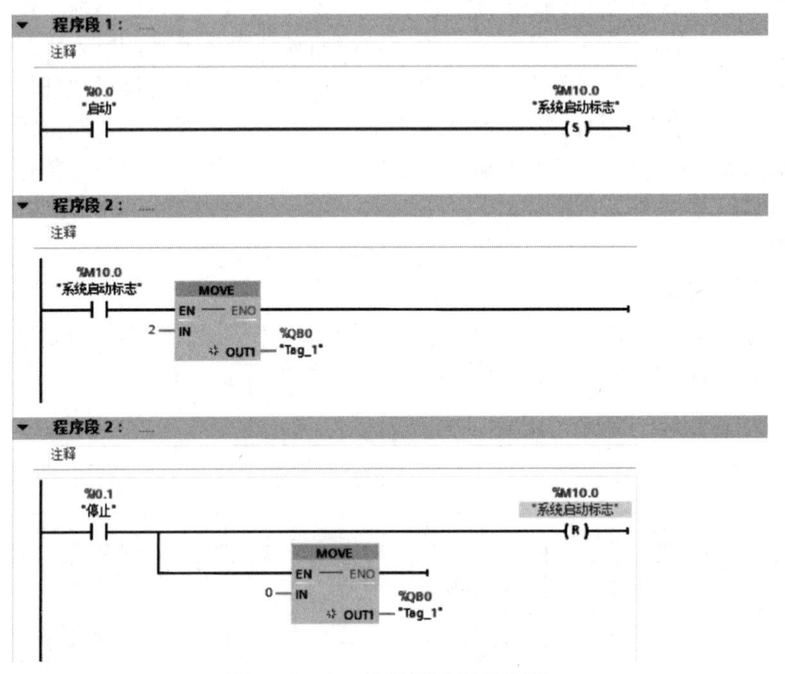

图 2－2－8　数码管显示梯形图

5. 系统调试

下载程序到 PLC，下载完成后，单击 PLC 运行按钮，让 PLC 运行，此时数码管显示 0。单击开始按钮，将看到数码管显示 2，再单击停止按钮，将看到数码管显示 0，本次任务调试完成。

任务练习

（1）MW10 由 MB（　　）和 MB（　　）构成，其中 MB（　　）是高位字节。

（2）Q0.2 是输出字节 QB0 的第（　　）位。

（3）请列举出常用的几种数据类型，并说出它们的取值范围。

任务2.3　装配流水线控制系统设计与调试

学习情境

新能源汽车生产企业，总装线流程分为一次内饰装配、底盘装配、二次内饰装配、四轮定位检测、转数测试、尾气分析测试、路试等工序。每道工序都要确保前后衔接安全有序地进行。

教学目标

1. 知识目标

（1）掌握上升沿和下降沿指令功能及使用方法。

（2）掌握移位指令功能及使用方法。

2. 能力目标

（1）能应用边沿途指令、移位指令，完成PLC编程设计并合理地运用指令。

（2）能实现装配流水线指示灯控制要求。

3. 素质目标

（1）通过分工协作，培养团队精神及沟通交流能力。

（2）通过任务实施，提升完成任务和解决问题的能力。

（3）通过完成任务，培养创新能力和自我学习能力。

任务要求

如图2－3－1所示，现有某新能源汽车制造企业的一条装配流水线，其装配系统中设有启动键、移位键、复位键以及8个工位指示灯，对应工位为操作工位A、B、C，加工工位D、E、F、G，仓库工位为H。

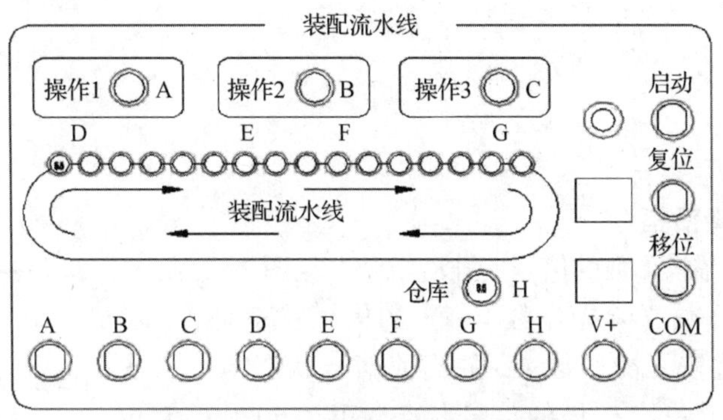

图2－3－1　装配流水线示意图

系统运行控制要求如下：

（1）系统中当工件到达某个工位时对应的指示灯点亮，工位上没有工件的指示灯熄灭。

（2）当按下启动键后，按下复位键则第一个工位 A 有工件，对应灯点亮。每按下一次移位键，表示工件前进一个工位，对应工位指示灯亮。

（3）从操作工位 A 开始到仓库 H，为一个装配流程。在装配过程中，按下复位键恢复状态，再按下移位键又可以开始新的装配流程。

根据以上任务要求，得出任务清单，如表 2－3－1 所示。

表 2－3－1　任务清单

序号	任务内容	任务要求	验收方式
1	完成 PLC 控制线路原理图绘制	符合电气接线原理图绘图原则，符合任务要求接线原则	材料提交
2	按原理图完成硬件接线	符合电气线路接线标准，正确按照原理图完成接线	成果展示
3	完成 PLC 程序设计，实现任务要求	实现任务要求	成果展示
4	完成任务工单信息记录	内容完整，图片清楚	材料提交

小贴士

党的二十大报告强调，倡导绿色消费，推动形成绿色低碳的生产方式和生活方式。在“免车辆购置税”“新能源汽车置换补贴”等各项政策措施的持续支持下，我国新能源汽车产业发展迅速。2023 年，我国新能源汽车产销量分别达到 958.7 万辆和 949.5 万辆，同比分别增长 35.8%和 37.9%，新能源汽车产销量占全球比例超过 60%，连续 9 年居世界第一。2023 年，我国汽车整车出口 491 万辆，同比增长 57.9%，首次跃居全球第一。其中新能源汽车出口 120.3 万辆，同比增长 77.6%，创历史新高，中国汽车企业加速“出海”，奏响了“中国制造”最强音。

知识链接

1. 上升沿和下降沿指令

上升沿：使用扫描操作数的信号上升沿指令（见图 2－3－2），可以确定所指定操作数（<操作数 1>）的信号状态是否从 0 变为 1。该指令将比较 <操作数 1> 的当前信号状态与上一次扫描的信号状态，上一次扫描的信号状态保存在边沿存储位

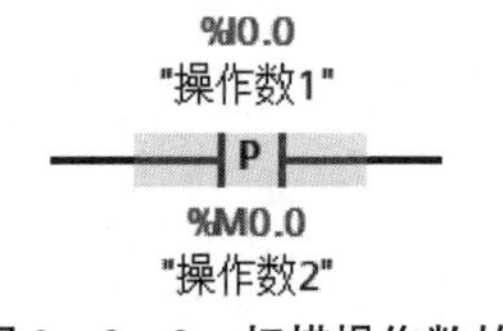

图 2－3－2　扫描操作数的信号上升沿指令

（<操作数2>）中。如果该指令检测到逻辑运算结果（RLO）从0变为1，则说明出现了一个上升沿。

例1：如图2－3－3所示，当输入信号I0.3由0变到1（即输入信号I0.3的上升沿），则该触点接通一个扫描周期。触点下面的M0.6为边缘存储位，用来存储上一个扫描循环是I0.3的状态，通过比较输入信号的当前状态和上一次循环的状态来检测信号的边沿。边沿存储位的地址只能在程序中使用一次，它的状态不能在其他地方被改写。只能使用M、全局DB和静态局部变量来作边沿存储位，不能使用临时局部数据或I/O变量来作边沿存储位。

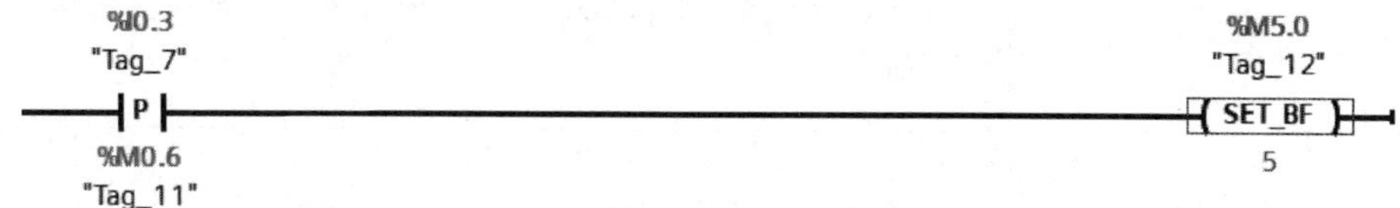

图2－3－3　扫描操作数的信号上升沿指令应用

下降沿：使用扫描操作数的信号下降沿指令（见图2－3－4），可以确定所指定操作数（<操作数1>）的信号状态是否从1变为0。该指令将比较<操作数1>的当前信号状态与上一次扫描的信号状态，上一次扫描的信号状态保存在边沿存储器位<操作数2>中。如果该指令检测到逻辑运算结果（RLO）从1变为0，则说明出现了一个下降沿。

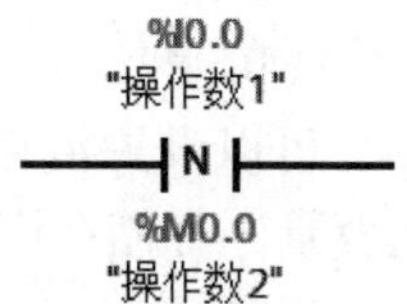

图2－3－4　扫描操作数的信号下降沿指令

例2：有两个按键和两台电动机，按下启动键，第一台电动机启动。当第一台电动机出现故障时，启动第二台电动机。用第二个按键模拟故障信号。程序如图2－3－5所示，当出现故障时，Q0.0停止，则它的信号会从“1”变为“0”，这就产生了一个下降沿，用该下降沿触发第二台电动机启动。

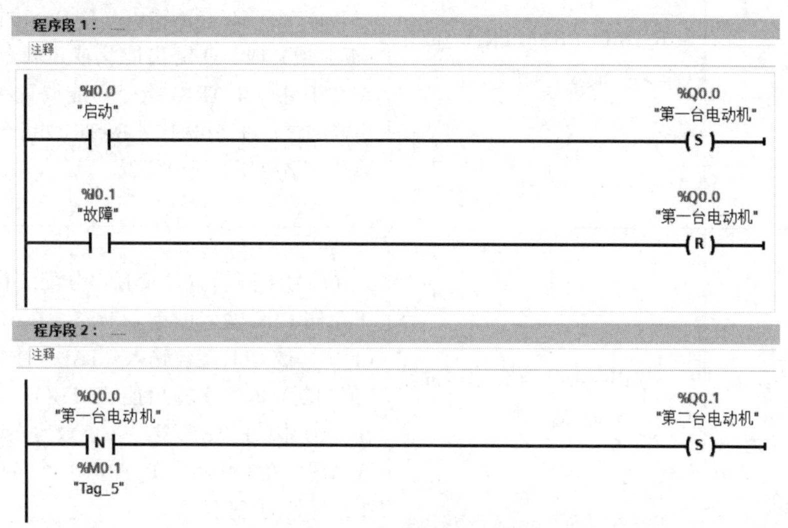

图2－3－5　下降沿指令应用

如表 2 -3 -2 所示是 P_TRIG 和 N_TRIG 指令及其说明。

表 2 -3 -2　P_TRIG 和 N_TRIG 指令及其说明

LAD/FBD	SCL	说明
P_TRIG CLK Q <??.?>	不可用	扫描 RLO（逻辑运算结果）的信号上升沿。在 CLK 输入状态（FBD）或 CLK 能流输入（LAD）中检测到正跳变（断到通）时，Q 输出能流或逻辑状态 TRUE。在 LAD 中，P_TRIG 指令不能放置在程序段的开头或结尾。在 FBD 中，P_TRIG 指令可以放置在除分支结尾外的任何位置
N_TRIG CLK Q <??.?>	不可用	扫描 RLO 的信号下降沿。在 CLK 输入状态（FBD）或 CLK 能流输入（LAD）中检测到负跳变（通到断）时，Q 输出能流或逻辑状态为 TRUE。在 LAD 中，N_TRIG 指令不能放置在程序段的开头或结尾。在 FBD 中，N_TRIG 指令可以放置在除分支结尾外的任何位置

如表 2 -3 -3 所示是 R_TRIG 和 F_TRIG 指令及其说明。它们是函数块，在调用时应该指定有对应的数据块。在程序中插入 R_TRIG 和 F_TRIG 指令时，将自动打开“调用选项”(Call options) 对话框。在此对话框中，可以设置沿存储器位是存储在其自身的数据块中(单个背景) 还是作为局部变量（多重背景）存储在块接口中。

表 2 -3 -3　R_TRIG 和 F_TRIG 指令及其说明

LAD/FBD	SCL	说明
"R_TRIG_DB" R_TRIG EN ENO CLK Q	R_TRIG_DB"(CLK:= _in_, Q => _bool_out_);"	在信号上升沿置位变量。分配的背景数据块用于存储 CLK 输入的前一状态。在 CLK 输入状态（FBD）或 CLK 能流输入（LAD）中检测到正跳变（断到通）时，Q 输出能流或逻辑状态为 TRUE。在 LAD 中，R_TRIG 指令不能放置在程序段的开头或结尾。在 FBD 中，R_TRIG 指令可以放置在除分支结尾外的任何位置
"F_TRIG_DB_1" F_TRIG EN ENO CLK Q	F_TRIG_DB"(CLK:= _in_, Q => _bool_out_);"	在信号下降沿置位变量。分配的背景数据块用于存储 CLK 输入的前一状态。在 CLK 输入状态（FBD）或 CLK 能流输入（LAD）中检测到负跳变（通到断）时，Q 输出能流或逻辑状态为 TRUE。在 LAD 中，F_TRIG 指令不能放置在程序段的开头或结尾。在 FBD 中，F_TRIG 指令可以放置在除分支结尾外的任何位置

这两条指令是将输入 CLK 的当前状态与背景数据块中的边沿存储位保存的上一个扫描周期的 CLK 的状态进行比较。如果指令检测到 CLK 的上升沿或下降沿，将会通过 Q 端输出一个扫描周期的脉冲。如图 2－3－6 所示，当 CLK 端检测到上升沿时，M0.4 导通一个周期，Q0.2 置位。

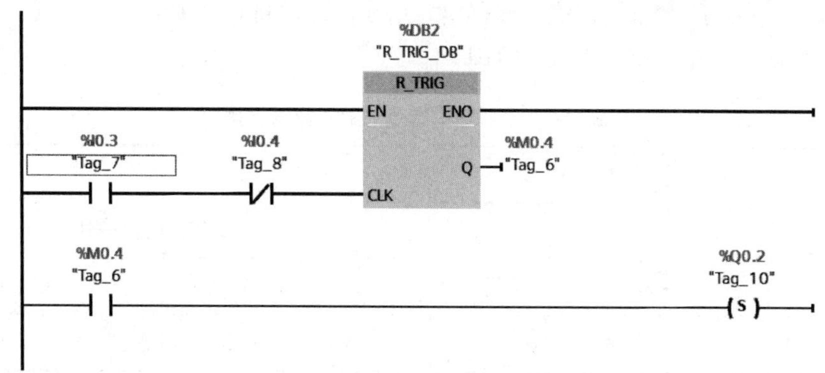

图 2－3－6　R_TRIG 指令应用

所有的边沿指令都采用存储位（M_BIT：P/N 触点/线圈、P_TRIG/N_TRIG）或（背景数据块位：R_TRIG，F_TRIG）保存被监控输入信号的先前状态。通过将输入的状态与前一状态进行比较来检测沿。如果状态指示在关注的方向上有输入变化，则会在输出写入 TRUE 来报告沿。否则，输出会写入 FALSE。

边沿指令每次执行时都会对输入和存储器位值进行评估，包括第一次执行。在程序设计期间必须考虑输入和存储器位的初始状态，以允许或避免在第一次扫描时进行沿检测。由于存储器位必须从一次执行保留到下一次执行，所以应该对每个沿指令都使用唯一的位，并且不应在程序中的任何其他位置再使用该位。还应避免使用临时存储器和可受其他系统功能（如 I/O 更新）影响的存储器。仅将 M、全局 DB 或静态存储器（在背景 DB 中）用于 M_BIT 存储器分配。

2. 移位指令

如表 2－3－4 所示是西门子 PLC 的移位指令 SHR 和 SHL 及其说明，分别实现左移和右移功能。

表 2－3－4　移位指令 SHR 和 SHL 及其说明

LAD/FBD	SCL	说明
SHL ??? EN ENO IN OUT N	out:=SHL(in:=_variant_in_,n:=_uint_in);	SHL：左移指令 使用移位指令 SHL 移动参数 IN 的 N 位序列，结果将分配给参数 OUT。 参数 N 指定移位的位数
SHR ??? EN ENO IN OUT N	out:=SHR(in: =_variant_in_,n:=_uint_in);	SHR：右移指令 使用移位指令 SHR 移动参数 IN 的 N 位序列，结果将分配给参数 OUT。 参数 N 指定移位的位数

如表 2－3－5 所示为移位指令参数的数据类型。注意以下几点：

（1）若 N＝0，则不进行移位，将 IN 值直接分配给 OUT。

（2）用 0 填充移位操作所清空位的位置。

（3）如果要移位的位数（N）超过目标值中的位数（Byte 为 8 位、Word 为 16 位、DWord 为 32 位），则所有原始位值将被移出并用 0 代替（将 0 分配给 OUT）。

（4）对于移位操作，ENO 总是为 TRUE。

表 2－3－5　移位指令参数的数据类型

参数	数据类型	说明
IN	整数	要移位的位序列
N	USInt，UDInt	要移位的位数
OUT	整数	移位操作后的位序列

右移指令 SHR 和左移指令 SHL 将输入参数 IN 指定的存储单元的整个内容逐位右移或左移 N 位。需要设置指令的数据类型。有符号数右移后空出来的位置用符号位填充。无符号数移位和有符号数左移后空出来的位用 0 填充。

举例：程序如图 2－3－7 所示，按下 I0.3 后，MB20 的数据右移 2 位存放在 MB21 中，MW100 的数据左移 3 位，存放在 MW104 中。数据移动示意图如图 2－3－8 所示。

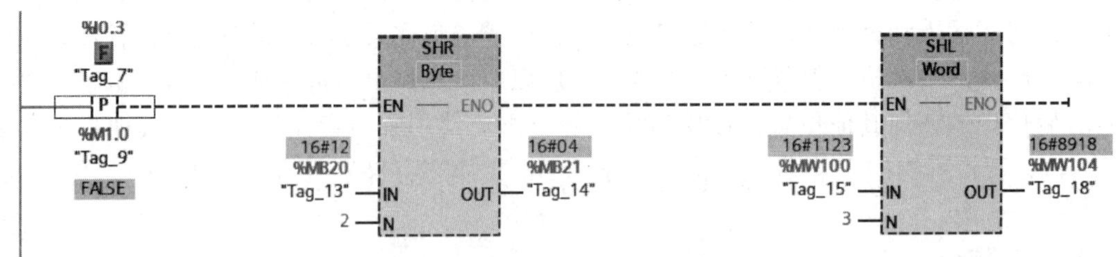

图 2－3－7　左移和右移指令应用

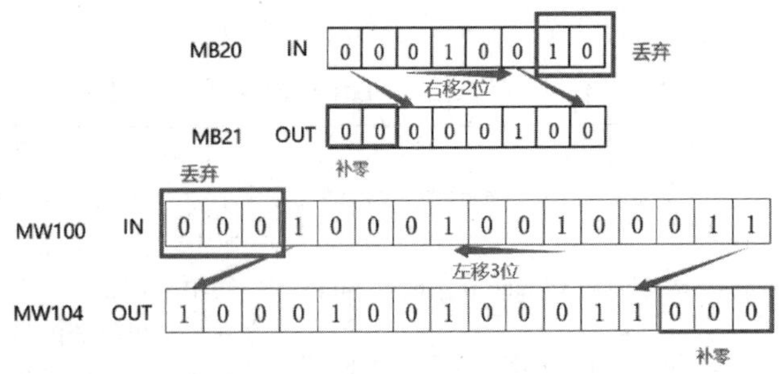

图 2－3－8　数据移动示意图

3. 循环移位指令

如表 2－3－6 所示，为西门子 PLC 的 ROR（循环右移）和 ROL（循环左移）指令及其说明，分别实现循环右移和循环左移功能。

表 2-3-6 ROR（循环右移）和 ROL（循环左移）指令及其说明

LAD/FBD	SCL	说明
ROR ??? EN ENO IN OUT N	out:=ROR(in:=_variant_in_, n:=_uint_in);	ROR：循环右移位序列。循环指令 ROR 用于将参数 IN 的位序列循环移位，结果分配给参数 OUT，参数 N 定义循环移位的位数
ROL ??? EN ENO IN OUT N	out:=ROL(in:=_variant_in_, n:=_uint_in);	ROL：循环左移位序列。循环指令 ROL 用于将参数 IN 的位序列循环移位，结果分配给参数 OUT，参数 N 定义循环移位的位数

如表 2-3-7 所示为西门子循环移位指令参数的数据类型。与移位指令一样，需要注意以下几点：

（1）若 N=0，则不循环移位，将 IN 值分配给 OUT。

（2）从目标值一侧循环移出的位数据将循环移位到目标值的另一侧，因此原始位值不会丢失。

（3）如果要循环移位的位数（N）超过目标值中的位数（Byte 为 8 位，Word 为 16 位，DWord 为 32 位），仍将执行循环移位。

（4）执行循环指令之后，ENO 始终为 TRUE。

表 2-3-7 西门子循环移位指令参数的数据类型

参数	数据类型	说明
IN	整数	要循环移位的位序列
N	USInt，UDint	要循环移位的位数
OUT	整数	循环移位操作后的位序列

ROR（循环右移）和 ROL（循环左移）指令是将输入参数 IN 指定的存储单元的整个内容逐位循环右移或左移 N 位，移出来的位又送回存储单元另一端空出来的位。移位的结果保存在输出参数 OUT 指定的地址。移位位数 N 可以大于被移位存储单元的位数。

例 1：程序如图 2-3-9 所示，按下 I0.4 后，MB22 的数据循环右移 2 位存放在 MB23 中，MW106 的数据循环左移 3 位，存放在 MW108 中。数据移动示意图如图 2-3-10 所示。

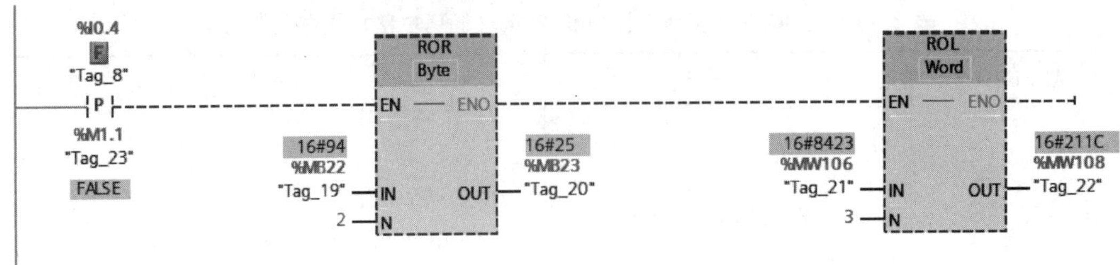

图 2－3－9　循环右移和循环左移指令应用

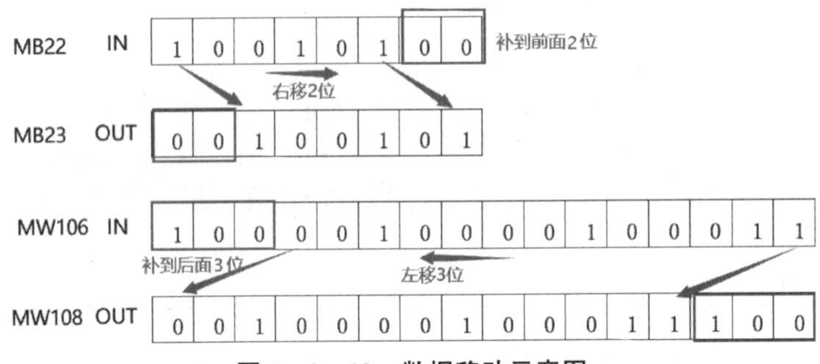

图 2－3－10　数据移动示意图

任务引导

认真阅读任务要求，理解任务内容，明确任务目标。请先了解任务中用到的指令，查阅资料了解相关指令的含义和用法，回答下列引导问题，做好相关知识准备。

引导问题 1：

请简述使用指令 "IN" ─┨P┠─ "M_BIT" 时，PLC 的运行过程。

引导问题 2：

如图 2－3－11 所示为移位指令框图，说出指令名称及各参数的含义。

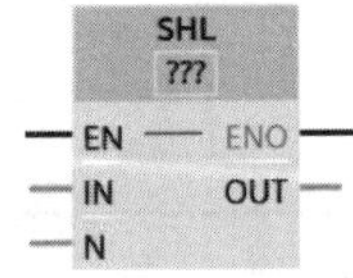

图 2－3－11　移位指令框图

SHL：________指令。

IN：________，N：________，OUT：________，???：________。

引导问题 3：

如图 2－3－12 所示为循环移位指令梯形图，填写循环移位后 MW20 数据。

图 2－3－12　循环移位指令梯形图

如果 MW10＝0100 1100 0101 0001，则 MW20＝____________。

引导问题 4：

将 16#E001 分别左移 2 位和右移 2 位得到的结果是什么？

左移 2 位：______________；右移 2 位：______________。

引导问题 5：

将 Byte 类型的二进制数据“0100 0001”进行 3 次 ROR 移 1 位运算，结果依次是什么？填入表 2－3－8 中。

表 2－3－8　移位输出值

次数	OUT 值
原值	0100 0001
第一次执行 ROR 移 1 位	
第二次执行 ROR 移 1 位	
第三次执行 ROR 移 1 位	

引导问题 6：

假设 MW20＝0000 0000 0000 0100，想要输出 MW30＝0000 0000 0000 1000。应选用什么样的指令？把正确答案填写在图 2－3－13 中的横线上，并填写上相应的参数。

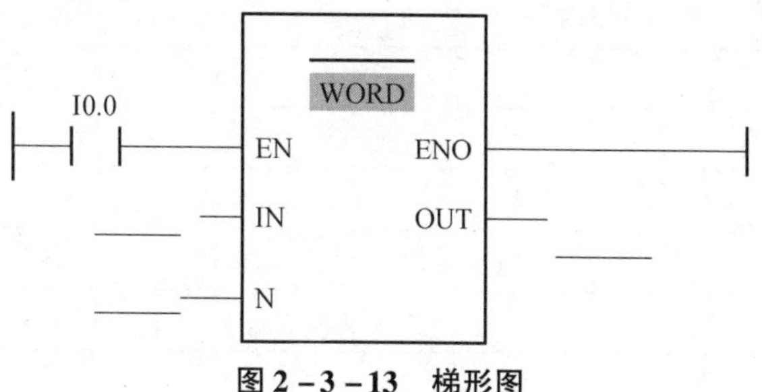

图 2－3－13　梯形图

任务分组

小组讨论，制订任务方案，将工具及器件准备、PLC 原理图绘制、硬件电路连线、PLC 程序编写调试等工作任务分工填写在表 2－3－9 中。

表 2－3－9　组员分工表

班级		小组编号		任务分工
组长		学号		
组员	（安全员）	学号		
		学号		
		学号		

制订计划

根据任务要求，结合实训室的设备配置，选取任务所需工具及材料，完成表 2－3－10 的填写。

表 2－3－10　工具及材料清单

序号	工具或材料名称	型号或规格	数量	备注

根据任务要求及实施方案，确定任务步骤及具体工作内容，完成表 2－3－11 填写。

表 2－3－11　任务实施安排表

序号	工作内容	计划用时	备注

任务实施

（1）列出 I/O 分配表（见表 2－3－12）。

表2－3－12 PLC I/O分配表

输入信号				输出信号			
序号	PLC输入点	器件名称	功能说明	序号	PLC输出点	器件名称	功能说明

（2）画出PLC的I/O接线图，并按照图纸、工艺要求、安全规范要求，完成PLC与外围设备的接线。（注意：需在断电情况下完成硬件电气接线。）

（3）完成PLC梯形图程序设计，并下载和调试程序。（注意：硬件电路通电前，请再次检查接线，确认无误后再上电。调试过程中，要严格执行安全操作规程的规定，小组安全员做好监督工作。）

（4）简述通过完成本次任务的收获。

（5）整理。各小组完成任务实施及总结以后，按照“6S”要求，对实训场所实施整理、整顿、清扫、清洁等，同时归还所借的工具和实训器件。

评价反馈

对任务实施情况进行评价，填入表 2－3－13 中。

表 2－3－13　任务实施评价表

<table>
<tr><td>任务名称</td><td colspan="8"></td></tr>
<tr><td>班级</td><td></td><td>姓名</td><td></td><td>学号</td><td colspan="2"></td><td>组号</td><td></td></tr>
<tr><td>评价项目</td><td>内容</td><td>配分</td><td colspan="3">评分要求</td><td>学生自评（20%）</td><td>组员互评（30%）</td><td>教师评价（50%）</td></tr>
<tr><td rowspan="7">专业能力（80 分）</td><td>回答引导问题</td><td>5</td><td colspan="3">正确完成引导问题回答</td><td></td><td></td><td></td></tr>
<tr><td>配置 I/O</td><td>10</td><td colspan="3">I/O 分配合理</td><td></td><td></td><td></td></tr>
<tr><td>绘制电气图</td><td>10</td><td colspan="3">按任务要求完成电气接线图绘制，输入/输出点使用与 I/O 分配表对应无误</td><td></td><td></td><td></td></tr>
<tr><td>连接硬件</td><td>15</td><td colspan="3">按电气接线图正确连接硬件，元器件及导线选用正确合理</td><td></td><td></td><td></td></tr>
<tr><td>设计程序</td><td>25</td><td colspan="3">完成程序编辑，编译无语法错误，符合程序设计规范，简洁高效</td><td></td><td></td><td></td></tr>
<tr><td>调试程序</td><td>10</td><td colspan="3">按要求完成程序调试，能实现任务要求的全部功能</td><td></td><td></td><td></td></tr>
<tr><td>撰写报告</td><td>5</td><td colspan="3">按规定格式完成实训报告撰写，内容完整，描述准确、规范</td><td></td><td></td><td></td></tr>
<tr><td rowspan="6">综合素养（20 分）</td><td>遵守课堂纪律</td><td>3</td><td colspan="3">遵循行业企业安全文明生产规程，自觉遵守课堂纪律</td><td></td><td></td><td></td></tr>
<tr><td>规范操作</td><td>5</td><td colspan="3">规范任务实施中的各项操作，防范安全事故，确保人、设备安全</td><td></td><td></td><td></td></tr>
<tr><td>6S 管理</td><td>3</td><td colspan="3">按要求实施现场 6S 管理</td><td></td><td></td><td></td></tr>
<tr><td>团队合作</td><td>5</td><td colspan="3">工作任务分配合理，组员积极参与、沟通顺畅、配合默契</td><td></td><td></td><td></td></tr>
<tr><td>工作态度</td><td>2</td><td colspan="3">主动完成分配的任务，积极协助其他组员完成相关工作任务</td><td></td><td></td><td></td></tr>
<tr><td>创新意识</td><td>2</td><td colspan="3">主动探究，敢于尝试新方式方法</td><td></td><td></td><td></td></tr>
<tr><td colspan="6">小计</td><td></td><td></td><td></td></tr>
<tr><td colspan="6">总成绩</td><td colspan="3"></td></tr>
<tr><td>指导教师签字</td><td colspan="5"></td><td>日期</td><td colspan="2"></td></tr>
</table>

任务拓展

任务 1：在装配流水线系统实训任务的基础上增加触摸屏设计。博途软件中增加触摸屏设备，设计触摸屏界面，使触摸屏上的按钮可以控制触摸屏中的灯和实际的灯，两者亮灭状态一致。

任务 2：某装配流水线系统中，当按下启动按钮后，工件每隔 5 s，自动经过每个工位，该工位指示灯亮。从操作工位 A 开始到仓库 H，为一个完整装配流程。完成一个装配流程后，新工件开始装配，如此反复循环。当按下停止按钮后，系统停止工作，所有工位指示灯熄灭。

根据任务要求完成：I/O 分配表，画出 PLC 的 I/O 接线图，编写 PLC 梯形图，并在实训设备完成调试。

案例参考

案例：使用 THPFSM－3 型实训设备的音乐喷泉模块（见图 2－3－14）实现花样流水灯效果。具体控制要求如下：

（1）启动按钮 ON，LED 灯按以下效果运行显示，1→2→3→4→5→6→7→8，模拟 LED 灯“流水效果”。

（2）SD 按钮 ON，LED 复位又从 1 开始点亮，再移动显示。

（3）启动按钮 OFF，LED 全部熄灭。

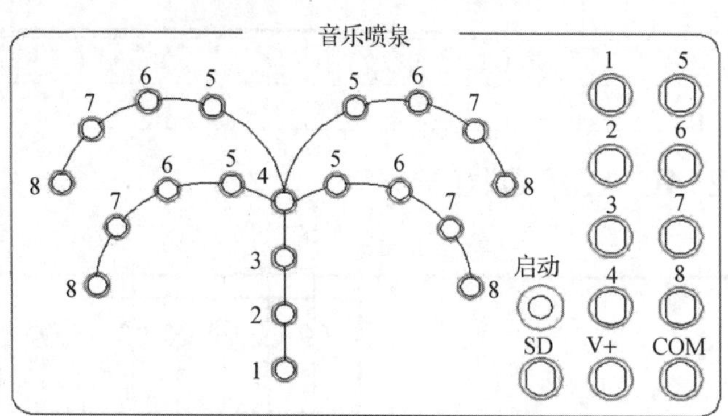

图 2－3－14　A10 音乐喷泉挂箱

分析：要实现 LED 灯“流水”效果，分析输出端的数据会发现，点亮 LED1 输出的数据为 0000 0001；点亮 LED2 输出的数据为 0000 0010；点亮 LED3 输出的数据为 0000 0100……其实就是数据 1 的向左移动。同时需要反复循环，因此可以使用循环左移指令来实现。给初始值时需要给 1000 0000 这个数值，即 16#80。当执行一次循环左移指令后，就可以点亮第一个灯了。“流水”的时间间隔，可以通过启用时钟存储器来实现。

音乐喷泉花样流水灯程序设计与调试

1. PLC 的 I/O 和变量分配

I/O 分配如表 2 - 3 - 14 所示。8 个 LED 灯连接输出端 Q0.0 ~ Q0.7。启动和 SD 连接 I0.0 和 I0.1。触摸屏的启动和停止按钮分别关联 PLC 寄存器 M30.0、M30.1。

表 2 - 3 - 14　I/O 分配表

输入信号				输出信号			
序号	PLC 输入点	器件名称	功能说明	序号	PLC 输出点	器件名称	功能说明
1	I0.0	启动	启动/停止	1	Q0.0	LED1	指示灯 1
2	I0.1	SD	复位	2	Q0.1	LED2	指示灯 2
				3	Q0.2	LED3	指示灯 3
				4	Q0.3	LED4	指示灯 4
				5	Q0.4	LED5	指示灯 5
				6	Q0.5	LED6	指示灯 6
				7	Q0.6	LED7	指示灯 7
				8	Q0.7	LED8	指示灯 8

2. 硬件电路接线方法

按照图 2 - 3 - 15 连接硬件电路。本次任务只用到了 2 个按钮，8 个灯，因此只需要 2 个输入口，8 个数字输出口。

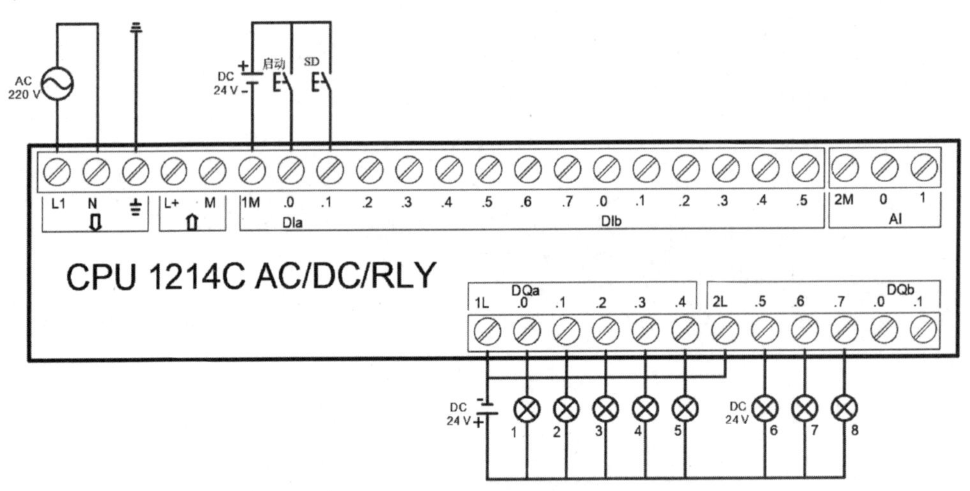

图 2 - 3 - 15　PLC 数字输出口的连接方法

3. 编写 PLC 程序

梯形图如图 2 - 3 - 16 所示，程序中在初始化和时钟部分用到了 M1.0 和 M0.5，这时需要对系统硬件进行组态，在系统硬件组态中打开系统时钟。如图 2 - 3 - 17 所示，打开 PLC 属性窗口，选中“系统和时钟存储器”，勾选“启用系统存储器字节”，就可以使用 M1.0，上电会触发一个时钟周期，可以做上电初始化的用途。勾选“启用时钟存储器字节”，这样就能将 M0.5 设置为 1 Hz 的脉冲输出了。由于硬件的启动按键为自锁开关。因此，启动时采用上升沿指令，停止时采用下降沿指令。P_TRIG 用于取 M0.5 的上升沿，ROL 是循环左移指令，这段程序能实现在 M0.5 的 1 Hz 的脉冲的上升沿进行 QB0 的左移 1 位。

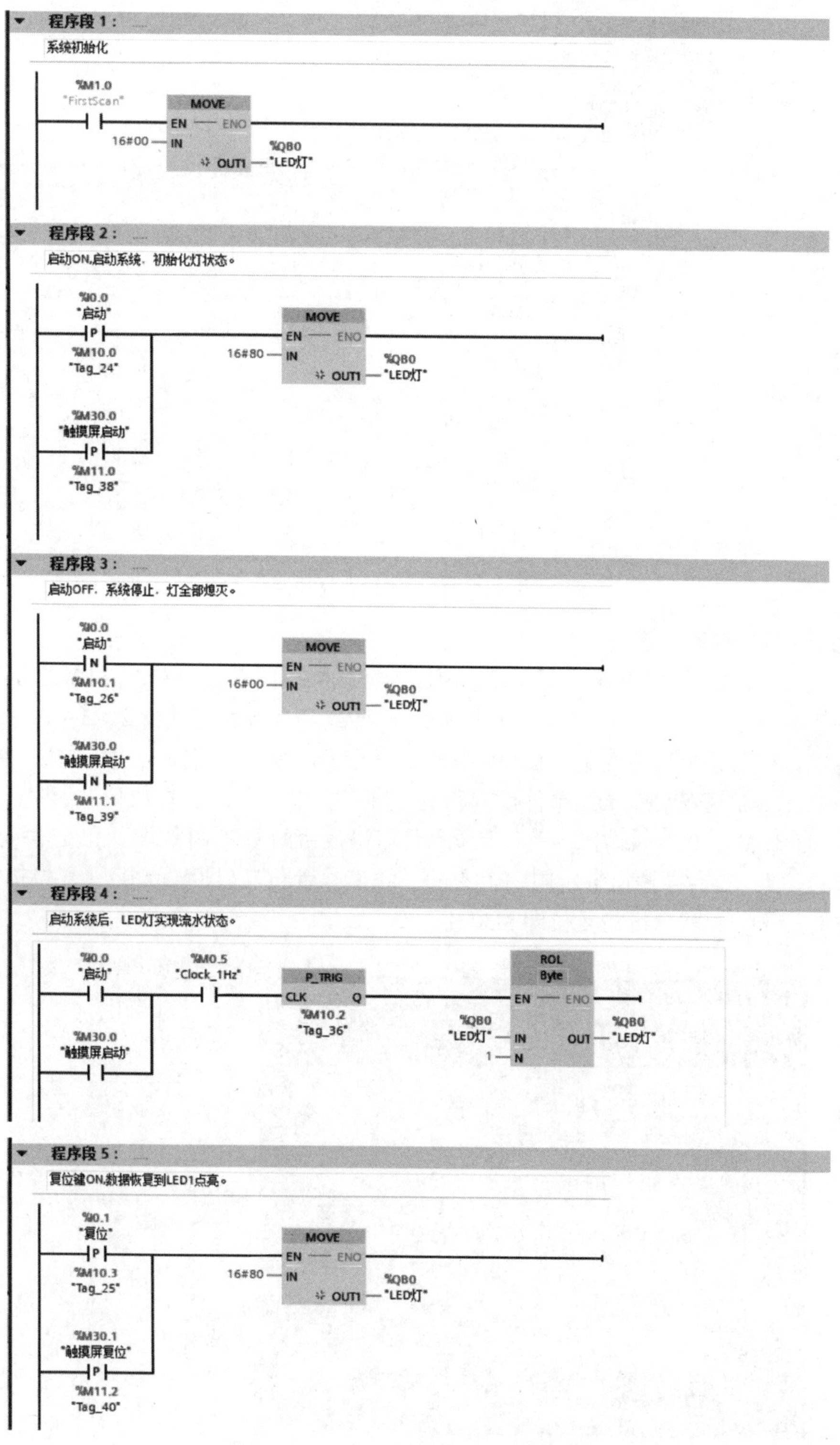

图 2－3－16　音乐喷泉流水灯程序

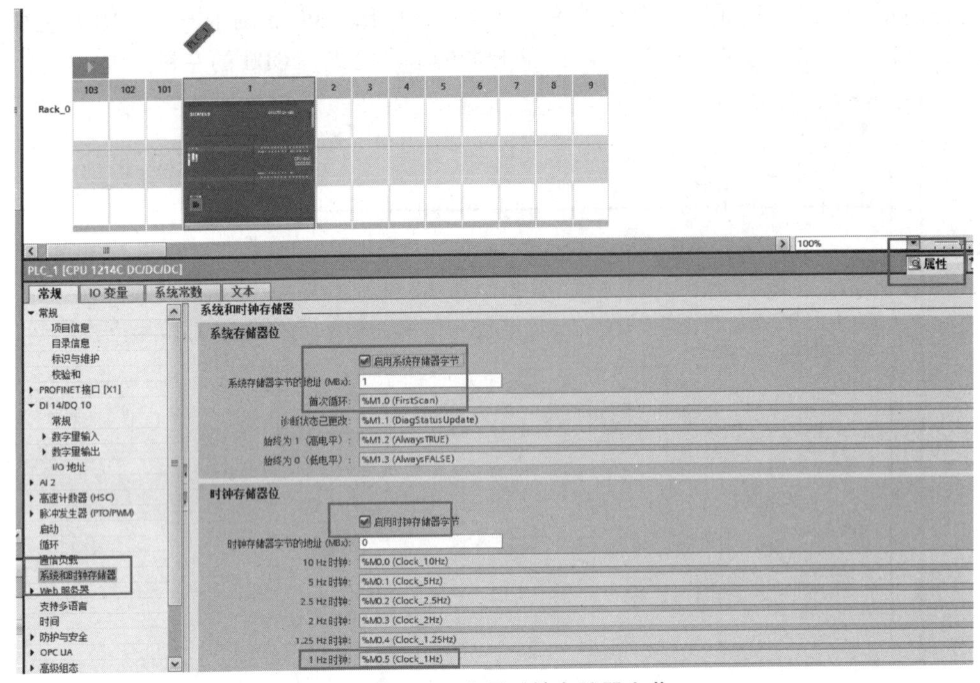

图 2-3-17　启用时钟存储器字节

4. 设计 HMI 界面

本例也可以通过 HMI 仿真实现，程序中加入触摸屏控制变量 M30.0 和 M30.1 即可用触摸屏控制系统。如图 2-3-18 所示为音乐喷泉的 HMI 参考界面。如图 2-3-19 所示是灯 1 的变量绑定，将第一个灯与变量“LED1”Q0.0 绑定，其他灯与灯 1 的设置方法一样。如图 2-3-20 所示是启停按钮的 ON 事件设置和变量绑定，添加事件“置位位”，绑定变量“触摸屏启动”（即 M30.0）。如图 2-3-21 所示是启停按钮的 OFF 事件设置和变量绑定，添加事件“复位位”，与启停按钮绑定同一个变量“触摸屏启动”（即 M30.0）。复位按钮的设置与启停按钮一样，关联变量为复位即 M30.1。

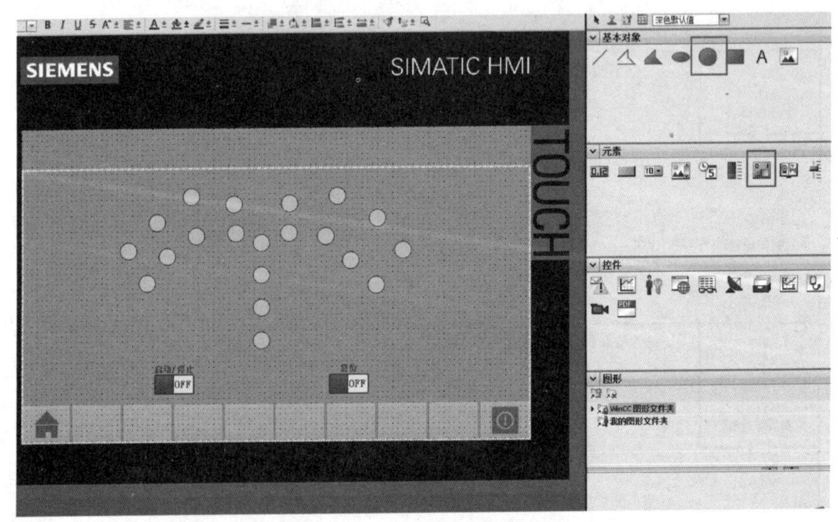

图 2-3-18　HMI 界面参考设计

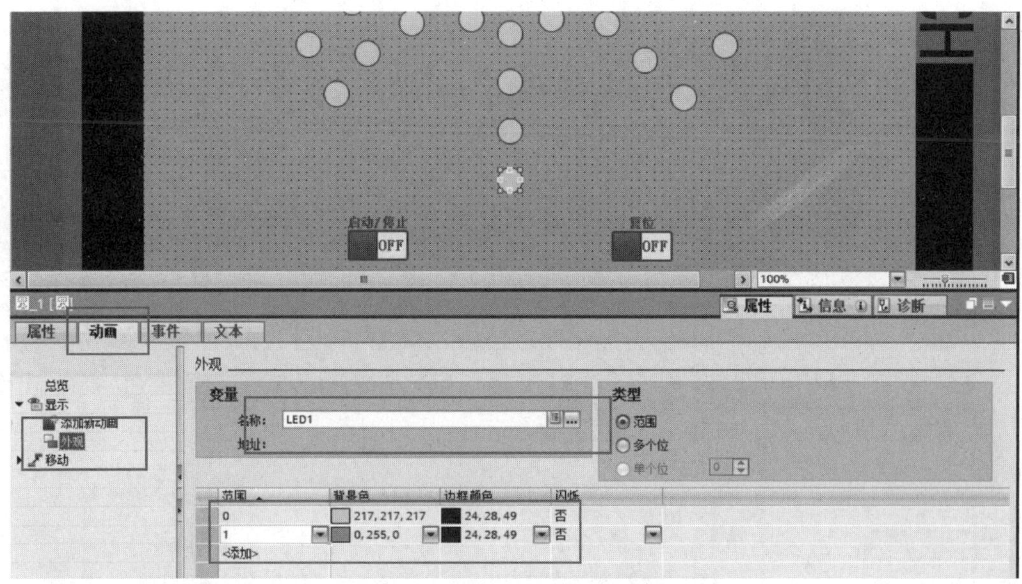

图 2－3－19 灯 1 的变量绑定

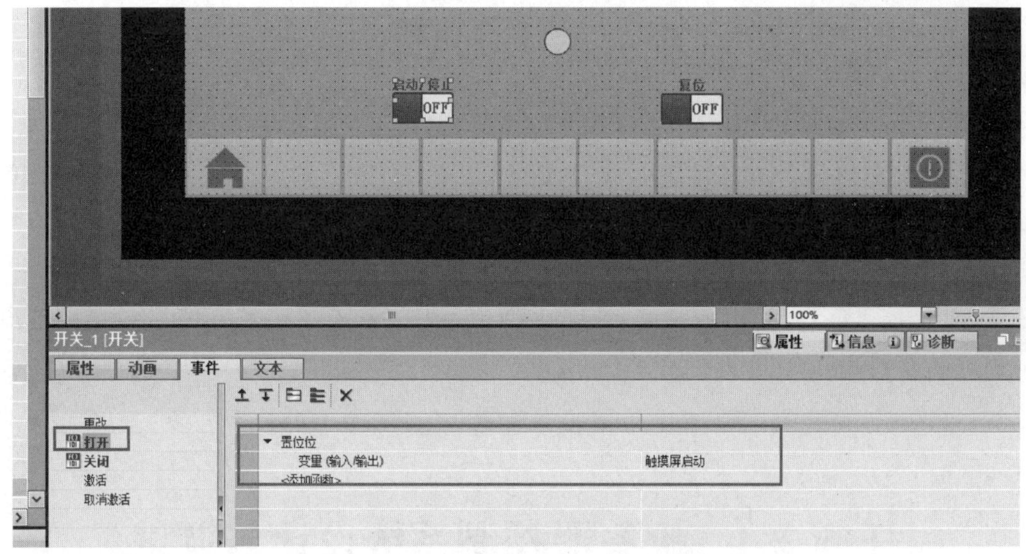

图 2－3－20 启停按钮的 ON 事件“置位位”

5. 系统调试

1）进行仿真测试

把程序下载到仿真的 PLC 中，并将人机界面用仿真触摸屏演示。程序由 STOP 转到 RUN 时，灯都不亮。当启动按钮 ON 时，流水灯以 1 Hz 的频率流动。当复位按钮 ON 时，流水灯从头开始流动；当启动按钮 OFF 时，灯全部熄灭。

2）实际下载并测试

编译后将程序下载到 PLC 中，与仿真演示的现象一致。并且，仿真 HMI 界面上灯的流水灯状态与实际灯的流水灯状态完全同步。

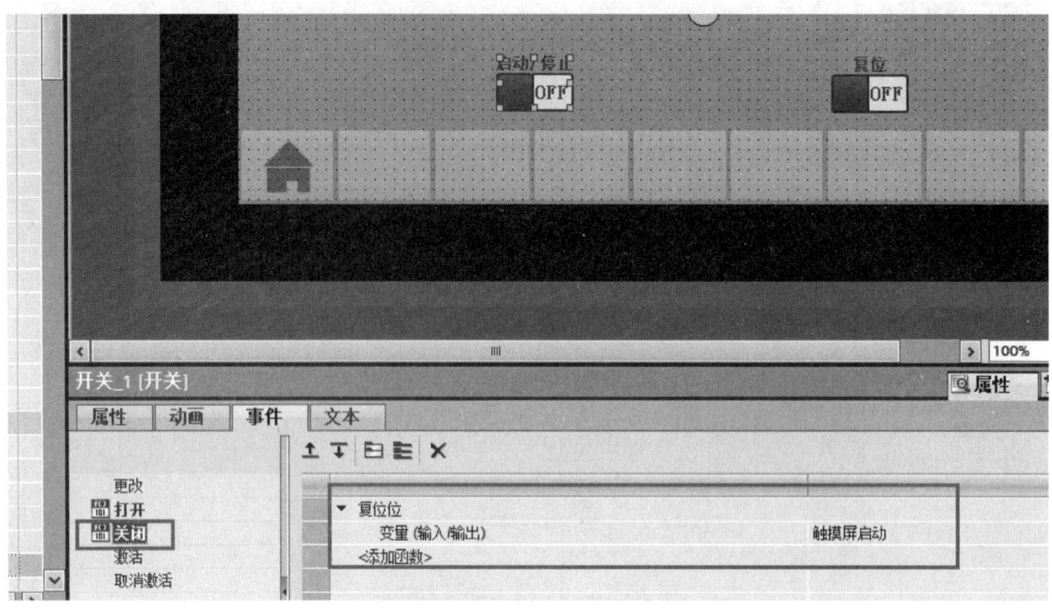

图 2-3-21　启停按钮的 OFF 事件“复位位”

任务练习

（1）MB2 的值为 2#1010 0010，循环左移 1 位后为________________，再左移 2 位后为________________。

（2）整数 MW10 的值为 16#B682，右移 3 位后为________________。

（3）简述 -|P|- 、-(P)- 、P_TRIG 、R_TRIG 4 种边沿检测指令各有什么特点？

任务 2.4　抢答器控制系统设计与调试

学习情境

中央电视台举办的《中国诗词大会》节目，以其独特的方式引领观众走进中华文化的殿堂，弘扬和传承中华优秀传统文化，其中抢答环节非常扣人心弦。在一般的各类知识竞赛活动中，也会设有抢答环节，为了创设更加公平、公正的比赛环境，通常会设计一个能自动判断和显示的抢答系统。系统会自动判断是哪一队选手率先抢中，同时使数码管亮出相应队号，以增加活动的互动性和趣味性。

教学目标

1. 知识目标

（1）理解4种定时器指令的工作原理，能说出时序图动作顺序。

（2）掌握定时器的基本应用及其区别。

2. 能力目标

（1）能够理解定时器指令，并能够在PLC编程中合理地运用该指令。

（2）能够实现抢答器控制设计与调试要求。

3. 素质目标

（1）具备自我管理、团队精神和交往能力。

（2）诚实守信，具有完成任务和解决问题的能力。

（3）创新能力和自我学习能力。

任务要求

在4路抢答系统中，当主持人按下出题按钮后，对应的出题指示灯将以1 Hz的频率闪烁，此时选手们方可开始抢答。此后，任一选手抢先按下抢答按钮后，对应选手的指示灯以亮2 s、灭0.5 s的规律闪烁，出题指示灯灭，表示抢答成功，其余3个选手抢答按钮按下无效。答题结束，主持人按下复位按钮，对应选手的指示灯灭。此后，可按上述步骤进行新一轮的抢答。如果开始抢答后10 s内无人应答，则此题作废，此时若再按下抢答按钮将是无效的，需等待主持人按下复位按钮后，才可进行新一轮的抢答。

小贴士

从古至今，诗词一直是中华文化传承的重要载体，它以简练的语言、深邃的内涵、丰富的情感和无穷的韵味，成为中华文明的瑰宝。传承好诗词文化，涵养民族精神，增强文化自信，具有重要的现实意义。2023年6月2日，习近平总书记在文化传承发展座谈会上讲话时强调：“自信才能自强。有文化自信的民族，才能立得住、站得稳、行得远。中华文明历经数千年而绵延不绝、迭遭忧患而经久不衰，这是人类文明的奇迹，也是我们自信的底气。坚定文化自信，就是坚持走自己的路。坚定文化自信的首要任务，就是立足中华民族伟大历史实践和当代实践，用中国道理总结好中国经验，把中国经验提升为中国理论，既不盲从各种教条，也不照搬外国理论，实现精神上的独立自主。要把文化自信融入全民族的精神气质与文化品格中，养成昂扬向上的风貌和理性平和的心态。”

知识链接

在 S7－1200 PLC 程序设计过程中用到的定时器相当于在传统继电器控制线路中使用的时间继电器。S7－1200 PLC 的定时器指令采用的是 IEC 标准，主要包含 4 种，如图 2－4－1 所示：脉冲定时器指令（TP）、接通延时定时器指令（TON）、断开延时定时器指令（TOF）、保持型接通延时定时器指令（TONR）。

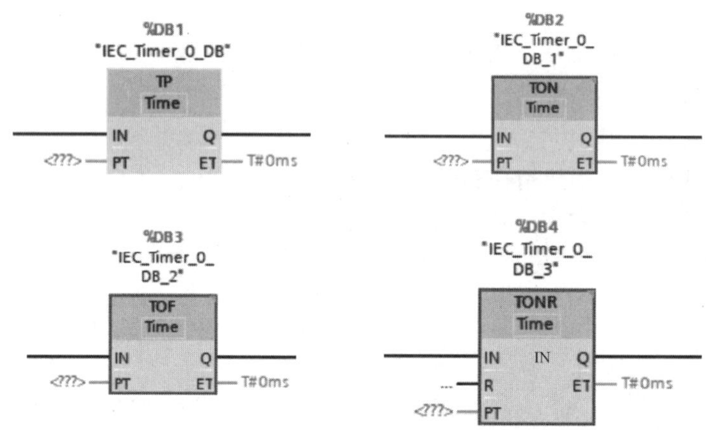

图 2－4－1　定时器指令

用户在程序中使用定时器的个数与 CPU 存储器的容量有关，每个定时器均使用 16 字节的 IEC_Timer 数据类型的数据块存储定时器指令的数据，如图 2－4－1 中 TP 定时器的数据存放在 DB1 中。在使用过程中，插入定时器时，TIA 博途软件会自动创建该数据块，也可以由用户自定义。S7－1200 PLC 中的定时器指令没有编号，如想对某个定时器进行复位时，可用数据块编号或符号名来指定。

S7－1200 PLC 定时器指令中的 IN 信号为输入信号——定时器的启动信号，当 IN 端信号从 0 状态跳变到 1 状态时，TP、TON、TONR 定时器开始启动并定时；而 TOF 定时器则是在 IN 端信号从 1 状态跳变到 0 状态时开始启动并定时。定时器指令中的 PT 为预置的时间，ET 为定时器开始定时后已累计的时间；R 为 TONR 定时器的复位信号，当 R 端有输入时，定时器复位。

1. 脉冲定时器指令（TP）

脉冲定时器指令（TP）的梯形图及其时序图如图 2－4－2 所示。

S7－1200 PLC 中的脉冲定时器可生成具有预设宽度的脉冲，当定时器的 IN 端有一个上升沿时，输出端 Q 就接通；当定时时间达到预设值时，自动使 Q 端断开。在图 2－4－2 中，当 I0.0 接通时，Q0.0 状态立即为 ON，5 s 后，Q0.0 状态为 OFF，在定时预设 5 s 时间内，不管 I0.0 的状态如何变化，Q0.0 的状态始终保持为 ON；若在 5 s 内，I0.1 接通，则 Q0.0 的状态立即变为 OFF。

2. 接通延时定时器指令（TON）

接通延时定时器指令（TON）的梯形图及其时序图如图 2－4－3 所示。

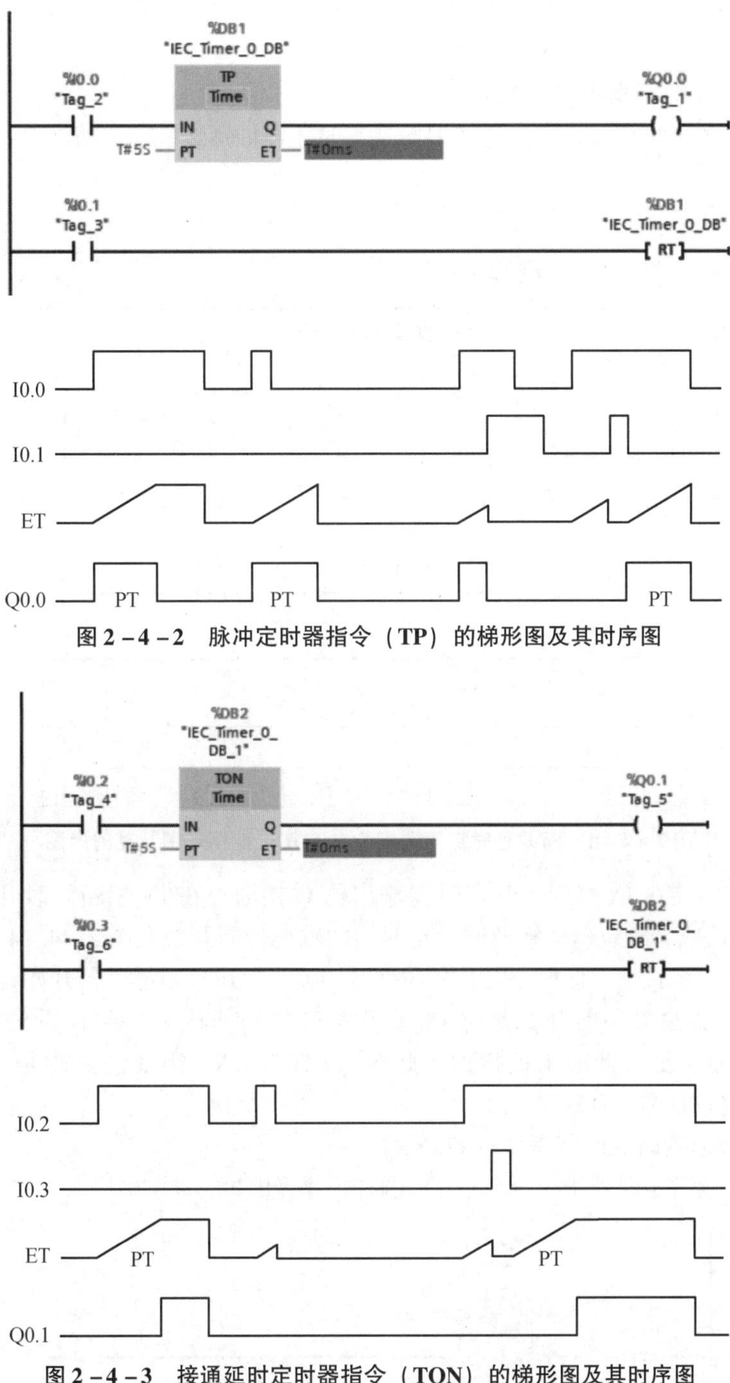

图2－4－2　脉冲定时器指令（TP）的梯形图及其时序图

图2－4－3　接通延时定时器指令（TON）的梯形图及其时序图

S7－1200 PLC 中的接通延时定时器在其IN端有信号输入，由“0”状态变为“1”状态时，定时器启动并开始计时。当定时时间大于或等于预设时间PT时，定时器停止计时且保持为预设值PT，Q输出为1。当IN端输入信号断开时，定时器将被复位，已消耗时间ET也被清零，Q输出为0。在图2－4－3中，当I0.2接通时，定时器开始计时，当达到预设的5 s时，Q输出为1，此时Q0.1为ON状态，定时器计时保持在5 s直至I0.2断开由“1”状态变为“0”状态；定时器也可通过复位信号来复位，即 I0.3 接通时，复位定时器指令将定时器复位。

3. 断开延时定时器指令（TOF）

断开延时定时器指令（TOF）的梯形图及其时序图如图 2 -4 -4 所示。

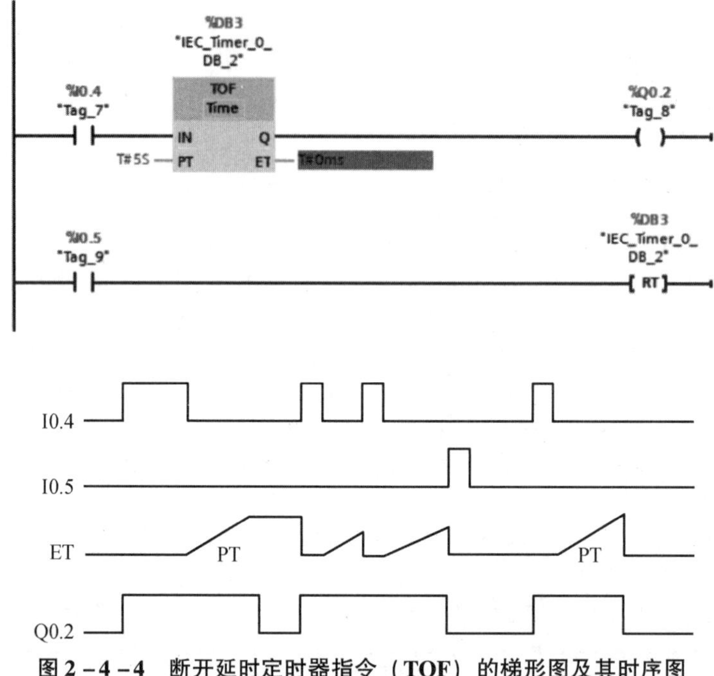

图 2 -4 -4 断开延时定时器指令（TOF）的梯形图及其时序图

断开延时定时器在 IN 端接通时定时器输出位 Q 接通，在 IN 端断开时开始计时，当前值 ET 等于预设值或者复位信号接通时，定时器的输出位断开。在图 2 -4 -4 中，当 I0.4 接通时，定时器输出位接通，此时 Q0.2 为 ON；当 I0.4 断开时，定时器开始计时，当前值等于 5 s 时，定时器输出位断开，此时 Q0.2 为 OFF；当前值未达到预设值或者复位信号（I0.5）未接通时，定时器输出位接通，此时 Q0.2 为 ON。需要注意的是，只有 IN 端为“0”状态时，复位信号才能起作用。

4. 保持型接通延时定时器指令（TONR）

保持型接通延时定时器指令（TONR）的梯形图及其时序图如图 2 -4 -5 所示。

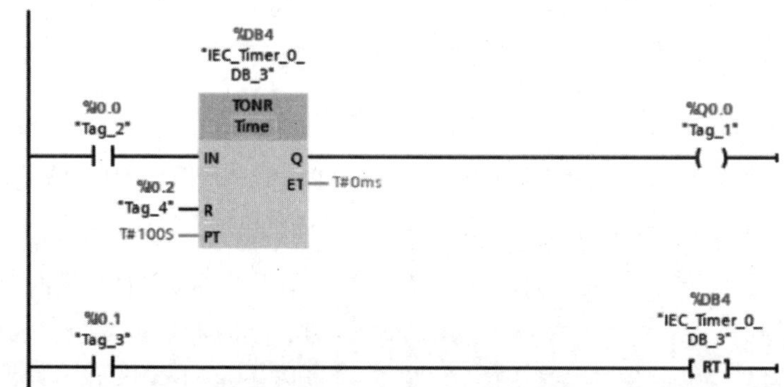

图 2 -4 -5 保持型接通延时定时器指令（TONR）的梯形图及其时序图

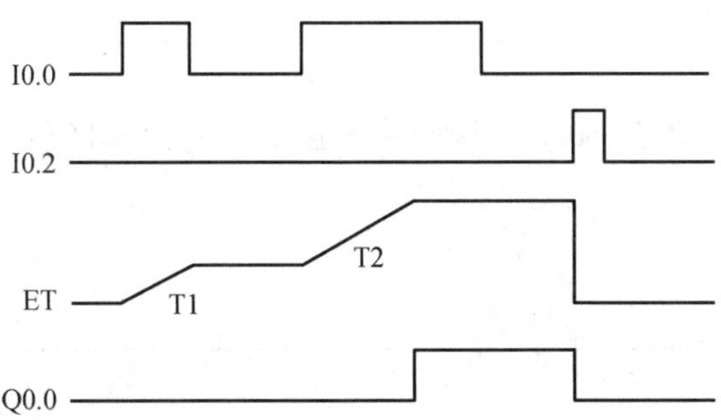

图 2－4－5　保持型接通延时定时器指令（TONR）的梯形图及其时序图（续）

当保持型接通延时定时器 IN 端从“0”跳变到“1”时，定时器启动并开始定时，当 IN 端变为“0”时，定时器停止工作并保持当前值（累计值）。当 IN 端又从“0”跳变到“1”时，定时器继续计时，当前值继续累加。如此重复，直到定时器当前值达到预设值时，定时器停止计时。当定时器累计时间达到预设值时，输出 Q 端变为“1”状态。当复位端 R 为“1”时，定时器被复位，累计时间值变为 0，Q 端变为“0”状态。

任务引导

认真分析任务，明确任务目标。为顺利完成任务，提前查阅相关资讯，并回答下列引导问题。

引导问题 1：

如图 2－4－6 所示是某类型的定时器指令，试指出各参数的含义。

定时器类型：________。

IN：________　R：________　PT：________　Q：________　ET：________。

%DB4
"IEC_Timer_0_DB_3"
TONR
Time
IN
Q
R
ET
T#0ms
...
PT
<???>

图 2－4－6　定时器指令

引导问题 2：

如图 2－4－7 所示，假设 Q0.0 连接的是一盏灯，试分析灯何时亮，何时灭。

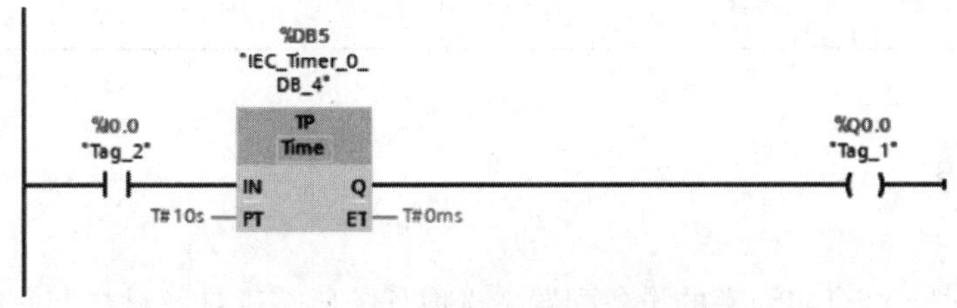

图 2－4－7　引导问题 2 梯形图程序

工作过程：________________

引导问题 3：

如图 2-4-8 所示，假设 Q0.0 连接的是一盏灯，试分析灯何时亮，何时灭。

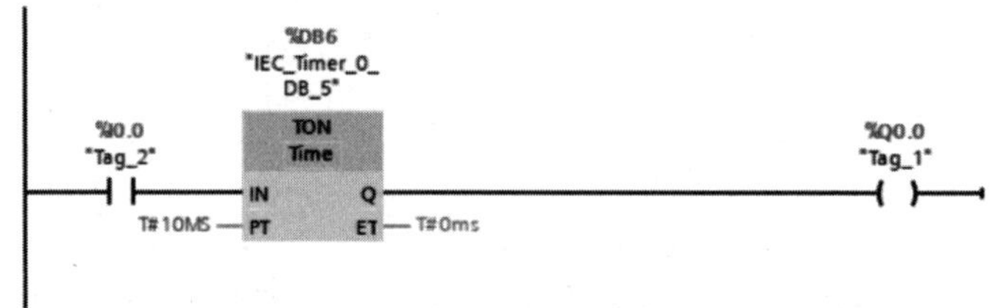

图 2-4-8　引导问题 3 梯形图程序

工作过程：________________

引导问题 4：

如图 2-4-9 所示，假设 Q0.0 连接的是一盏灯，试分析灯何时亮，何时灭。

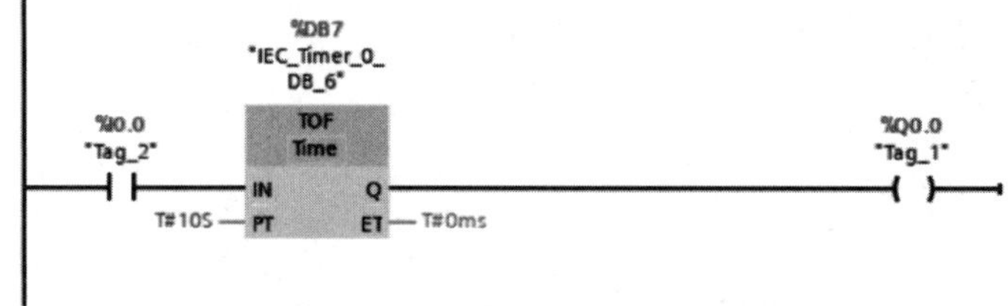

图 2-4-9　引导问题 4 梯形图程序

工作过程：________________

任务分组

小组讨论，制订任务方案，将工具及器件准备、PLC 原理图绘制、硬件电路连线、PLC 程序编写调试等工作任务分工填写在表 2-4-1 中。

表 2-4-1　组员分工表

班级		小组编号		任务分工
组长		学号		
组员	（安全员）	学号		
		学号		
		学号		

制订计划

根据任务要求，结合实训室的设备配置，选取任务所需工具及材料，完成表 2-4-2 的填写。

表 2 - 4 - 2　工具材料清单

序号	工具或材料名称	型号或规格	数量	备注

根据任务要求及实施方案，确定任务步骤及具体工作内容，完成表 2 - 4 - 3 的填写。

表 2 - 4 - 3　任务实施安排表

序号	工作内容	计划用时	备注

任务实施

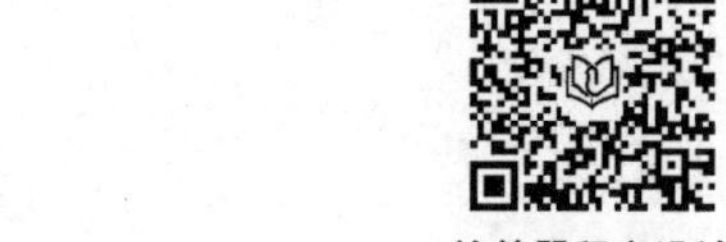

抢答器程序设计

(1) 列出 I/O 分配表（见表 2 - 4 - 4）。

表 2 - 4 - 4　PLC I/O 分配表

输入信号				输出信号			
序号	PLC 输入点	器件名称	功能说明	序号	PLC 输出点	器件名称	功能说明

（2）画出 PLC 的 I/O 接线图，并按照图纸、工艺要求、安全规范要求，完成 PLC 与外围设备的接线。（注意：需在断电情况下完成硬件电气接线。）

（3）完成 PLC 梯形图程序设计，并下载和调试程序。（注意：硬件电路通电前，请再次检查接线，确认无误后再上电。调试过程中，要严格执行安全操作规程的规定，小组安全员做好监督工作。）

（4）简述通过完成本次任务的收获。

（5）整理。各小组完成任务实施及总结以后，按照“6S”要求，对实训场所实施整理、整顿、清扫、清洁等，同时归还所借的工具和实训器件。

评价反馈

对任务实施情况进行评价，填入表2－4－5中。

表2－4－5 任务实施评价表

<table>
<tr><td>任务名称</td><td colspan="7"></td></tr>
<tr><td>班级</td><td></td><td>姓名</td><td></td><td>学号</td><td></td><td>组号</td><td></td></tr>
<tr><td>评价项目</td><td>内容</td><td>配分</td><td colspan="2">评分要求</td><td>学生自评（20%）</td><td>组员互评（30%）</td><td>教师评价（50%）</td></tr>
<tr><td rowspan="7">专业能力（80分）</td><td>回答引导问题</td><td>5</td><td colspan="2">正确完成引导问题问答</td><td></td><td></td><td></td></tr>
<tr><td>配置I/O</td><td>10</td><td colspan="2">I/O分配合理</td><td></td><td></td><td></td></tr>
<tr><td>绘制电气图</td><td>10</td><td colspan="2">按任务要求完成电气接线图绘制，输入/输出点使用与I/O分配表对应无误</td><td></td><td></td><td></td></tr>
<tr><td>连接硬件</td><td>15</td><td colspan="2">按电气接线图正确连接硬件，元器件及导线选用正确合理</td><td></td><td></td><td></td></tr>
<tr><td>设计程序</td><td>25</td><td colspan="2">完成程序编辑，编译无语法错误，符合程序设计规范，简洁高效</td><td></td><td></td><td></td></tr>
<tr><td>调试程序</td><td>10</td><td colspan="2">按要求完成程序调试，能实现任务要求的全部功能</td><td></td><td></td><td></td></tr>
<tr><td>撰写报告</td><td>5</td><td colspan="2">按规定格式完成实训报告撰写，内容完整，描述准确、规范</td><td></td><td></td><td></td></tr>
<tr><td rowspan="6">综合素养（20分）</td><td>遵守课堂纪律</td><td>3</td><td colspan="2">遵循行业企业安全文明生产规程，自觉遵守课堂纪律</td><td></td><td></td><td></td></tr>
<tr><td>规范操作</td><td>5</td><td colspan="2">规范任务实施中的各项操作，防范安全事故，确保人、设备安全</td><td></td><td></td><td></td></tr>
<tr><td>6S管理</td><td>3</td><td colspan="2">按要求实施现场6S管理</td><td></td><td></td><td></td></tr>
<tr><td>团队合作</td><td>5</td><td colspan="2">工作任务分配合理，组员积极参与、沟通顺畅、配合默契</td><td></td><td></td><td></td></tr>
<tr><td>工作态度</td><td>2</td><td colspan="2">主动完成分配的任务，积极协助其他组员完成相关工作任务</td><td></td><td></td><td></td></tr>
<tr><td>创新意识</td><td>2</td><td colspan="2">主动探究，敢于尝试新方式方法</td><td></td><td></td><td></td></tr>
<tr><td colspan="5">小计</td><td></td><td></td><td></td></tr>
<tr><td colspan="5">总成绩</td><td colspan="3"></td></tr>
<tr><td>指导教师签字</td><td colspan="4"></td><td>日期</td><td colspan="2"></td></tr>
</table>

任务拓展

基于前面 4 路抢答器设计的基础，设计一个 6 路抢答器。

案例参考

案例：有一电动机已做星形连接，按启动按钮 SB1 电动机正转，延时 10 s 后，电动机反转；按启动按钮 SB2，电动机反转，延时 10 s 后，电动机正转；电动机正转期间，反转启动按钮无效，反之电动机反转期间，正转启动按钮无效；按停止按钮 SB3，电动机停止运转。

1. PLC 的 I/O 和变量分配

I/O 和变量分配如表 2 -4 -6 所示。

表 2 -4 -6　PLC I/O 分配表

输入信号				输出信号			
序号	PLC 输入点	器件名称	功能说明	序号	PLC 输出点	器件名称	功能说明
1	I0. 0	SB1	正转启动	1	Q0. 0	KM1	正转继电器
2	I0. 1	SB2	反转启动	2	Q0. 1	KM2	反转继电器
3	I0. 2	SB3	停止				

2. 硬件电路接线方法

硬件接线如图 2 -4 -10 所示。

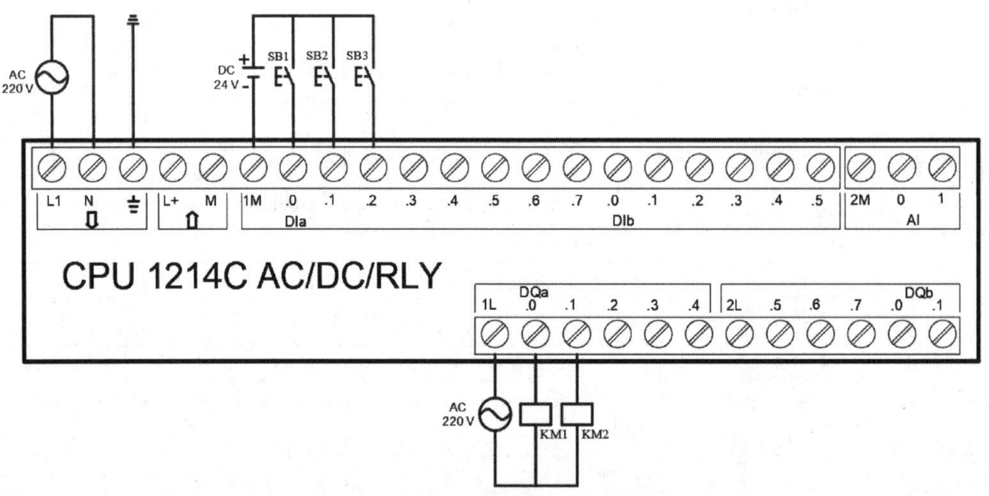

图 2 -4 -10　电动机正反转控制 PLC 电气接线图

3. 编写 PLC 程序

PLC 程序如图 2－4－11 所示。

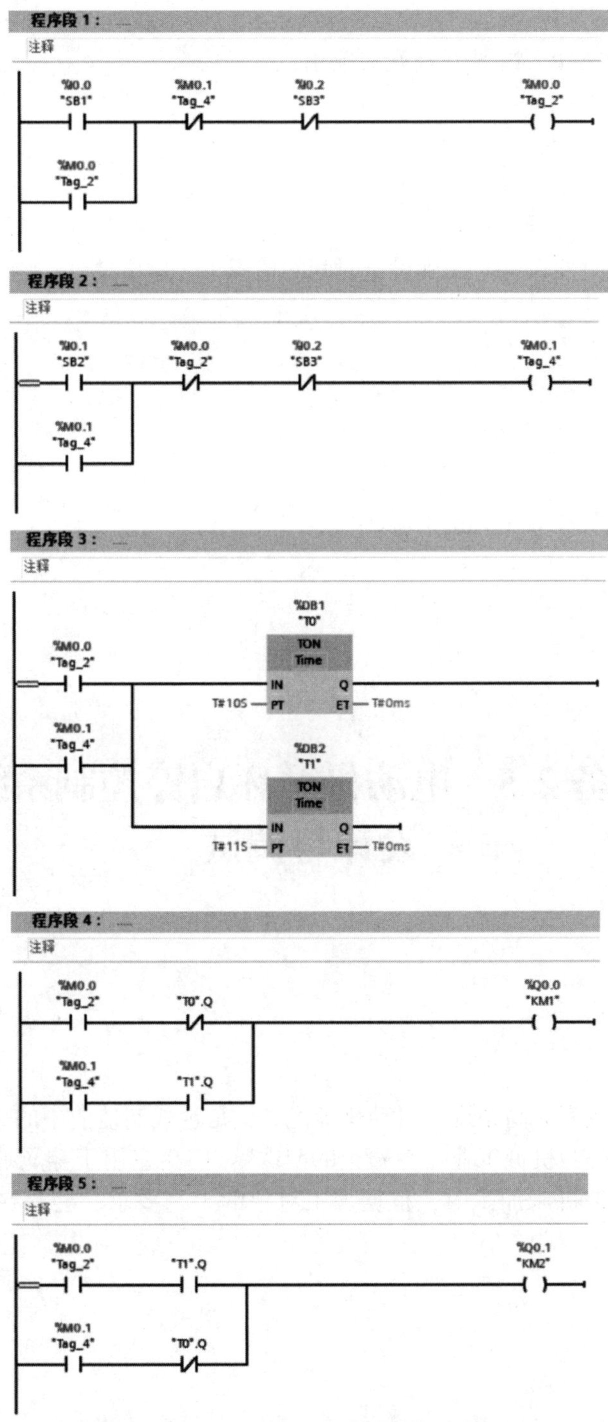

图 2－4－11　电动机正反转控制 PLC 程序

任务练习

（1）脉冲定时器在什么情况下 Q 端有输出？

（2）接通延时定时器在计时未到设定时间的情况下，IN 端断开，接通延时定时器有何变化？

（3）断开延时定时器 Q 端何时有输出？

任务 2.5　电动机循环启停控制系统设计与调试

学习情境

数控机床具有高效率、高精度、自动化等优点，是现代制造业中的重要设备，也是先进制造技术的代表，被誉为机械工业“皇冠上的明珠”，广泛应用于金属加工、模具制造、零部件加工等领域。数控机床加工时，根据加工对象的工艺要求，会存在反复进刀、退刀的现象。

教学目标

1. 知识目标

（1）理解三种计数器指令的工作原理，能说出时序图动作顺序。

（2）掌握计数器的基本应用及其区别。

2. 能力目标

（1）能够理解计数器指令，并能够在 PLC 编程中合理地运用该指令。

（2）能够实现电动机循环启停控制设计与调试要求。

3. 素质目标

（1）具备自我管理、团队精神和交往能力。

（2）诚实守信，具有完成任务和解决问题的能力。

（3）培养创新能力和自我学习能力。

任务要求

根据某零部件加工工艺要求，一台数控车床加工此零部件的过程中对进刀、退刀的要求如下：进刀加工 10 s，然后停止 1 s，接着退刀 3 s，再接着进刀加工，如此循环 5 次后，零件加工完成。现要求设计 PLC 控制系统实现此数控机床对进刀、退刀的控制要求。

小贴士

大国工匠风采：曹彦生，现任中国航天科工二院精密制造车间主任，高级工程师、高级技师。2005 年大学毕业后到二八三厂工作。通过不懈努力，他从普通机床操作工人成长为大国工匠。24 岁成为中国航天科工集团最年轻的高级技师，25 岁获得第三届全国职工职业技能大赛数控铣工组亚军，26 岁成为最年轻的北京市“金牌教练”。2020 年，时年 35 岁的曹彦生，在第十四届航空航天月桂奖颁奖典礼上，被授予大国工匠奖。2024 年荣获全国五一劳动奖章。成绩的背后，是他对数控技术的不懈追求，对“航天报国”的执着坚守。他将高速加工技术和多轴加工技术结合，发明“高效圆弧面加工法”，为航天企业节省生产成本数千万元。他提出的多项新型加工理念，让蜂窝材料、铝基碳化硅复合材料等新材料加工瓶颈问题迎刃而解，为航天装备新材料选用提供了有力保障。

知识链接

如图 2－5－1 所示，在 S7－1200 PLC 中提供了三种类型的计数器：加计数器（CTU）、减计数器（CTD）、加减计数器（CTUD）。S7－1200 PLC 中计数器属于软件计数器，其最大计数速率受到其所在的组织块（OB）执行速率的限制，若需要速度更高的计数器，可使用内置的高速计数器。S7－1200 PLC 中的计数器是计脉冲数量，每当有脉冲出现就计一次数，当计数达到预设值时有输出。S7－1200 PLC 的计数器使用时，需要使用一个存储在数据块中的结构来保存计数器数据，在调用时可以采用系统分配的默认设置，也可以手动自行设置。CU 和 CD 分别是加计数和减计数，当 CU 或 CD 从“0”变为“1”时，当前计数值 CV 加 1 或减 1。当复位参数 R 为“1”时，计数器被复位，CV 被清零，计数器的输出 Q 变为“0”。当 LD 为“1”时，将计数的预设值 PV 装载到计数器中。

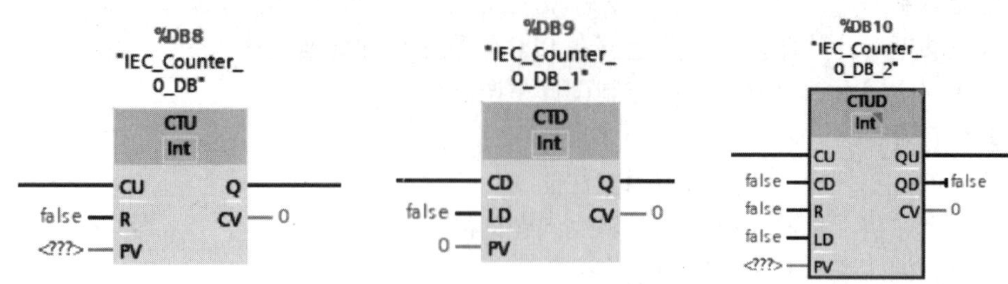

图2-5-1　三种类型计数器指令

1. 加计数器指令

加计数器指令梯形图及其时序图如图2-5-2所示。加计数器在复位端R为“0”时，加计数CU端每来一次上升沿，计数器就加1，当计数器的当前值CV大于或等于预设值PV时，计数器输出位为“1”；当复位端R为“1”时，计数器复位，输出位为“0”，当前值为0。

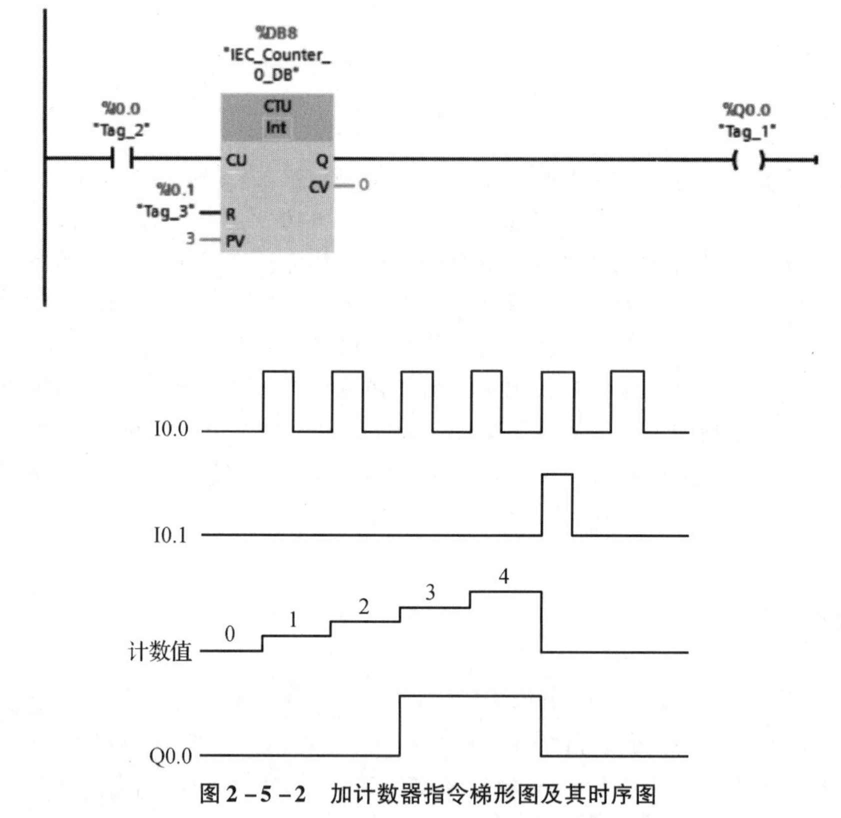

图2-5-2　加计数器指令梯形图及其时序图

2. 减计数器指令

减计数器指令梯形图及其时序图如图2-5-3所示。在使用减计数器时，首先需将预设值装载到计时器中，在LD端由“0”变为“1”时就将预设值装载到计时器中。当LD端为“0”时，在LD端每扫描到一个上升沿，计数器减1，当计数器的当前值CV小于或等于0时，计数器的输出位接通。

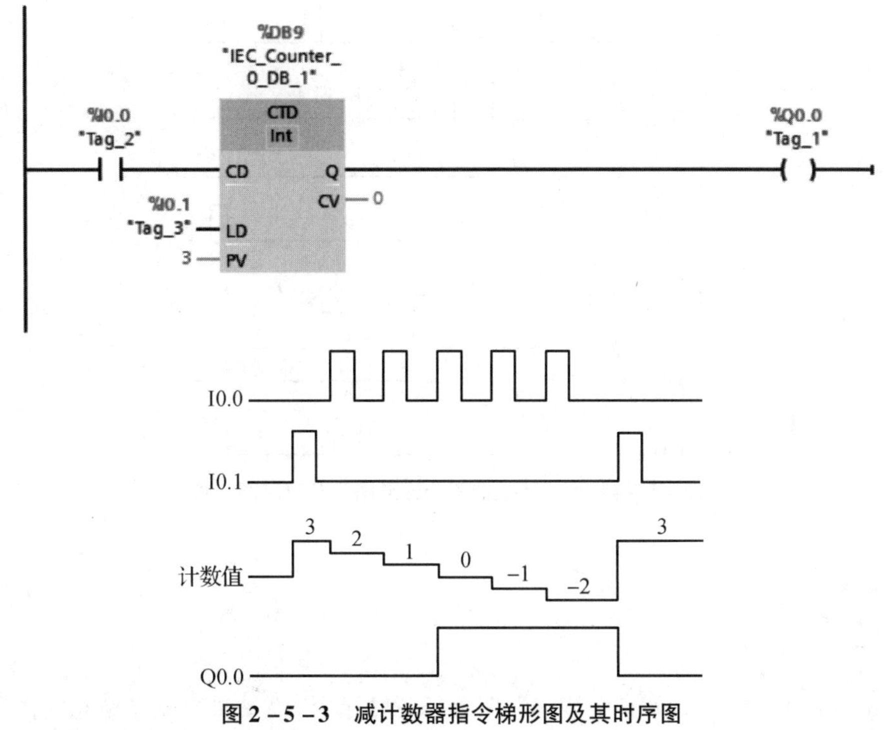

图2－5－3 减计数器指令梯形图及其时序图

3. 加减计数器指令

加减计数器指令梯形图及其时序图如图2－5－4所示。当在CU端检测到有上升沿时，加减计数器的当前值CV加1；当在CD端检测到上升沿时，加减计数器当前值减1；若CU和CD端同时检测到上升沿，则CV保持不变。若当前值CV大于或等于预设值PV，则QU端为接通状态；若当前值CV小于或等于0，则QD为接通状态。若R端检测到上升沿则将计数器清零，QD为“1”状态，QU为“0”状态；若LD端检测到上升沿则将预设值装载到计数器中，QU为“1”状态，QD为“0”状态。

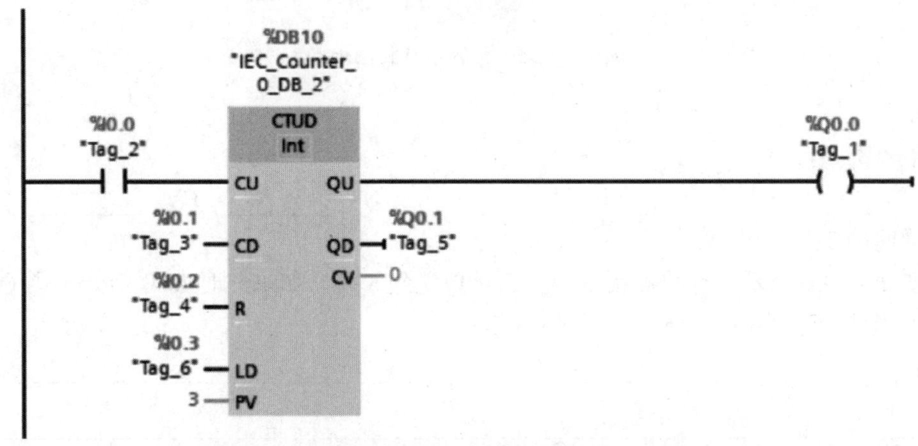

图2－5－4 加减计数器指令梯形图及其时序图

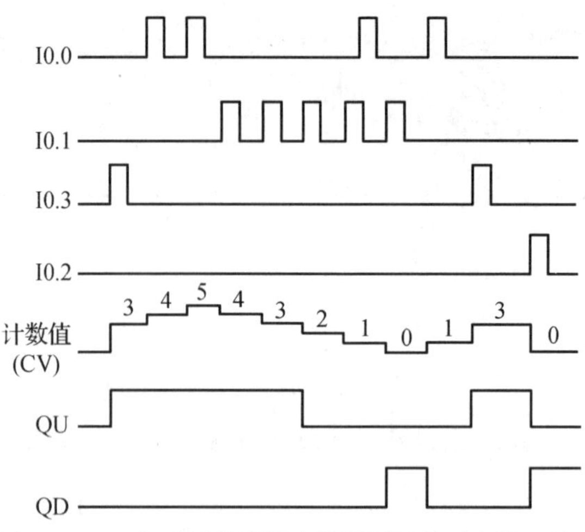

图 2 -5 -4　加减计数器指令梯形图及其时序图（续）

任务引导

认真阅读任务要求，理解任务内容，明确任务目标。请先查阅资料了解相关指令含义和用法，回答下列引导问题，做好相关知识准备。

引导问题 1：

请指出图 2 -5 -5 所示的计数器类型，并说出各参数的含义。

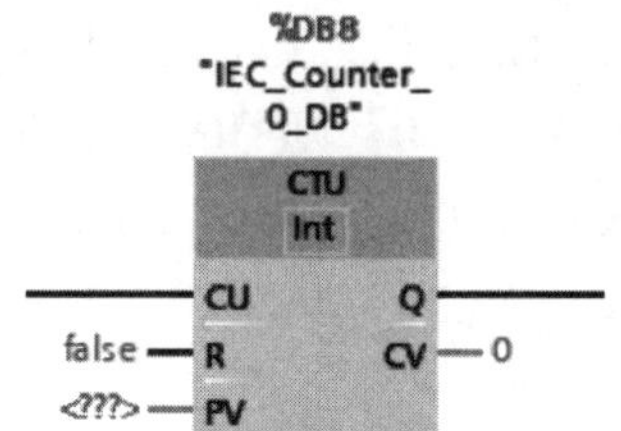

图 2 -5 -5　某类型计数器指令

计数器类型：________

CU：________　R：________　PV：________　Q：________　CV：________

引导问题 2：

在图 2 -5 -6 所示的计数器指令中，当计数达到 3 时，如果此时 I0.0 断开，则 Q0.0 是何状态？当计数达到 4 时，Q0.0 又是何状态？

答：____

____

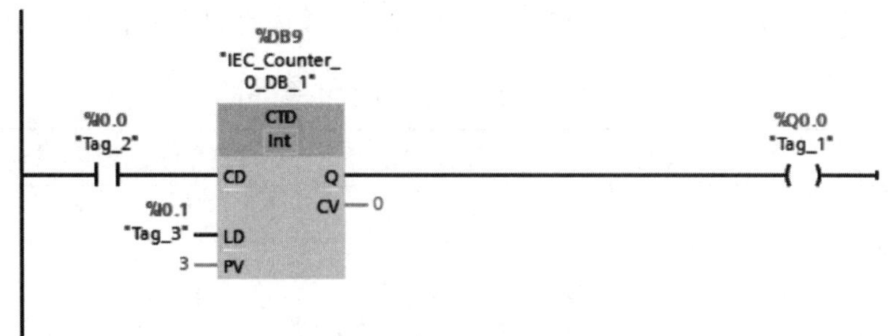

图 2－5－6　计数器梯形图

任务分组

小组讨论，制订任务方案，将工具及器件准备、PLC 原理图绘制、硬件电路连线、PLC 程序编写调试等工作任务分工填写在表 2－5－1 中。

表 2－5－1　组员分工

班级		小组编号		任务分工
组长		学号		
组员	（安全员）	学号		
		学号		
		学号		

制订计划

根据任务要求，结合实训室的设备配置，选取任务所需工具及材料，完成表 2－5－2 的填写。

表 2－5－2　工具及材料清单

序号	工具或材料名称	型号或规格	数量	备注

根据任务要求及实施方案，确定任务步骤及具体工作内容，完成表 2－5－3 的填写。

表 2－5－3　任务实施安排表

序号	工作内容	计划用时	备注

任务实施

电机循环启停程序设计

（1）列出 I/O 分配表（见表 2－5－4）。

表 2－5－4　PLC I/O 分配表

输入信号				输出信号			
序号	PLC 输入点	器件名称	功能说明	序号	PLC 输出点	器件名称	功能说明

（2）画出 PLC 的 I/O 接线图，并按照图纸、工艺要求、安全规范要求，安装完成 PLC 与外围设备的接线。（注意：需在断电情况下完成硬件电气接线。）

（3）完成 PLC 梯形图程序设计，并下载和调试程序。（注意：硬件电路通电前，请再次检查接线，确认无误后再上电。调试过程中，要严格执行安全操作规程的规定，小组安全员做好监督工作。）

（4）简述通过完成本次任务的收获。

（5）整理。各小组完成任务实施及总结以后，按照“6S”要求，对实训场所实施整理、整顿、清扫、清洁等，同时归还所借的工具和实训器件。

评价反馈

对任务实施情况进行评价，填入表2－5－5中。

表2－5－5 任务实施评价表

<table>
<tr><td>任务名称</td><td colspan="7"></td></tr>
<tr><td>班级</td><td></td><td>姓名</td><td colspan="2"></td><td></td><td>组号</td><td></td></tr>
<tr><td>评价项目</td><td>内容</td><td>配分</td><td colspan="2">评分要求</td><td>学生自评（20%）</td><td>组员互评（30%）</td><td>教师评价（50%）</td></tr>
<tr><td rowspan="7">专业能力（80分）</td><td>回答引导问题</td><td>5</td><td colspan="2">正确完成引导问题问答</td><td></td><td></td><td></td></tr>
<tr><td>配置I/O</td><td>10</td><td colspan="2">I/O分配合理</td><td></td><td></td><td></td></tr>
<tr><td>绘制电气图</td><td>10</td><td colspan="2">按任务要求完成电气接线图绘制，输入/输出点使用与I/O分配表对应无误</td><td></td><td></td><td></td></tr>
<tr><td>连接硬件</td><td>15</td><td colspan="2">按电气接线图正确连接硬件，元器件及导线选用正确合理</td><td></td><td></td><td></td></tr>
<tr><td>设计程序</td><td>25</td><td colspan="2">完成程序编辑，编译无语法错误，符合程序设计规范，简洁高效</td><td></td><td></td><td></td></tr>
<tr><td>调试程序</td><td>10</td><td colspan="2">按要求完成程序调试，能实现任务要求的全部功能</td><td></td><td></td><td></td></tr>
<tr><td>撰写报告</td><td>5</td><td colspan="2">按规定格式完成实训报告撰写，内容完整，描述准确、规范</td><td></td><td></td><td></td></tr>
<tr><td rowspan="6">综合素养（20分）</td><td>遵守课堂纪律</td><td>3</td><td colspan="2">遵循行业企业安全文明生产规程，自觉遵守课堂纪律</td><td></td><td></td><td></td></tr>
<tr><td>规范操作</td><td>5</td><td colspan="2">规范任务实施中的各项操作，防范安全事故，确保人、设备安全</td><td></td><td></td><td></td></tr>
<tr><td>6S管理</td><td>3</td><td colspan="2">按要求实施现场6S管理</td><td></td><td></td><td></td></tr>
<tr><td>团队合作</td><td>5</td><td colspan="2">工作任务分配合理，组员积极参与、沟通顺畅、配合默契</td><td></td><td></td><td></td></tr>
<tr><td>工作态度</td><td>2</td><td colspan="2">主动完成分配的任务，积极协助其他组员完成相关工作任务</td><td></td><td></td><td></td></tr>
<tr><td>创新意识</td><td>2</td><td colspan="2">主动探究，敢于尝试新方式方法</td><td></td><td></td><td></td></tr>
<tr><td colspan="5">小计</td><td></td><td></td><td></td></tr>
<tr><td colspan="5">总成绩</td><td colspan="3"></td></tr>
<tr><td>指导教师签字</td><td colspan="4"></td><td>日期</td><td colspan="2"></td></tr>
</table>

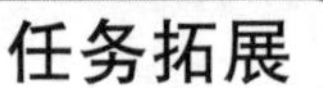

任务拓展

在前述任务基础上，增加一个系统指示灯，当数控车床启动加工时，该指示灯常亮；当数控车床完成加工任务时，该指示灯以 1 Hz 的频率闪烁，指示加工已完成；当按下停止按钮时，指示灯熄灭。

案例参考

案例：一条自动化生产线由传送带输送产品，在传送带上方有一产品检测装置，当检测装载启动后，每检测到 10 个产品机械手就会动作一次，机械手动作 10 s 后停止动作且重新开始下一次计数。

1. PLC 的 I/O 和变量分配

I/O 和变量分配如表 2－5－6 所示。

表 2－5－6　PLC I/O 分配表

输入信号				输出信号			
序号	PLC 输入点	器件名称	功能说明	序号	PLC 输出点	器件名称	功能说明
1	I0.0	SB1	传送带启动按钮	1	Q0.0	KM1	传送带启动电动机
2	I0.1	SB2	传送带停止按钮	2	Q0.1	KM2	机械手动作启动
3	I0.2	SB3	检测装置启动按钮				

2. 硬件电路接线方法

硬件电路接线图如图 2－5－7 所示。

3. 编写 PLC 程序

传送带检测控制 PLC 程序如图 2－5－8 所示。

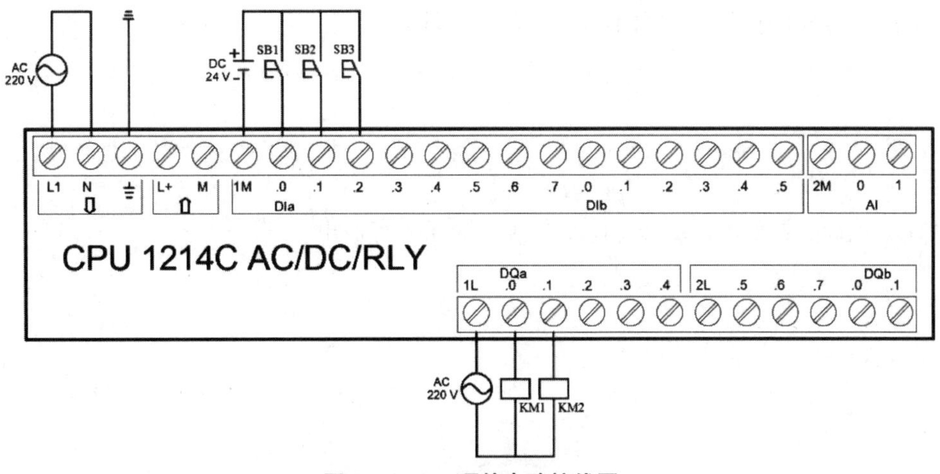

图 2－5－7　硬件电路接线图

%I0.0 "传送带启动按钮"　%I0.1 "传送带停止按钮"　%M0.0 "Tag_3"　%Q0.0 "传送带启动电机"

%Q0.0 "传送带启动电机"

%DB1 "IEC_Counter_0_DB"　CTU Int

%I0.2 "检测装置启动按钮"　CU　Q　%M0.0 "Tag_3"

%M0.1 "Tag_6" — R　CV — %MW1 "Tag_7"

10 — PV

%DB2 "IEC_Timer_0_DB"　TON Time

%M0.0 "Tag_3"　IN　Q　%M0.1 "Tag_6"

T#10S — PT　ET — %MD1 "Tag_8"

%M0.0 "Tag_3"　%M0.1 "Tag_6"　%Q0.1 "机械手动作启动"

图 2－5－8　传送带检测控制 PLC 程序

任务练习

（1）加计数器在满足什么条件下，Q 端有输出？如何复位？

（2）减计数器如何设定计数值？Q 端何时有输出？

（3）加减计数器的 QU 端和 QD 端在什么情况下有输出？

任务 2.6　交通灯控制系统设计与调试

学习情境

交通灯的主要作用是维护道路交通秩序，确保交通流畅和安全，因此，交通灯的可靠运行对加强道路交通管理、减少交通事故、提高道路使用效率起着关键作用。十字路口的交通灯系统通过对不同方向的红、黄、绿三色信号灯的控制，能够有效地管制交通，协调不同方向的车辆和行人通行，避免交通冲突，确保车辆和行人的安全。

教学目标

1. 知识目标

（1）理解比较指令的工作原理。

（2）掌握比较指令的应用。

2. 能力目标

（1）能够理解比较指令，并能够在 PLC 编程中合理地运用该指令。

（2）能够实现十字路口交通灯控制设计与调试要求。

3. 素质目标

（1）具备自我管理、团队精神和交往能力。

（2）诚实守信，具有完成任务和解决问题的能力。

（3）培养创新能力和自我学习能力。

任务要求

新建道路十字路口需安装交通灯系统。要求：按下启动按钮后，东西方向绿灯亮 25 s，接着闪烁 5 s，黄灯亮 5 s，红灯亮 30 s；同时，南北方向红灯亮 30 s，绿灯亮 25 s，接着闪烁 5 s，黄灯亮 5 s，如此循环。当按下停止按钮时，交通灯系统停止运行，灯全部熄灭。

小贴士

党的二十大报告提出，加快建设交通强国，为我国未来交通运输事业的发展提供了根本遵循。如今，我国交通基础设施建设取得了举世瞩目的成就。截至 2023 年 2 月，我国综合交通网突破 600 万千米，综合立体交通网加速成型，建成了全球最大的高速铁路网、高速公路网、世界级港口群，航空航海通达全球，邮政快递通村畅乡。其中，我国高铁里程增至 4.2 万千米，占世界高铁总里程的 2/3 以上，稳居世界第一。至 2022 年年底，我国高速公路通车里程 17.7 万千米，稳居世界第一。交通强国的美好蓝图正在一步步变成现实。

知识链接

1. 比较指令

S7-1200 PLC 中的比较指令是用来比较数据类型相同的两个数，当满足条件时有能流流出。操作数可以是 I、Q、L、M、D 存储区中的变量或常数。比较指令可比较的关系有 ==（等于）、< >（不等于）、>=（大于或等于）、<=（小于或等于）、>（大于）、<（小于），如图 2-6-1 所示。

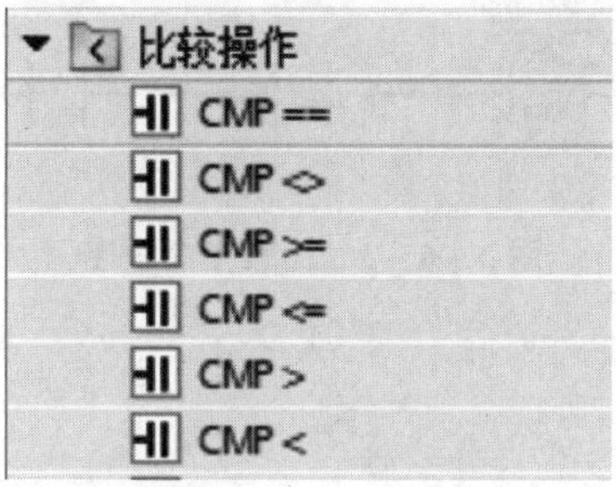

图 2-6-1　比较指令

2. IN_RANGE 与 OUT_RANGE 比较指令

范围内比较指令 IN_RANGE 与范围外比较指令 OUT_RANGE 可以等效为一个触点，当有能流流入，通过比较满足条件后又有能流流出。如图 2-6-2 中，若有能流流入指令框则执行比较指令，如果满足条件 -100≤MW10≤300，MW11 < -100 或 MW11 > 300 则有能流流出；若无能流流入指令框则不执行比较，没有能流流出。指令中 MIN、VAL、MAX 的数据类型必须一致。

3. OK 与 NOT_OK 比较指令

OK 与 NOT_OK 比较指令是用来检查指令上方的操作数的数据类型是否为浮点型。如满足条件，则有能流流出。

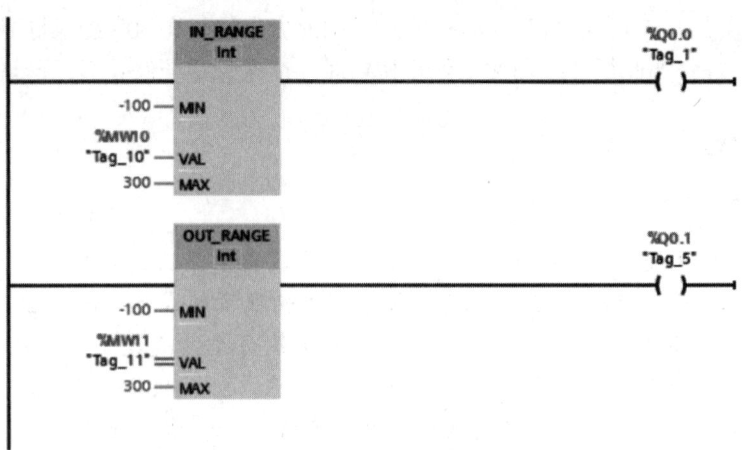

图 2－6－2　范围内与范围外比较指令

任务引导

认真分析任务，明确任务目标。为顺利完成任务，提前查阅相关资讯，并回答下列引导问题。

引导问题：

请指出图 2－6－3 中哪个比较指令是错误的，在下面横线上改正。

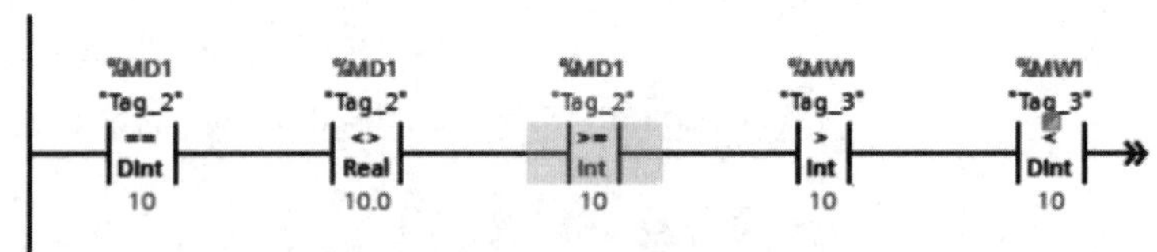

图 2－6－3　比较指令程序

任务分组

小组讨论，制订任务方案，将工具及器件准备、PLC 原理图绘制、硬件电路连线、PLC 程序编写调试等工作任务分工填写在表 2－6－1 中。

表 2－6－1　组员分工表

班级		小组编号		任务分工
组长		学号		
组员	（安全员）	学号		
		学号		
		学号		

制订计划

根据任务要求，结合实训室的设备配置，选取任务所需工具及材料，完成表2－6－2的填写。

表2－6－2 工具及材料清单

序号	工具或材料名称	型号或规格	数量	备注

根据任务要求及实施方案，确定任务步骤及具体工作内容，完成表2－6－3的填写。

表2－6－3 任务实施安排表

序号	工作内容	计划用时	备注

任务实施

（1）列出I/O分配表（见表2－6－4）。

表 2-6-4 PLC I/O 分配表

输入信号				输出信号			
序号	PLC 输入点	器件名称	功能说明	序号	PLC 输出点	器件名称	功能说明

(2) 画出 PLC 的 I/O 接线图，并按照图纸、工艺要求、安全规范要求，完成 PLC 与外围设备的接线。(注意：需在断电情况下完成硬件电气接线。)

十字路口交通灯程序设计

(3) 完成 PLC 梯形图程序设计，并下载和调试程序。(注意：硬件电路通电前，请再次检查接线，确认无误后再上电。调试过程中，要严格执行安全操作规程的规定，小组安全员做好监督工作。)

(4) 简述通过完成本次任务的收获。

(5) 整理。各小组完成任务实施及总结以后，按照“6S”要求，对实训场所实施整理、整顿、清扫、清洁等，同时归还所借的工具和实训器件。

评价反馈

对任务实施情况进行评价，填入表2－6－5中。

表2－6－5　任务实施评价表

<table>
<tr><td>任务名称</td><td colspan="7"></td></tr>
<tr><td>班级</td><td></td><td>姓名</td><td>学号</td><td></td><td>组号</td><td></td></tr>
<tr><td>评价项目</td><td>内容</td><td>配分</td><td>评分要求</td><td>学生自评（20%）</td><td>组员互评（30%）</td><td>教师评价（50%）</td></tr>
<tr><td rowspan="7">专业能力（80分）</td><td>回答引导问题</td><td>5</td><td>正确完成引导问题问答</td><td></td><td></td><td></td></tr>
<tr><td>配置I/O</td><td>10</td><td>I/O分配合理</td><td></td><td></td><td></td></tr>
<tr><td>绘制电气图</td><td>10</td><td>按任务要求完成电气接线图绘制，输入/输出点使用与I/O分配表对应无误</td><td></td><td></td><td></td></tr>
<tr><td>连接硬件</td><td>15</td><td>按电气接线图正确连接硬件，元器件及导线选用正确合理</td><td></td><td></td><td></td></tr>
<tr><td>设计程序</td><td>25</td><td>完成程序编辑，编译无语法错误，符合程序设计规范，简洁高效</td><td></td><td></td><td></td></tr>
<tr><td>调试程序</td><td>10</td><td>按要求完成程序调试，能实现任务要求的全部功能</td><td></td><td></td><td></td></tr>
<tr><td>撰写报告</td><td>5</td><td>按规定格式完成实训报告撰写，内容完整，描述准确、规范</td><td></td><td></td><td></td></tr>
<tr><td rowspan="6">综合素养（20分）</td><td>遵守课堂纪律</td><td>3</td><td>遵循行业企业安全文明生产规程，自觉遵守课堂纪律</td><td></td><td></td><td></td></tr>
<tr><td>规范操作</td><td>5</td><td>规范任务实施中的各项操作，防范安全事故，确保人、设备安全</td><td></td><td></td><td></td></tr>
<tr><td>6S管理</td><td>3</td><td>按要求实施现场6S管理</td><td></td><td></td><td></td></tr>
<tr><td>团队合作</td><td>5</td><td>工作任务分配合理，组员积极参与、沟通顺畅、配合默契</td><td></td><td></td><td></td></tr>
<tr><td>工作态度</td><td>2</td><td>主动完成分配的任务，积极协助其他组员完成相关工作任务</td><td></td><td></td><td></td></tr>
<tr><td>创新意识</td><td>2</td><td>主动探究，敢于尝试新方式方法</td><td></td><td></td><td></td></tr>
<tr><td colspan="4">小计</td><td></td><td></td><td></td></tr>
<tr><td colspan="4">总成绩</td><td colspan="3"></td></tr>
<tr><td>指导教师签字</td><td colspan="3"></td><td>日期</td><td colspan="2"></td></tr>
</table>

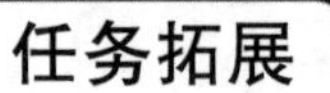

任务拓展

基于前面交通灯系统任务的基础，增加两组数码管，每组两个数码管，用于显示当前红绿灯的倒计时时间（单位：s）。

案例参考

案例：在节日或者晚会中，为了烘托气氛，在现场往往布置一些彩灯并使其按一定的规律闪烁。现要求使用 S7－1200 PLC 设计一个晚会彩灯控制系统，能够使彩灯按规律闪烁，当按下启动按钮时，第 1 盏灯点亮，1 s 后第 1 盏灯熄灭且第 2 盏灯点亮，1 s 后第 2 盏灯熄灭且第 3 盏灯点亮，依此直到第 8 盏灯点亮 1 s 后熄灭，然后重复上述步骤。当按下停止按钮时，8 盏灯会全部熄灭，不再点亮。

1. PLC 的 I/O 和变量分配

I/O 和变量分配如表 2－6－6 所示。

表 2－6－6　PLC I/O 分配表

输入信号				输出信号			
序号	PLC 输入点	器件名称	功能说明	序号	PLC 输出点	器件名称	功能说明
1	I0.0	SB1	启动按钮	1	Q0.0	HL1	彩灯 1 点亮
2	I0.1	SB2	停止按钮	2	Q0.1	HL2	彩灯 2 点亮
				3	Q0.2	HL3	彩灯 3 点亮
				4	Q0.3	HL4	彩灯 4 点亮
				5	Q0.4	HL5	彩灯 5 点亮
				6	Q0.5	HL6	彩灯 6 点亮
				7	Q0.6	HL7	彩灯 7 点亮
				8	Q0.7	HL8	彩灯 8 点亮

2. 硬件电路接线方法

硬件电路接线如图 2－6－4 所示。

3. 编写 PLC 程序

彩灯闪烁控制程序如图 2－6－5 所示。

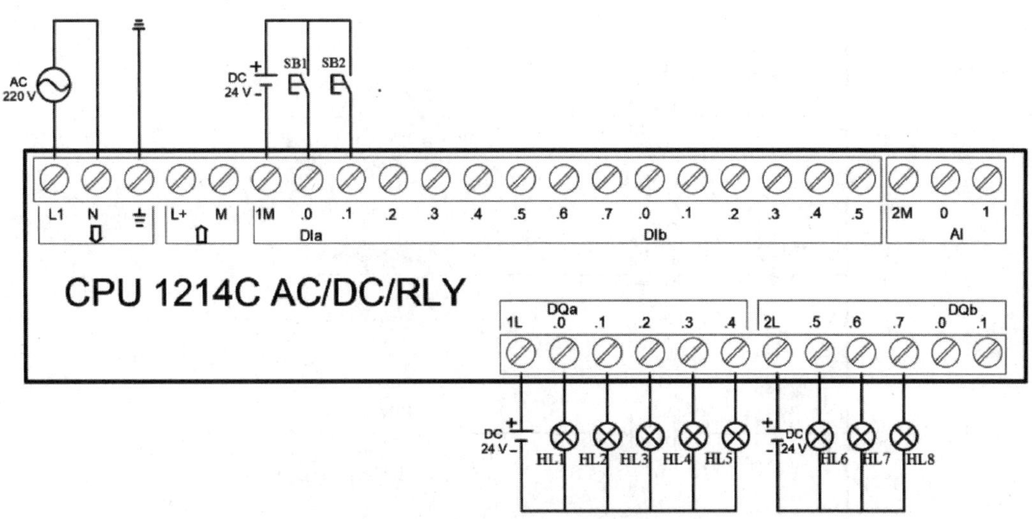

图2－6－4 硬件电路接线图

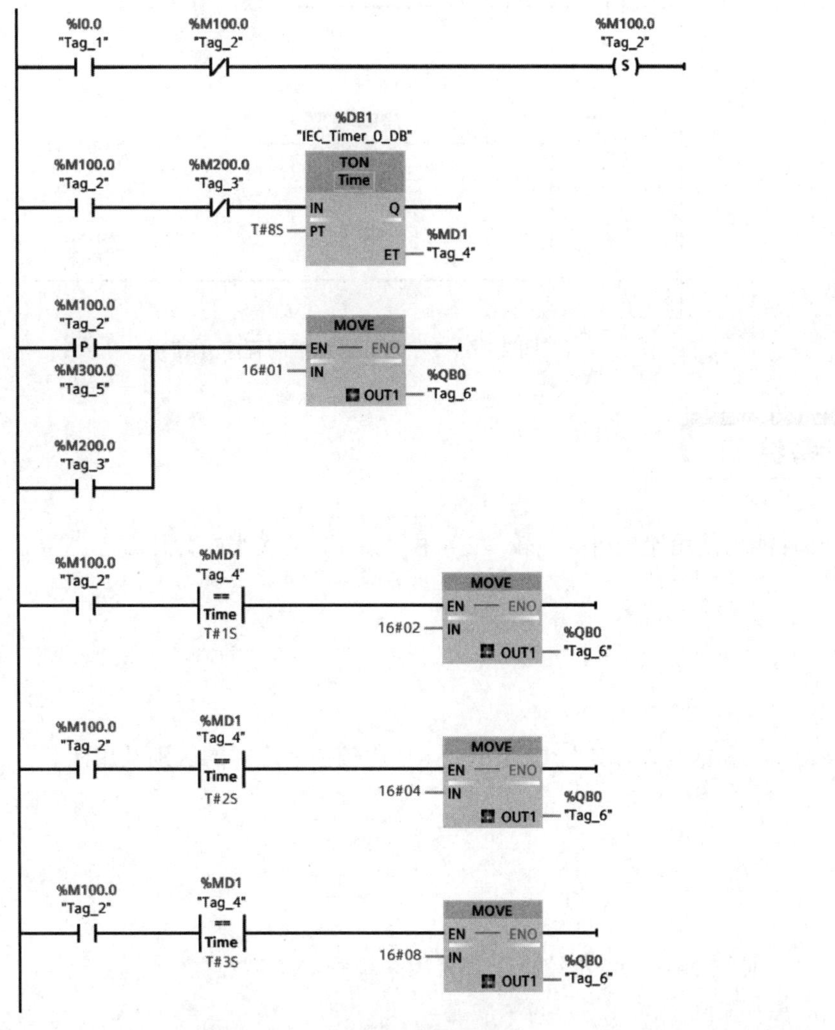

图2－6－5 彩灯闪烁控制程序

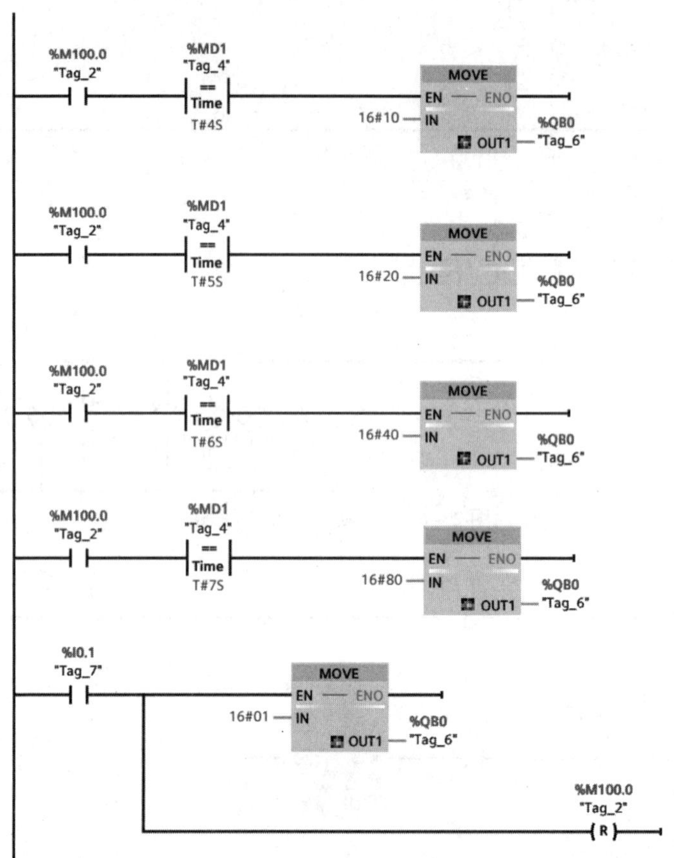

图 2－6－5　彩灯闪烁控制程序（续）

任务练习

（1）能否使用比较指令比较“2”和“2.6”的大小？为什么？

（2）简述 IN_RANGE 与 OUT_RANGE 比较指令之间的区别及用法。

（3）OK 与 NOT_OK 比较指令能否用来检查 INT 型数据？

任务 2.7　工程材料自动装车系统设计与调试

学习情境

2023 年 10 月 2 日，雅万高铁正式建成运营。它是中国高铁第一次全系统、全要素、全产业链海外建设项目，全线采用中国技术、中国标准，是中国和印度尼西亚两国共建“一带一路”倡议的标志性成果。雅万高铁将成为一条全面服务印尼人民的发展之路、民生之路、共赢之路。在此高铁建设中，采用了大量的自动化装备和技术。

教学目标

1. 知识目标

(1) 掌握配料自动装车控制系统设计思路。

(2) 理解配料自动装车系统工作各环节的逻辑关系。

(3) 掌握顺序功能图的设计方法。

2. 能力目标

(1) 能使用 S7－1200 PLC 编程完成自动配料逻辑控制。

(2) 能完成配料自动装车控制系统程序的在线调试。

(3) 能完成配料自动装车系统的 HMI 控制系统开发。

3. 素质目标

(1) 培养服务民族工业发展的爱国情怀。

(2) 培养团结协作的合作精神。

(3) 培养严谨细致的作风。

任务要求

某高铁项目的建设中，需要设计一套工程材料自动装车系统，能完成材料的自动化传送和装车。该系统由料斗、传送带、位置检测传感器等组成。传送带由传动电动机 M1～M4 组成，设置开关 A～D 完成物料的运送、故障停止等功能，电动机每经过 2 s 延时，依次启动一条传送带。系统能自动检测运输车辆到位情况及对车辆进行自动装料。当车装满时，系统自动停止装料。当检查到料斗物料不足时，停止装料并自动进料。

小贴士

科技创新能够催生新产业、新模式、新动能，是发展新质生产力的核心要素。必须加强科技创新特别是原创性、颠覆性科技创新，加快实现高水平科技自立自强，打好关键核心技术攻坚战，使原创性、颠覆性科技创新成果竞相涌现，培育发展新质生产力的新动能。

——习近平 2024 年 1 月 31 日在二十届中央政治局第十一次集体学习时的讲话

知识链接

顺序功能图，也称功能流程图或状态转移图，是一种图形化的功能性说明语言，专用于描述工业顺序控制程序设计的一种功能说明性语言。它能形象、直观、完整地描述控制系统的工作过程、功能和特性，是分析、设计电气控制系统控制程序的重要工具。使用它可以使程序设计变得思路清晰和简单。顺序功能图由“状态”“转移”“动作”及有向线段等元素组成，其中，“状态”也称为“步”。

（1）步：顺序控制设计的基本思想是将系统的一个周期划分为若干个顺序相连的阶段，这些阶段称为步（Step），并用编程元件（如位存储器 M）来表示各步。

（2）初始步和活动步：各顺序控制程序必须有一个初始状态，初始状态对应顺序控制程序运行的起点。初始步用双线方框表示，每一个顺序控制功能图至少应该有一个初始步。

（3）动作：某一步执行的工作或命令统称为动作，用矩形框的文字或变量表示动作，并将该方框与对应的步相连。

（4）有向连线：有向连线表示步的转换方向。

（5）转移与转移条件：转移用与有向连线垂直的短划线来表示，将相邻两步分隔开，转移条件标注在转移短线的旁边。

在顺序功能图中，步与步之间在实现转换时，以前级步的活动结束作为条件，使后级步的活动开始，步之间没有重叠，从而使系统中大量复杂的联锁关系问题在步的转换中得以解决。对于每个步的程序段，只需要处理极其简单的逻辑关系。

顺序控制的优点：一是可以清晰、简洁地按顺序去划分阶段性程序的动作，方便编程；二是监控程序时，能够清晰地知晓程序当前运行到哪一步，如程序运行出错了，能够快速找到问题点，方便调试、维护。

下面以三台电动机顺序启动控制为例，根据顺序功能图编写 PLC 程序的方法。

案例 1：现有三台电动机，当按下启动按钮，第 1 台电动机 M1 启动，运行 5 s 后，第 2 台电动机 M2 启动，M2 运行 15 s 后，第 3 台电动机 M3 启动。按下停止按钮，三台电动机全部停机。根据案例要求，分配 PLC 的 I/O，I0.0～I0.2 分别接启动、停止按钮及热继电器，Q0.0～Q0.2 分别控制三台电动机，则顺序功能图如图 2－7－1 所示。

根据三台电动机顺序启动的顺序功能图，设计 PLC 程序如下：

（1）根据案例中对 PLC I/O 的分配，设置 PLC 变量，如图 2－7－2 所示。

（2）根据图 2－7－1 顺序功能图，对应的 PLC 程序如图 2－7－3 所示。

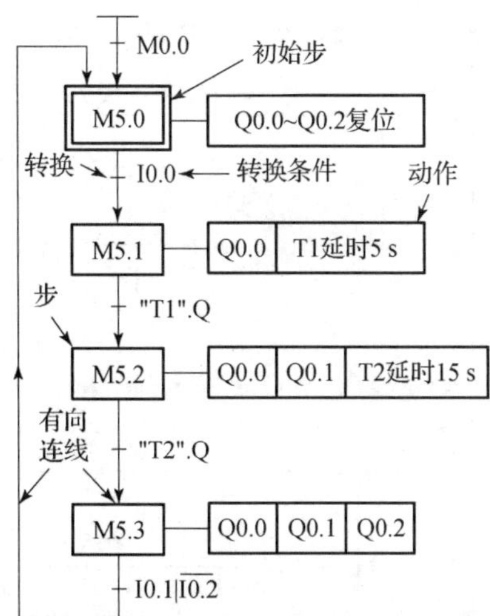

图 2－7－1　三台电动机顺序启动的顺序功能图

项目变量

		名称	数据类型	地址	保持	从 H...	从 H...	在 H...
1		启动	Bool	%I0.0	☐	☑	☑	☑
2		停止	Bool	%I0.1	☐	☑	☑	☑
3		过载保护	Bool	%I0.2	☐	☑	☑	☑
4		电动机M1	Bool	%Q0.0	☐	☑	☑	☑
5		电动机M2	Bool	%Q0.1	☐	☑	☑	☑
6		电动机M3	Bool	%Q0.2	☐	☑	☑	☑
7		初始步	Bool	%M5.0	☐	☑	☑	☑
8		步1	Bool	%M5.1	☐	☑	☑	☑
9		步2	Bool	%M5.2	☐	☑	☑	☑
10		步3	Bool	%M5.3	☐	☑	☑	☑

图 2－7－2　PLC 程序变量分配

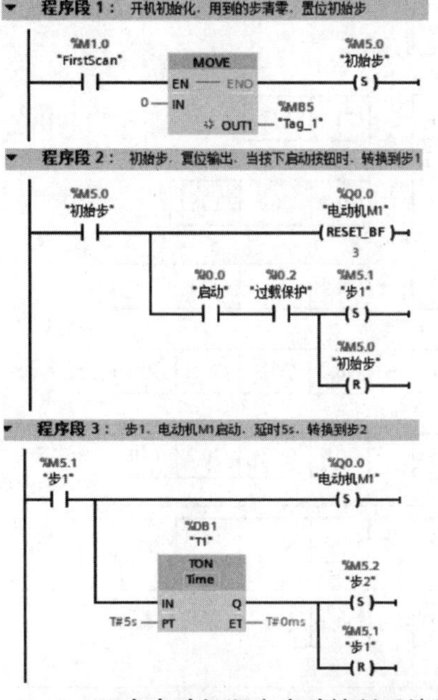

图 2－7－3　三台电动机顺序启动控制系统程序

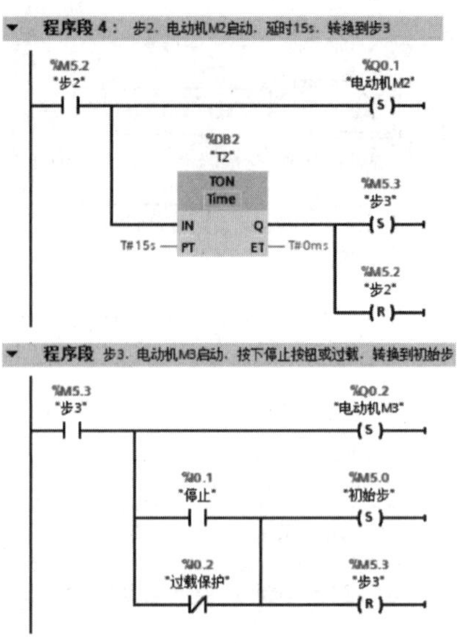

图 2-7-3　三台电动机顺序启动控制系统程序（续）

案例 2：现有一个用 4 条传送带构成的四级传送系统，分别用四台电动机带动。控制要求如下：按下启动按钮时，按照第 4 级—第 1 级传送带的顺序启动所有传送带，间隔时间均为 5 s；按停止按钮时，按照第 1 级—第 4 级传送带的顺序依次停止，间隔时间均为 5 s。系统工作中当某级传送带的电动机发生故障时，该传送带前面的传送带立即停止，后面传送带依次延时 5 s 后停止，如为第 4 级传送发生故障，则所有传送带立即停止。

根据上述案例要求，分配 PLC 的 I/O，I0.0 接启动按钮，I0.1 为停止按钮，I0.2～I0.5 分别为第 4 级～第 1 级传送带的故障输入信号。四级传送系统顺序功能图如图 2-7-4 所示。

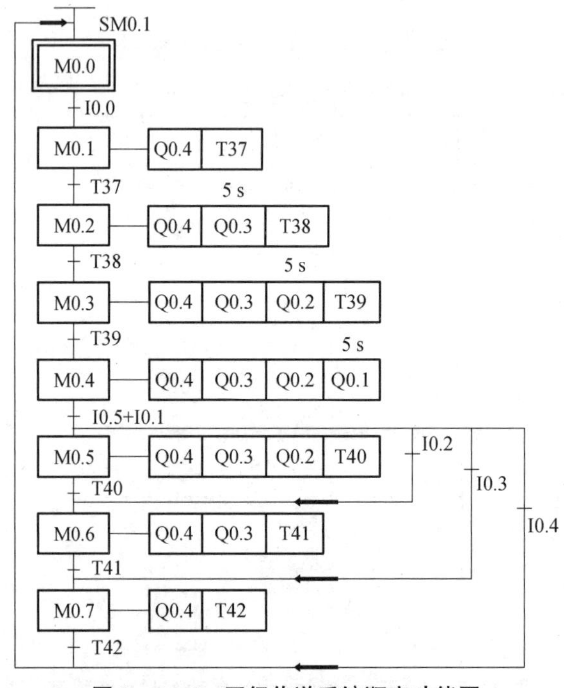

图 2-7-4　四级传送系统顺序功能图

根据上述四级传送系统的顺序功能图，编写 PLC 控制程序如图 2－7－5 所示。

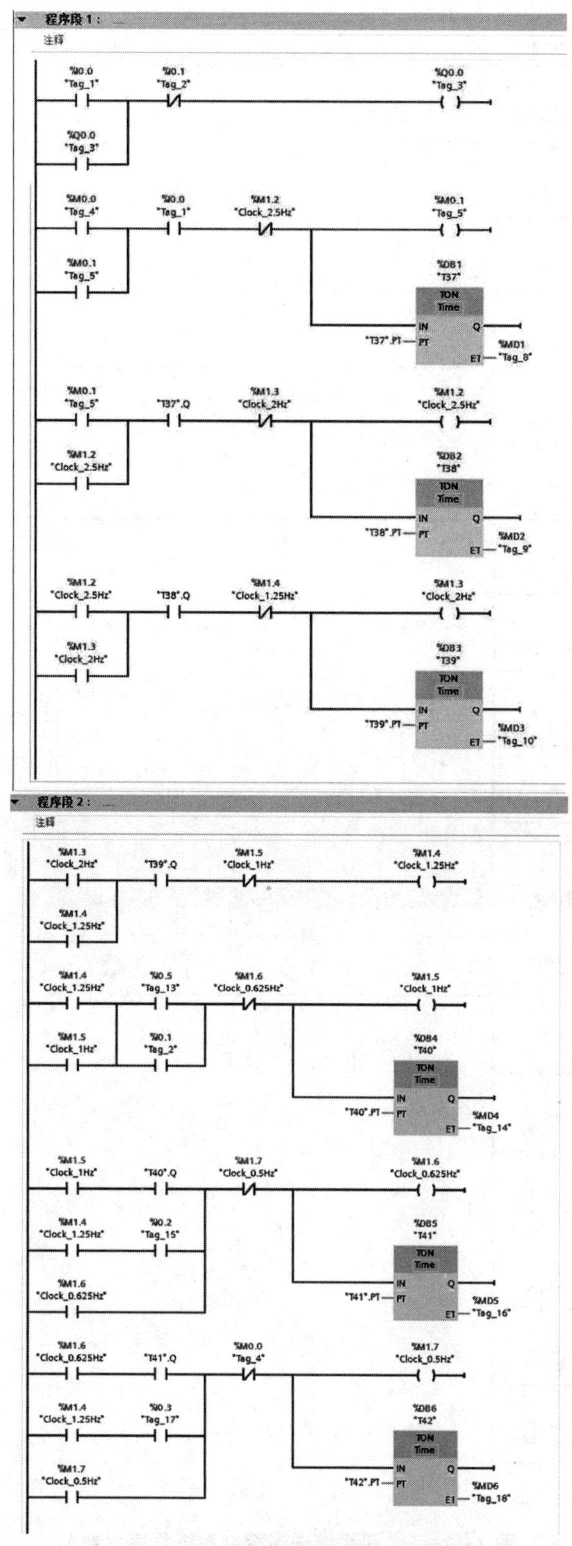

图 2－7－5　四级传送带控制系统程序

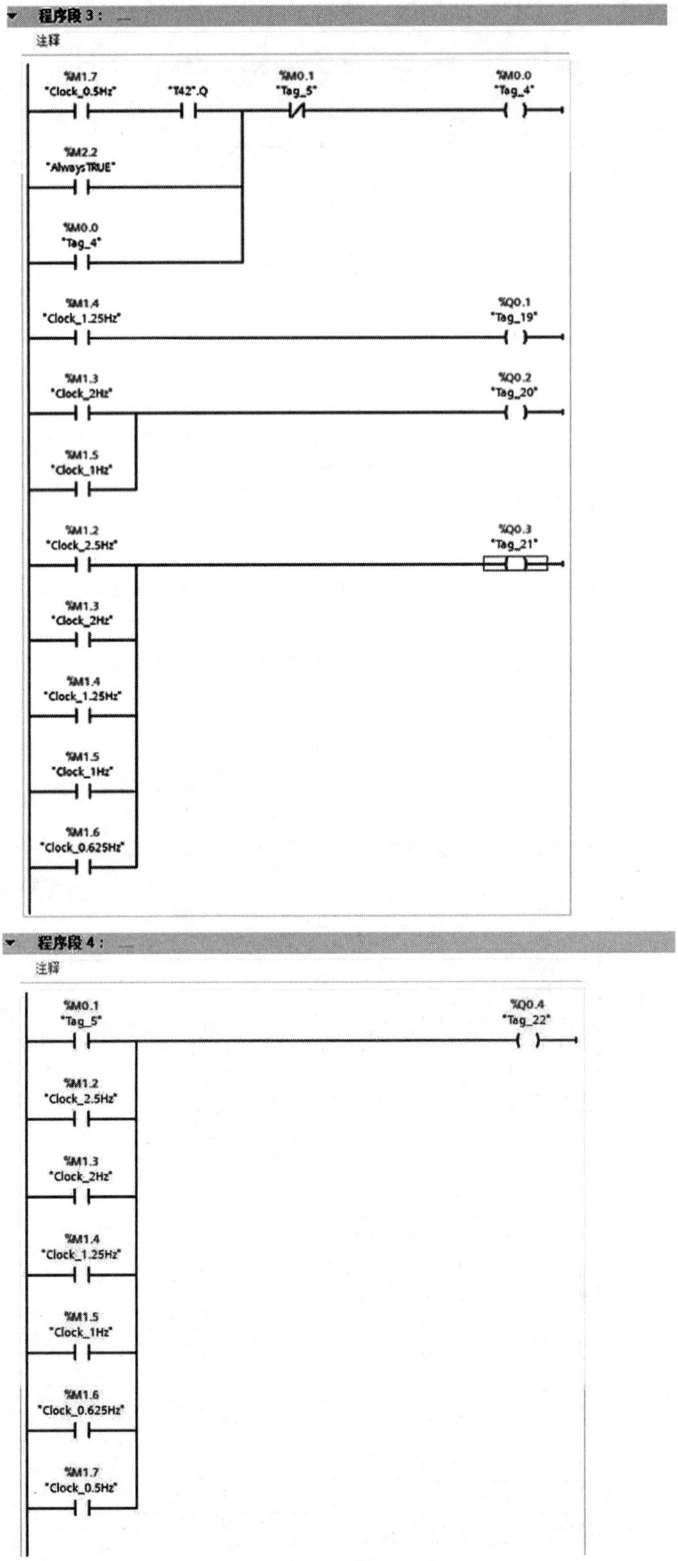

程序段3：……

注释

%M1.7 "Clock_0.5Hz"
"T42".Q
%M0.1 "Tag_5"
%M0.0 "Tag_4"
%M2.2 "AlwaysTRUE"
%M0.0 "Tag_4"
%M1.4 "Clock_1.25Hz"
%Q0.1 "Tag_19"
%M1.3 "Clock_2Hz"
%Q0.2 "Tag_20"
%M1.5 "Clock_1Hz"
%M1.2 "Clock_2.5Hz"
%Q0.3 "Tag_21"
%M1.3 "Clock_2Hz"
%M1.4 "Clock_1.25Hz"
%M1.5 "Clock_1Hz"
%M1.6 "Clock_0.625Hz"

程序段4：……

注释

%M0.1 "Tag_5"
%Q0.4 "Tag_22"
%M1.2 "Clock_2.5Hz"
%M1.3 "Clock_2Hz"
%M1.4 "Clock_1.25Hz"
%M1.5 "Clock_1Hz"
%M1.6 "Clock_0.625Hz"
%M1.7 "Clock_0.5Hz"

图2－7－5　四级传送带控制系统程序（续）

任务引导

认真分析任务，明确任务目标。为顺利完成任务，提前查阅相关资讯，并回答下列引导问题。

引导问题1：

S7-1200 PLC 实现物理量输出，应该选择哪些设备？

引导问题2：

S7-1200 PLC 实现物理量输出，PLC 的 I/O 和变量分配表应该怎么设计？

引导问题3：

要实现物理量输出，应如何在 PLC 上连接硬件电路？

引导问题4：

要实现四节传送带与自动配料装车系统的控制流程分别是什么？PLC 程序怎么写？

任务分组

小组讨论，制订任务方案，将工具及器件准备、PLC 原理图绘制、硬件电路连线、PLC 程序编写调试等工作任务分工填写在表2-7-1中。

表2-7-1 组员分工

班级		小组编号		任务分工
组长		学号		
组员	（安全员）	学号		
		学号		
		学号		

制订计划

根据任务要求，结合实训室的设备配置，选取任务所需工具及材料，完成表 2－7－2 的填写。

表 2－7－2　工具及材料清单

序号	工具或材料名称	型号或规格	数量	备注

根据任务要求及实施方案，确定任务步骤及具体工作内容，完成表 2－7－3 的填写。

表 2－7－3　任务实施安排表

序号	工作内容	计划用时	备注

任务实施

（1）列出 I/O 分配表（见表 2 - 7 - 4）。

表 2 - 7 - 4　PLC I/O 分配表

输入				输出			
序号	输入点	器件名称	功能说明	序号	输出点	器件名称	功能说明

（2）画出 PLC 的 I/O 接线图，并按照图纸、工艺要求、安全规范要求，完成 PLC 与外围设备的接线。（注意：需在断电情况下完成硬件电气接线。）

（3）完成 PLC 梯形图程序设计，并下载和调试程序。（注意：硬件电路通电前，请再次检查接线，确认无误后再上电。调试过程中，要严格执行安全操作规程的规定，小组安全员做好监督工作。）

（4）简述通过完成本次任务的收获。

（5）整理。各小组完成任务实施及总结以后，按照“6S”要求，对实训场所实施整理、整顿、清扫、清洁等，同时归还所借的工具和实训器件。

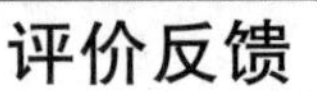

评价反馈

对任务实施情况进行评价，填入表 2－7－5 中。

表 2－7－5　任务实施评价表

<table>
<tr><td>任务名称</td><td colspan="8"></td></tr>
<tr><td>班级</td><td></td><td>姓名</td><td></td><td>学号</td><td colspan="2"></td><td>组号</td><td></td></tr>
<tr><td>评价项目</td><td>内容</td><td>配分</td><td colspan="3">评分要求</td><td>学生自评（20%）</td><td>组员互评（30%）</td><td>教师评价（50%）</td></tr>
<tr><td rowspan="7">专业能力（80 分）</td><td>回答引导问题</td><td>5</td><td colspan="3">正确完成引导问题问答</td><td></td><td></td><td></td></tr>
<tr><td>配置 I/O</td><td>10</td><td colspan="3">I/O 分配合理</td><td></td><td></td><td></td></tr>
<tr><td>绘制电气图</td><td>10</td><td colspan="3">按任务要求完成电气接线图绘制，输入/输出点使用与 I/O 分配表对应无误</td><td></td><td></td><td></td></tr>
<tr><td>连接硬件</td><td>15</td><td colspan="3">按电气接线图正确连接硬件，元器件及导线选用正确合理</td><td></td><td></td><td></td></tr>
<tr><td>设计程序</td><td>25</td><td colspan="3">完成程序编辑，编译无语法错误，符合程序设计规范，简洁高效</td><td></td><td></td><td></td></tr>
<tr><td>调试程序</td><td>10</td><td colspan="3">按要求完成程序调试，能实现任务要求的全部功能</td><td></td><td></td><td></td></tr>
<tr><td>撰写报告</td><td>5</td><td colspan="3">按规定格式完成实训报告撰写，内容完整，描述准确、规范</td><td></td><td></td><td></td></tr>
<tr><td rowspan="6">综合素养（20 分）</td><td>遵守课堂纪律</td><td>3</td><td colspan="3">遵循行业企业安全文明生产规程，自觉遵守课堂纪律</td><td></td><td></td><td></td></tr>
<tr><td>规范操作</td><td>5</td><td colspan="3">规范任务实施中的各项操作，防范安全事故，确保人、设备安全</td><td></td><td></td><td></td></tr>
<tr><td>6S 管理</td><td>3</td><td colspan="3">按要求实施现场 6S 管理</td><td></td><td></td><td></td></tr>
<tr><td>团队合作</td><td>5</td><td colspan="3">工作任务分配合理，组员积极参与、沟通顺畅、配合默契</td><td></td><td></td><td></td></tr>
<tr><td>工作态度</td><td>2</td><td colspan="3">主动完成分配的任务，积极协助其他组员完成相关工作任务</td><td></td><td></td><td></td></tr>
<tr><td>创新意识</td><td>2</td><td colspan="3">主动探究，敢于尝试新方式方法</td><td></td><td></td><td></td></tr>
<tr><td colspan="6">小计</td><td></td><td></td><td></td></tr>
<tr><td colspan="6">总成绩</td><td colspan="3"></td></tr>
<tr><td colspan="2">指导教师签字</td><td colspan="4"></td><td>日期</td><td colspan="2"></td></tr>
</table>

任务拓展

使用S7－1200 PLC，在以上任务基础上增加计数器指令的使用，要求使用计数器指令记录每日配料装车总次数。

案例参考

自动配料装车系统设计

案例1：自动配料装车系统设计

1. 实训设备

实训设备如表2－7－6所示。

表2－7－6 实训设备一览表

序号	名称	型号与规格	数量	备注
1	实训装置	THPFSM－2	1	
2	实训挂箱	A13	1	
3	导线	3号	若干	
4	通信编程电缆	平行网线	1	
5	计算机（安装博途软件）		1	

2. 实训设备面板结构图

实训设备面板结构如图2－7－6所示。

3. 控制要求

（1）总体控制要求：如面板图所示，系统由料斗、传送带、检测系统组成。配料装置能自动识别货车到位情况及对货车进行自动配料，当车装满时，配料系统自动停止配料。料斗物料不足时停止配料并自动进料。

（2）打开“启动”开关，红灯L2灭，绿灯L1亮，表明允许汽车开进装料。料斗出料口D2关闭，若物料检测传感器S1置为OFF（料斗中的物料不满），进料阀开启进料（D4亮）。当S1置为ON（料斗中的物料已满），则停止进料（D4灭）。电动机M1、M2、M3和M4均为OFF。

（3）当汽车开进装车位置时，限位开关SQ1置为ON，红灯信号灯L2亮，绿灯L1灭；同时启动电动机M4，经过1 s后，再启动M3，再经2 s后启动M2，再经过1 s最后启动M1，再经过1 s后才打开出料阀（D2亮），物料经料斗出料。

（4）当车装满时，限位开关SQ2为ON，料斗关闭，1 s后M1停止，M2在M1停止1 s后停止，M3在M2停止1 s后停止，M4在M3停止1 s后最后停止。同时红灯L2灭，绿灯L1亮，表明汽车可以开走。

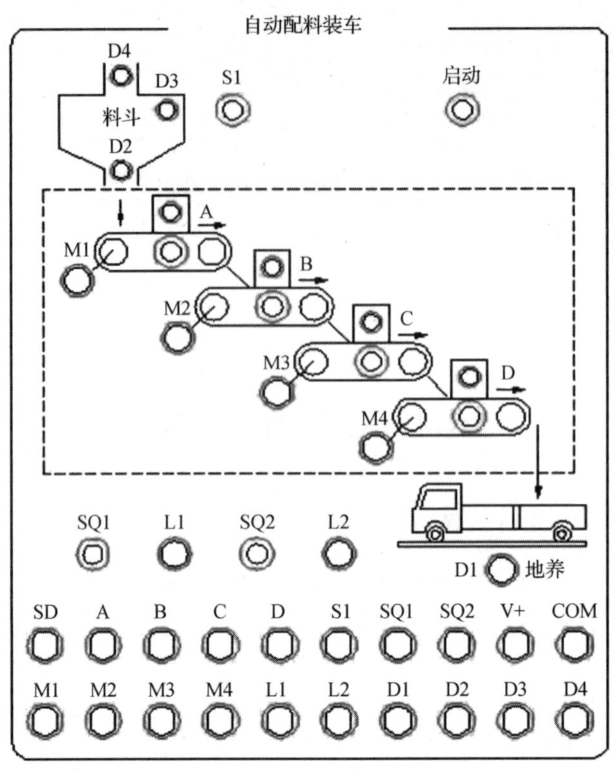

图 2-7-6　实训设备面板结构图

(5) 关闭“启动”开关，自动配料装车的整个系统停止运行。

4. 程序流程图

程序流程图如图 2-7-7 所示。

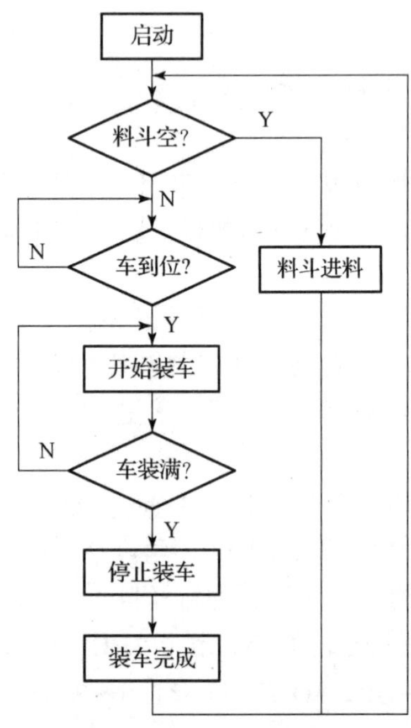

图 2-7-7　程序流程图

5. 端口分配及接线图

(1) PLC I/O 分配表如表 2 - 7 - 7 所示。

表 2 - 7 - 7　PLC I/O 分配表

输入信号				输出信号			
序号	PLC 输入点	器件名称	功能说明	序号	PLC 输出点	器件名称	功能说明
1	I0. 0	SD	启动 (SD)	1	Q0. 0	M1	电动机 M1
2	I0. 1	SQ1	运料车到位检测	2	Q0. 1	M2	电动机 M2
3	I0. 2	SQ2	运料车物料检测	3	Q0. 2	M3	电动机 M3
4	I0. 3	S1	料斗物料检测	4	Q0. 3	M4	电动机 M4
				5	Q0. 4	L1	允许车进出
				6	Q0. 5	L2	运料车到位指示
				7	Q0. 6	D1	运料车装满指示
				8	Q0. 7	D2	料斗下料
				9	Q1. 0	D3	料斗物料充足指示
				10	Q1. 1	D4	料斗进料

注意：主机 1M、面板 V + 接电源 +24 V，主机 1L、2L、面板 COM 接电源 GND。

(2) PLC 外部接线图如图 2 - 7 - 8 所示。

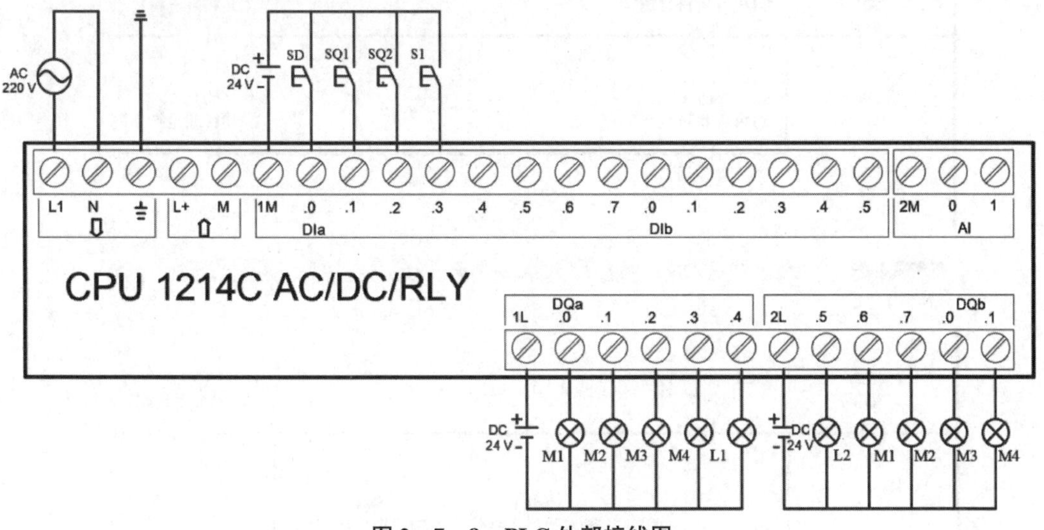

图 2 - 7 - 8　PLC 外部接线图

(3) PLC 组态图如图 2 - 7 - 9 所示。

6. 程序设计

自动配料装车系统 PLC 程序如图 2 - 7 - 10 所示。

10 自动配料装车...
DI 8x24VDC/DQ 8x...
103
102
101
1
2
3
4
Rack_0

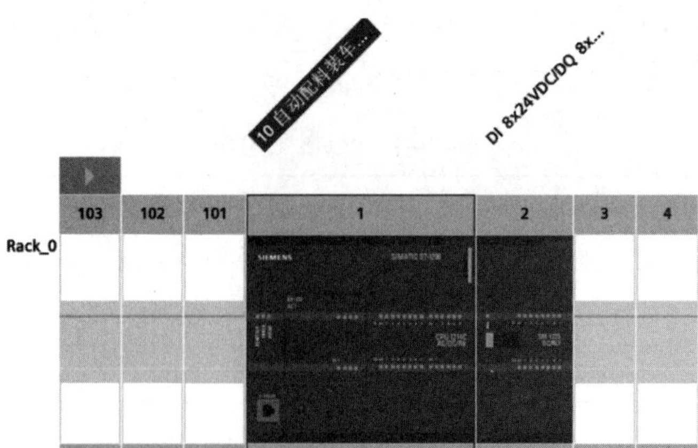

图 2-7-9　PLC 组态图

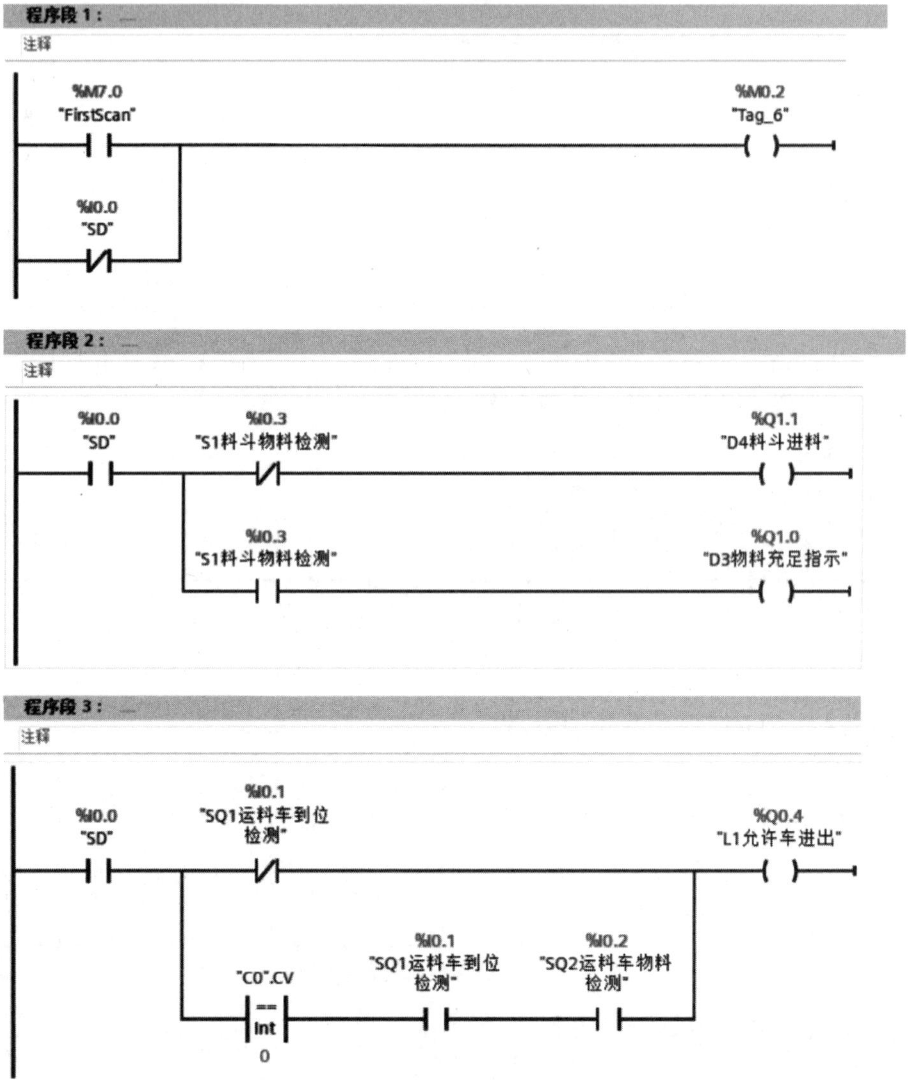

程序段 1：
注释
%M7.0
"FirstScan"
%M0.2
"Tag_6"
%I0.0
"SD"
程序段 2：
注释
%I0.0
"SD"
%I0.3
"S1料斗物料检测"
%Q1.1
"D4料斗进料"
%I0.3
"S1料斗物料检测"
%Q1.0
"D3物料充足指示"
程序段 3：
注释
%I0.0
"SD"
%I0.1
"SQ1运料车到位检测"
%Q0.4
"L1允许车进出"
"C0".CV
==
Int
0
%I0.1
"SQ1运料车到位检测"
%I0.2
"SQ2运料车物料检测"

图 2-7-10　自动配料装车系统 PLC 程序

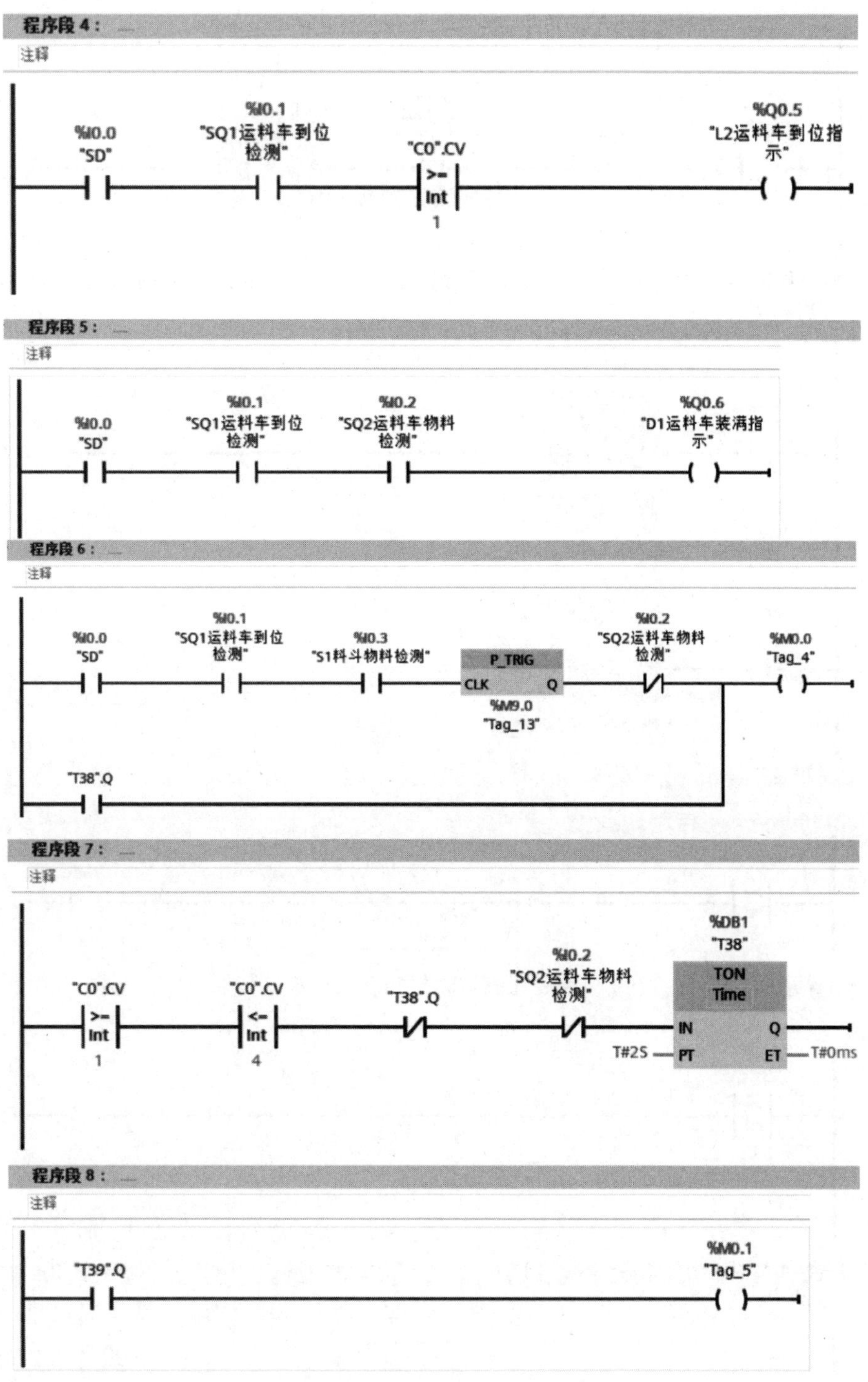

图 2－7－10　自动配料装车系统 PLC 程序（续）

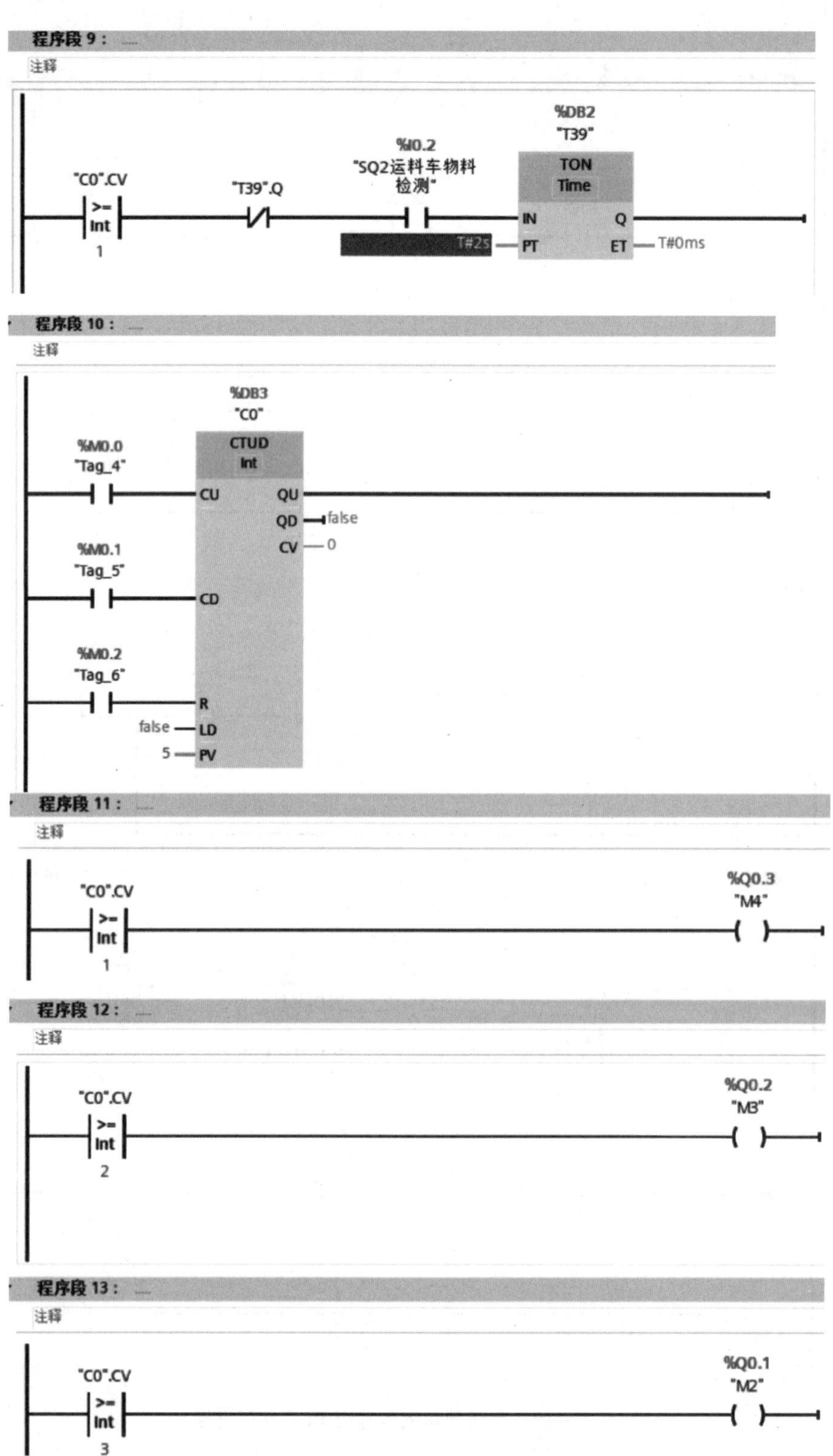

图 2－7－10　自动配料装车系统 PLC 程序（续）

程序段 14：……

注释

"C0".CV >= Int 4 ——( ) %Q0.0 "M1"

程序段 15：……

注释

"C0".CV >= Int 5 ——( ) %Q0.7 "D2料斗下料"

图 2－7－10　自动配料装车系统 PLC 程序（续）

案例 2：四级传送带控制

四级传送带控制

1. 实训设备

实训设备如表 2－7－8 所示。

表 2－7－8　实训设备一览表

序号	名称	型号与规格	数量	备注
1	实训装置	THPFSM－2	1	
2	实训挂箱	A13	1	
3	导线	3 号	若干	
4	通信编程电缆	平行网线	1	
5	计算机（安装博途软件）		1	

2. 实训装备面板结构图

实训装备面板结构如图 2－7－11 所示。

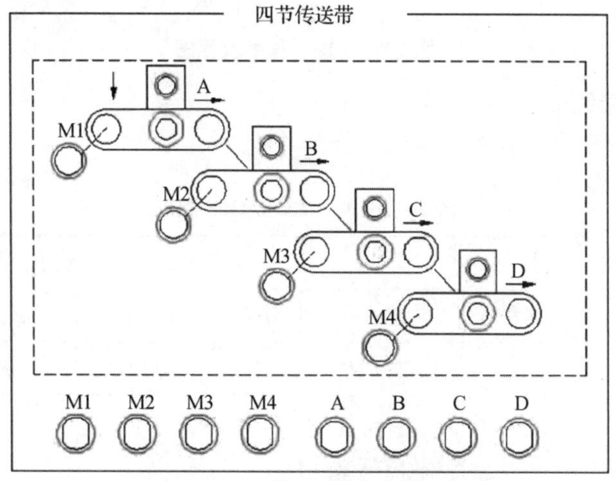

图 2－7－11　实训装备面板结构图

3. 控制要求

（1）总体控制要求：如面板图所示，系统由传动电动机 M1、M2、M3、M4，故障设置开关 A、B、C、D 组成，完成物料的运送、故障停止等功能。

（2）闭合“启动”开关，首先启动最末一条传送带（电动机 M4），每经过 1 s 延时，依次启动一条传送带（电动机 M3、M2、M1）。

（3）当某条传送带发生故障时，该传送带及其前面的传送带立即停止，而该传送带以后的传送带待运完货物后方可停止。例如 M2 存在故障，则 M1、M2 立即停止，经过 1 s 延时后，M3 停止，再过 1 s，M4 停止。

（4）排出故障，打开“启动”开关，系统重新启动。

（5）关闭“启动”开关，先停止最前一条传送带（电动机 M1），待物料运送完毕后再依次停止 M2、M3 及 M4 电动机。

4. 程序流程图

程序流程图如图 2－7－12 所示。

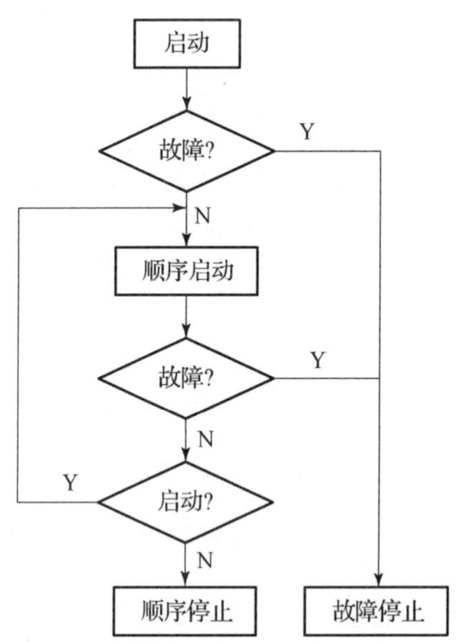

图 2－7－12 程序流程图

5. 端口分配及接线图

（1）PLC I/O 分配表如表 2－7－9 所示。

表 2－7－9 PLC I/O 分配表

输入信号				输出信号			
序号	PLC 输入点	器件名称	功能说明	序号	PLC 输出点	器件名称	功能说明
1	I0.0	SD	启动（SD）	1	Q0.0	M1	电动机 M1
2	I0.1	A	传送带 A 故障模拟	2	Q0.1	M2	电动机 M2

续表

输入信号				输出信号			
序号	PLC 输入点	器件名称	功能说明	序号	PLC 输出点	器件名称	功能说明
3	I0. 2	B	传送带 B 故障模拟	3	Q0. 2	M3	电动机 M3
4	I0. 3	C	传送带 C 故障模拟	4	Q0. 3	M4	电动机 M3
5	I0. 4	D	传送带 D 故障模拟				

注意：主机 1M、面板 V + 接电源 +24 V，主机 1L、2L、面板 COM 接电源 GND。

（2）PLC 电气接线图如图 2 -7 -13 所示。

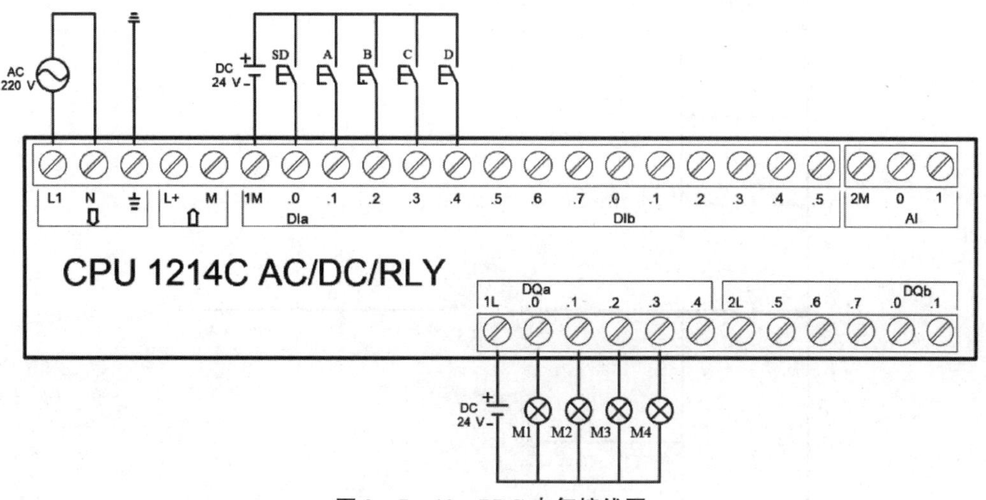

图 2 -7 -13　PLC 电气接线图

（3）PLC 组态如图 2 -7 -14 所示。

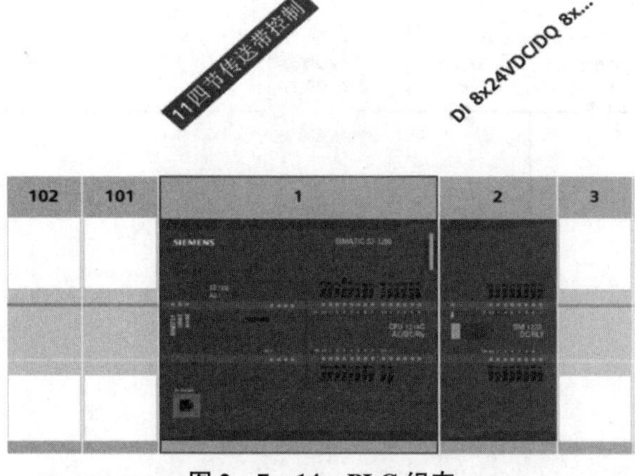

图 2 -7 -14　PLC 组态

6. PLC 程序

PLC 程序如图 2－7－15 所示。

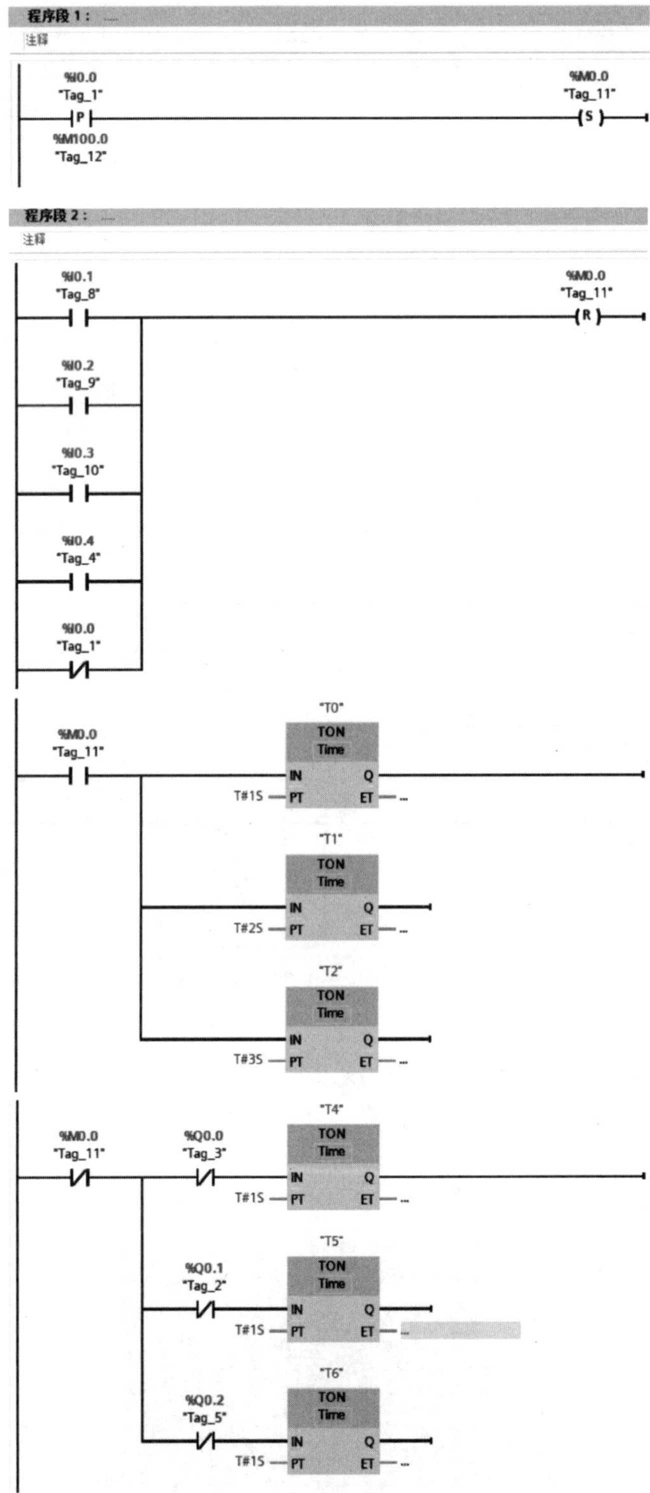

图 2－7－15　四级传送带 PLC 控制程序

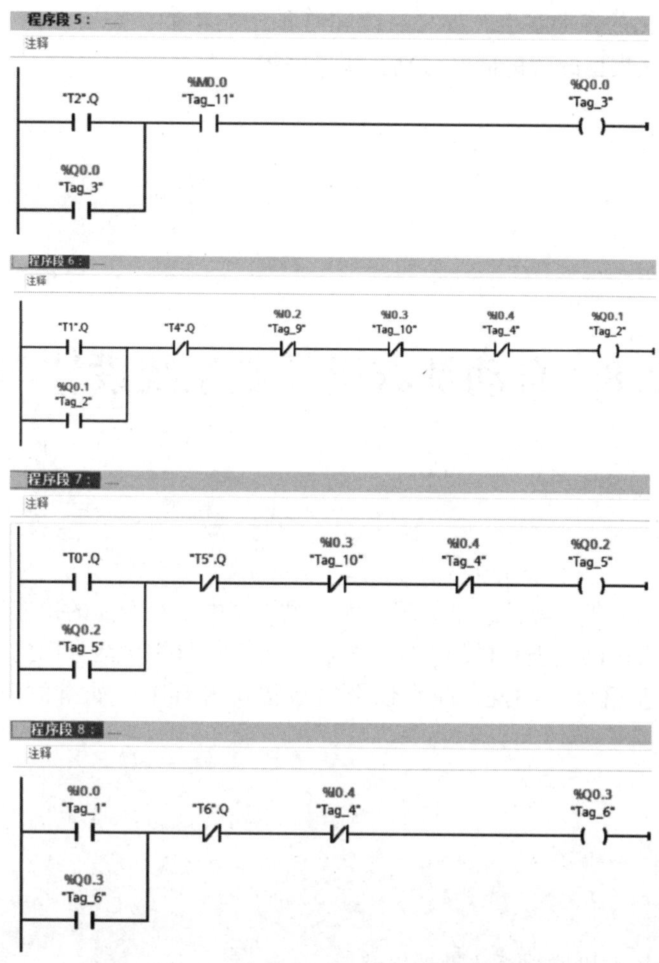

图 2－7－15　四级传送带 PLC 控制程序（续）

任务练习

（1）配料自动装车系统设计过程中，应用到哪些指令？

（2）写出自己设计的配料自动装车系统程序流程图。

(3) 根据所给出的参考案例，如果后续完善程序的功能，需要添加传感器检测配料过程，则需要添加哪些类型的传感器？分别在哪里添加？

任务 2.8　自动洗衣机控制系统设计与调试

学习情境

随着我国美的、海尔、海信、格力等一大批民族家电制造企业的快速发展和国家乡村振兴战略的实施，洗衣机已走进乡村的千家万户，成为人们日常生活常用的家用电器。洗衣机的自动洗涤过程包括洗涤、漂洗、脱水以及完成提示等环节，如有故障还会发出报警提示音。

教学目标

1. 知识目标

(1) 掌握自动洗衣机控制系统设计思路。

(2) 理解自动洗衣系统各环节的逻辑关系。

2. 能力目标

(1) 会使用 S7 - 1200 PLC 完成自动洗衣机系统 PLC 编程设计。

(2) 能完成自动洗衣机系统的硬件接线。

(3) 能进行洗衣机系统在线程序调试。

3. 素质目标

(1) 增强民族品牌认同感。

(2) 培养为制造强国作奉献的情怀。

任务要求

设计一个自动洗衣机系统，其功能包括洗涤、漂洗、脱水、完成声音提醒，具体要求如下：

(1) 洗涤包括进水→正转 3 s，反转 3 s，10 个循环→排水。

(2) 漂洗：进水→正转 3 s，反转 3 s，8 个循环→排水。

（3）脱水：脱水5 s。
（4）提示：提示灯亮4 s。

小贴士

乡村振兴战略是我国全面建设社会主义现代化国家的重大历史任务，是新时代“三农”工作的总抓手，对于实现中华民族伟大复兴具有全局性的战略意义。通过这一战略的实施，中国农业农村发展取得了历史性成就，包括确保了国家粮食安全，推动了农业现代化，提高了农业科技进步贡献率和农作物机械化率，促进了农民持续增收，显著提升了农村基础设施和基本公共服务水平，加强了农村思想道德建设和乡村治理，为推动农民全面发展和共同富裕，以及城乡融合发展奠定了坚实基础。

知识链接

1. S7－1200 PLC I/O配置

明确需要接入PLC的输入端设备，如控制开关等；接入输出端设备，如传动电动机水位显示装置，灯位显示，报警装置显示等。
（1）洗涤：进水后，正转3 s，反转3 s，10个循环后，排水。
（2）漂洗：进水后，正转3 s，反转3 s，8个循环后，排水。
（3）报警：报警灯亮4 s。
（4）脱水：脱水5 s后报警。

2. S7－1200 PLC控制逻辑

（1）顺序控制：使用状态机模式设计洗衣程序的顺序控制逻辑，确保洗衣流程按正确的顺序执行。
（2）定时器应用：利用定时器控制各个洗衣阶段的持续时间，如洗涤和漂洗时间。
（3）监控与反馈：使用反馈来监控洗衣过程中的关键参数，如时间、循环次数等。

3. 主要程序段功能

（1）初始化：设置初始状态，准备洗涤过程。
（2）洗涤：控制水泵填水，启动电动机转动洗衣桶，设置定时器控制洗涤时间。
（3）漂洗：排出洗涤水，填充清水进行漂洗，同样使用定时器控制时间。
（4）报警检测：循环检查传感器状态，若发现任何异常，则触发报警。
（5）结束与提示：洗衣和漂洗完成后，发出清洗完毕的提示。

任务引导

认真分析任务，明确任务目标。为顺利完成任务，提前查阅相关资讯，并回答下列引导问题。

引导问题 1：

S7 -1200 PLC 实现物理量输出，应该选择哪些设备？

引导问题 2：

S7 -1200 PLC 实现物理量输出，PLC 的 I/O 和变量分配表应该怎么设计？

引导问题 3：

要实现物理量输出，应如何在 PLC 上连接硬件电路？

引导问题 4：

要实现自动洗衣机控制系统的控制流程分别是什么？PLC 程序怎么编写？

任务分组

小组讨论，制订任务方案，将工具及器件准备、PLC 原理图绘制、硬件电路连线、PLC 程序编写调试等工作任务分工填写在表 2 -8 -1 中。

表 2 -8 -1　组员分工表

班级		小组编号		任务分工
组长		学号		
组员	（安全员）	学号		
		学号		
		学号		

制订计划

根据任务要求，结合实训室的设备配置，选取任务相关工件材料，完成表 2 -8 -2 的填写。

表 2 - 8 - 2　工具及材料清单

序号	工具或材料名称	型号或规格	数量	备注

根据任务要求及实施方案，确定任务步骤及具体工作内容，完成表 2 - 8 - 3 的填写。

表 2 - 8 - 3　任务实施安排表

序号	工作内容	计划用时	备注

任务实施

（1）列出 I/O 分配表（见表 2 - 8 - 4）。

表 2 - 8 - 4　PLC I/O 分配表

输入信号				输出信号			
序号	PLC 输入点	器件名称	功能说明	序号	PLC 输出点	器件名称	功能说明

（2）画出 PLC 的 I/O 接线图，并按照图纸、工艺要求、安全规范要求，完成 PLC 与外围设备的接线。（注意：需在断电情况下完成接线。）

（3）完成 PLC 梯形图程序设计，下载到 PLC，并通电进行调试。（注意：硬件电路通电前，请再次检查接线，确认无误后再上电。调试过程中，要严格执行安全操作规程的规定，小组安全员做好监督工作。）

（4）简述通过完成本次任务的收获。

（5）整理。各小组完成任务实施及总结后，按照“6S”要求，对实训场所实施整理、整顿、清扫、清洁等，同时归还所借的工具和实训器件。

评价反馈

对任务实施情况进行评价，填入表 2－8－5 中。

表 2－8－5　任务实施评价表

<table>
<tr><td>任务名称</td><td colspan="8"></td></tr>
<tr><td>班级</td><td></td><td>姓名</td><td></td><td>学号</td><td colspan="2"></td><td>组号</td><td></td></tr>
<tr><td>评价项目</td><td>内容</td><td>配分</td><td colspan="3">评分要求</td><td>学生自评（20%）</td><td>组员互评（30%）</td><td>教师评价（50%）</td></tr>
<tr><td rowspan="7">专业能力（80 分）</td><td>回答引导问题</td><td>5</td><td colspan="3">正确完成引导问题问答</td><td></td><td></td><td></td></tr>
<tr><td>配置 I/O</td><td>10</td><td colspan="3">I/O 分配合理</td><td></td><td></td><td></td></tr>
<tr><td>绘制电气图</td><td>10</td><td colspan="3">按任务要求完成电气接线图绘制，输入输出点使用与 I/O 分配表对应无误</td><td></td><td></td><td></td></tr>
<tr><td>连接硬件</td><td>15</td><td colspan="3">按电气接线图正确连接硬件，元器件及导线选用正确合理</td><td></td><td></td><td></td></tr>
<tr><td>设计程序</td><td>25</td><td colspan="3">完成程序编辑，编译无语法错误，符合程序设计规范，简洁高效</td><td></td><td></td><td></td></tr>
<tr><td>调试程序</td><td>10</td><td colspan="3">按要求完成程序调试，能实现任务要求的全部功能</td><td></td><td></td><td></td></tr>
<tr><td>撰写报告</td><td>5</td><td colspan="3">按规定格式完成实训报告撰写，内容完整，描述准确、规范</td><td></td><td></td><td></td></tr>
<tr><td rowspan="6">综合素养（20 分）</td><td>遵守课堂纪律</td><td>3</td><td colspan="3">遵循行业企业安全文明生产规程，自觉遵守课堂纪律</td><td></td><td></td><td></td></tr>
<tr><td>规范操作</td><td>5</td><td colspan="3">规范任务实施中的各项操作，防范安全事故，确保人、设备安全</td><td></td><td></td><td></td></tr>
<tr><td>6S 管理</td><td>3</td><td colspan="3">按要求实施现场 6S 管理</td><td></td><td></td><td></td></tr>
<tr><td>团队合作</td><td>5</td><td colspan="3">工作任务分配合理，组员积极参与、沟通顺畅、配合默契</td><td></td><td></td><td></td></tr>
<tr><td>工作态度</td><td>2</td><td colspan="3">主动完成分配的任务，积极协助其他组员完成相关工作任务</td><td></td><td></td><td></td></tr>
<tr><td>创新意识</td><td>2</td><td colspan="3">主动探究，敢于尝试新方式方法</td><td></td><td></td><td></td></tr>
<tr><td colspan="6">小计</td><td></td><td></td><td></td></tr>
<tr><td colspan="6">总成绩</td><td colspan="3"></td></tr>
<tr><td>指导教师签字</td><td colspan="5"></td><td>日期</td><td colspan="2"></td></tr>
</table>

任务拓展

基于以上任务做拓展，要求在洗衣过程中能显示出洗涤过程中洗涤和漂洗的次数。

案例参考

自动洗衣机
控制系统设计

案例1：洗衣机自动洗衣控制系统设计

1. 实训设备一览表

实训设备如表2-8-6所示。

表2-8-6 实训设备一览表

序号	名称	型号与规格	数量	备注
1	实训装置	THPFSM - 2	1	
2	实训挂箱	A20	1	
3	导线	3号	若干	
4	通信编程电缆	平行网线	1	
5	计算机（安装博途软件）		1	自备

2. 实训设备面板图

实训设备面板结构图如图2-8-1所示。

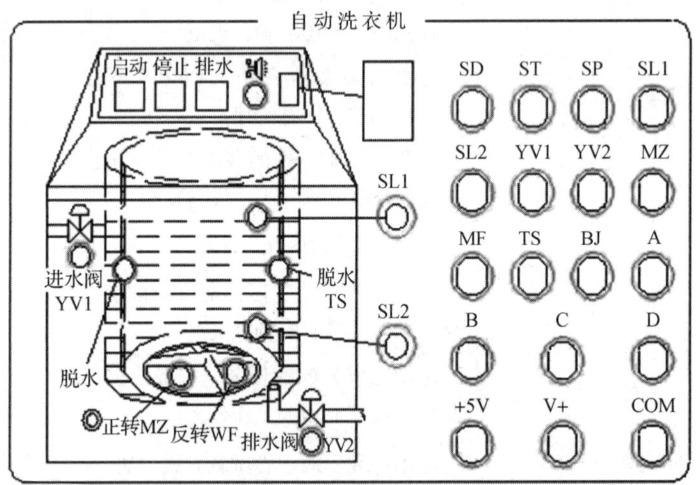

图2-8-1 实训设备面板结构图

3. 控制要求

(1) 总体控制要求：洗衣机启动后，按以下顺序进行工作：洗涤（1次）→漂洗（2次）→脱水→发出报警，衣服洗好。

（2）洗涤：进水→正转 3 s，反转 3 s，10 个循环→排水。

（3）漂洗：进水→正转 3 s，反转 3 s，8 个循环→排水。

（4）报警：报警灯亮 4 s。

（5）进水：进水阀打开后水面升高，首先液位开关 SL2 闭合，然后 SL1 闭合，SL1 闭合后，关闭进水阀。

（6）排水：排水阀打开后水面下降，首先液位开关 SL1 断开，然后 SL2 断开，SL2 断开 1 s 后停止排水。按排水按钮可强制排水。

（7）脱水：脱水 5 s 后报警。

4. 程序流程图

洗衣机自动洗衣程序流程图如图 2 – 8 – 2 所示。

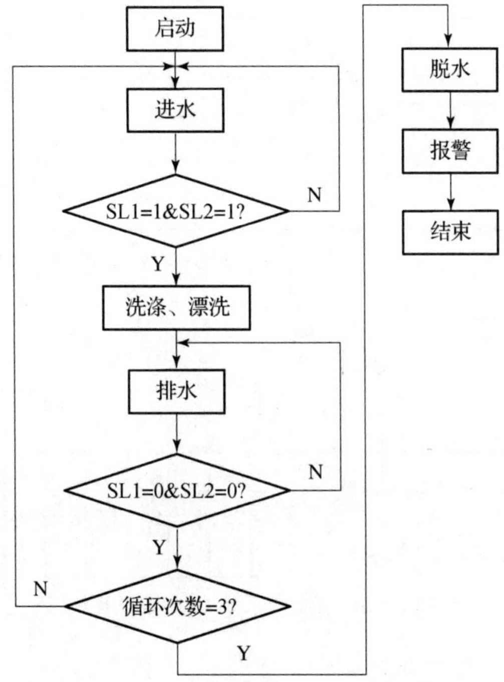

图 2 – 8 – 2　洗衣机自动洗衣程序流程图

5. 端口分配及电气接线图

（1）PLC I/O 端口分配表如表 2 – 8 – 7 所示。

表 2 – 8 – 7　PLC I/O 分配表

输入信号				输出信号			
序号	PLC 输入点	器件名称	功能说明	序号	PLC 输出点	器件名称	功能说明
1	I0. 0	SD	启动	1	Q0. 0	YV1	进水阀
2	I0. 1	ST	停止	2	Q0. 1	YV1	排水阀
3	I0. 2	SP	排水	3	Q0. 2	MZ	正转
4	I0. 3	SL1	水位上限	4	Q0. 3	MF	反转

续表

输入信号				输出信号			
序号	PLC 输入点	器件名称	功能说明	序号	PLC 输出点	器件名称	功能说明
5	I0. 4	SL1	水位下限	5	Q0. 4	TS	脱水
				6	Q0. 5	BJ	报警
				7	Q0. 6	A	显示编码 A
				8	Q0. 7	B	显示编码 B
				9	Q1. 0	C	显示编码 C
				10	Q1. 1	D	显示编码 D

（2）洗衣机系统 PLC 电气接线图如图 2 -8 -3 所示。

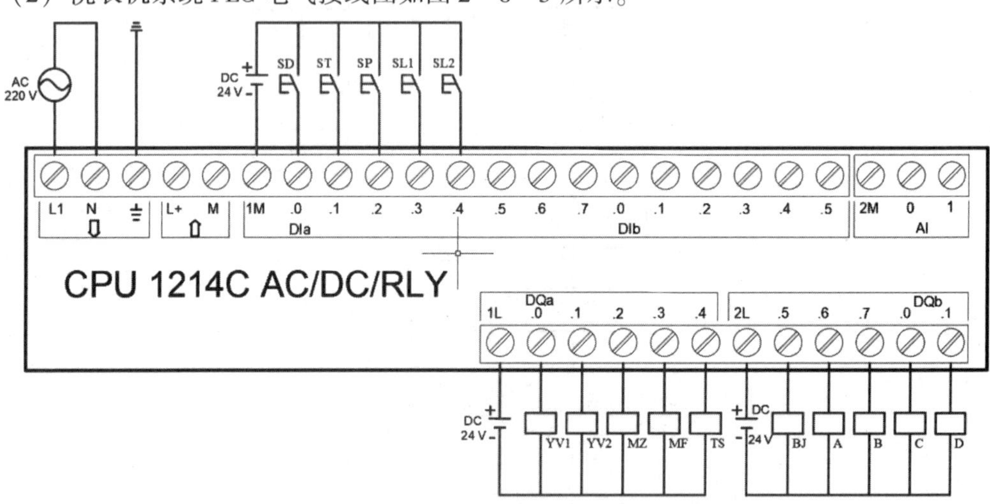

图 2 -8 -3　洗衣机系统 PLC 电气接线图

（3）PLC 组态如图 2 -8 -4 所示。

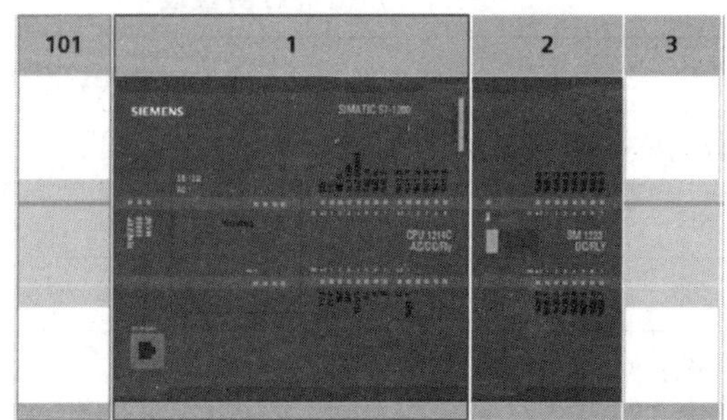

图 2 -8 -4　PLC 组态

6. PLC 程序

洗衣机自动洗衣系统 PLC 程序如图 2－8－5 所示。

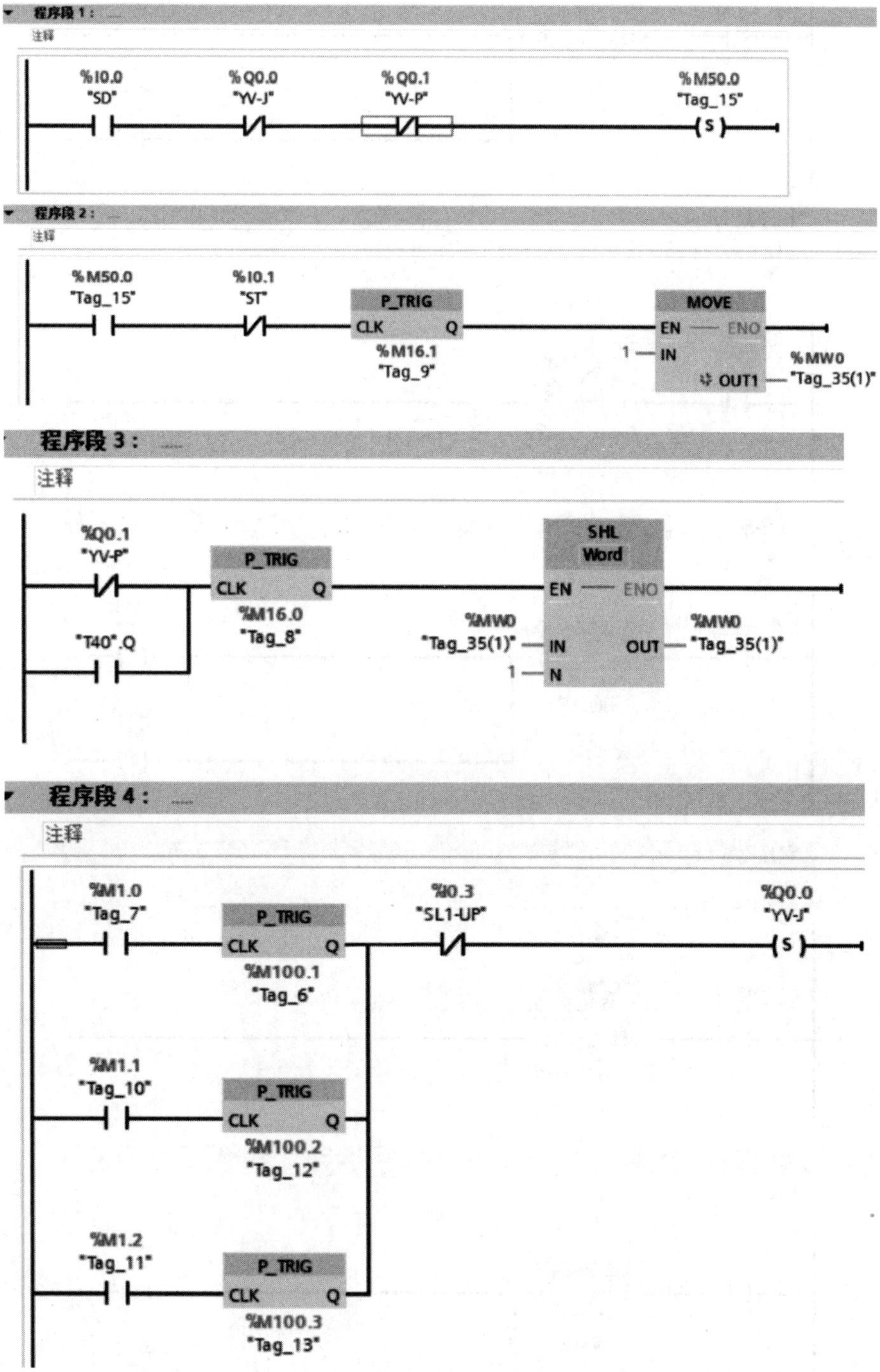

图 2－8－5　洗衣机自动洗衣系统 PLC 程序

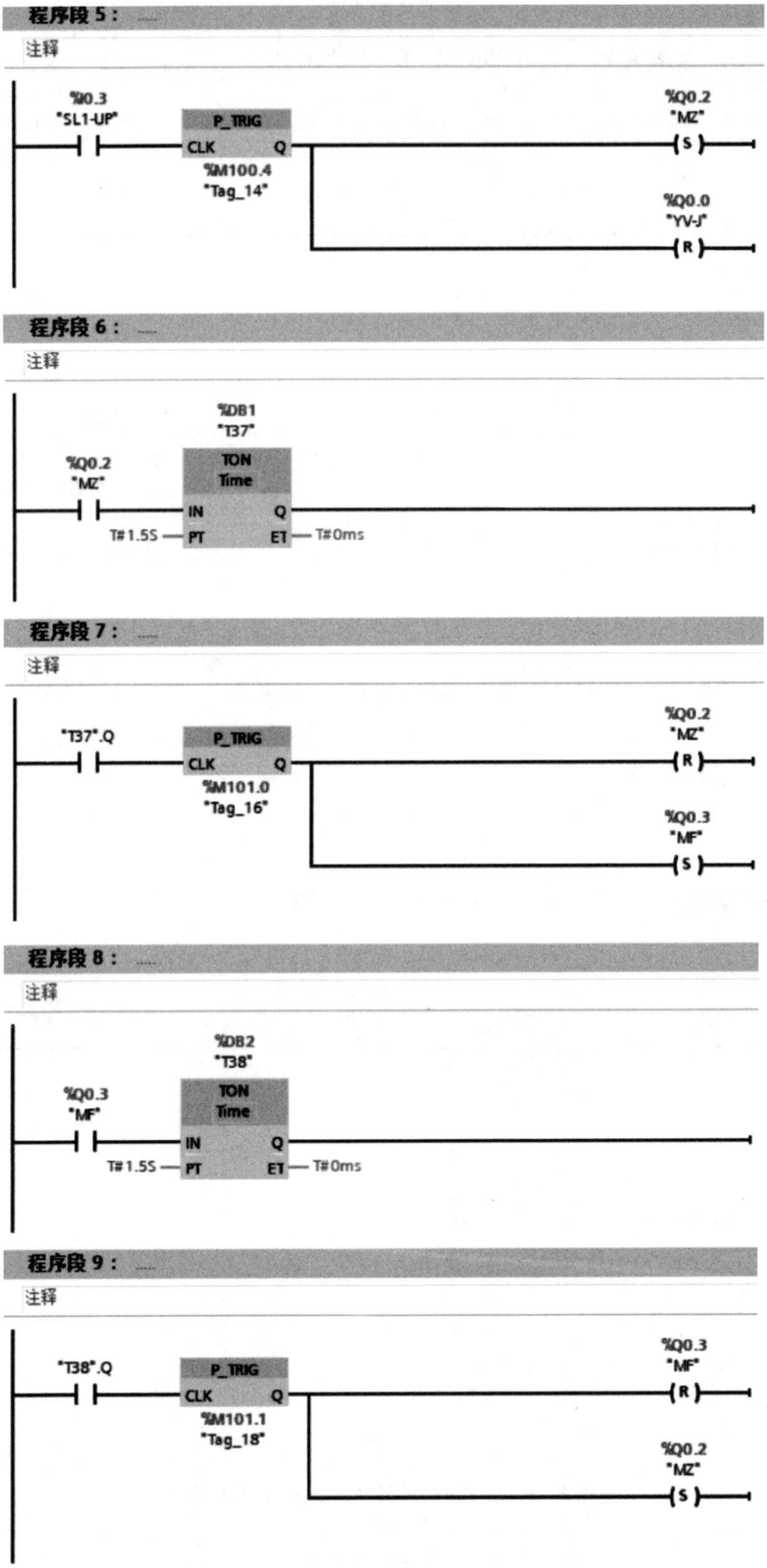

程序段 5：……

注释

%I0.3 "SL1-UP" — P_TRIG CLK Q — %M100.4 "Tag_14" — %Q0.2 "MZ" (S)；%Q0.0 "YV-J" (R)

程序段 6：……

注释

%Q0.2 "MZ" — %DB1 "T37" TON Time IN Q；T#1.5S — PT ET — T#0ms

程序段 7：……

注释

"T37".Q — P_TRIG CLK Q — %M101.0 "Tag_16" — %Q0.2 "MZ" (R)；%Q0.3 "MF" (S)

程序段 8：……

注释

%Q0.3 "MF" — %DB2 "T38" TON Time IN Q；T#1.5S — PT ET — T#0ms

程序段 9：……

注释

"T38".Q — P_TRIG CLK Q — %M101.1 "Tag_18" — %Q0.3 "MF" (R)；%Q0.2 "MZ" (S)

图 2－8－5　洗衣机自动洗衣系统 PLC 程序（续）

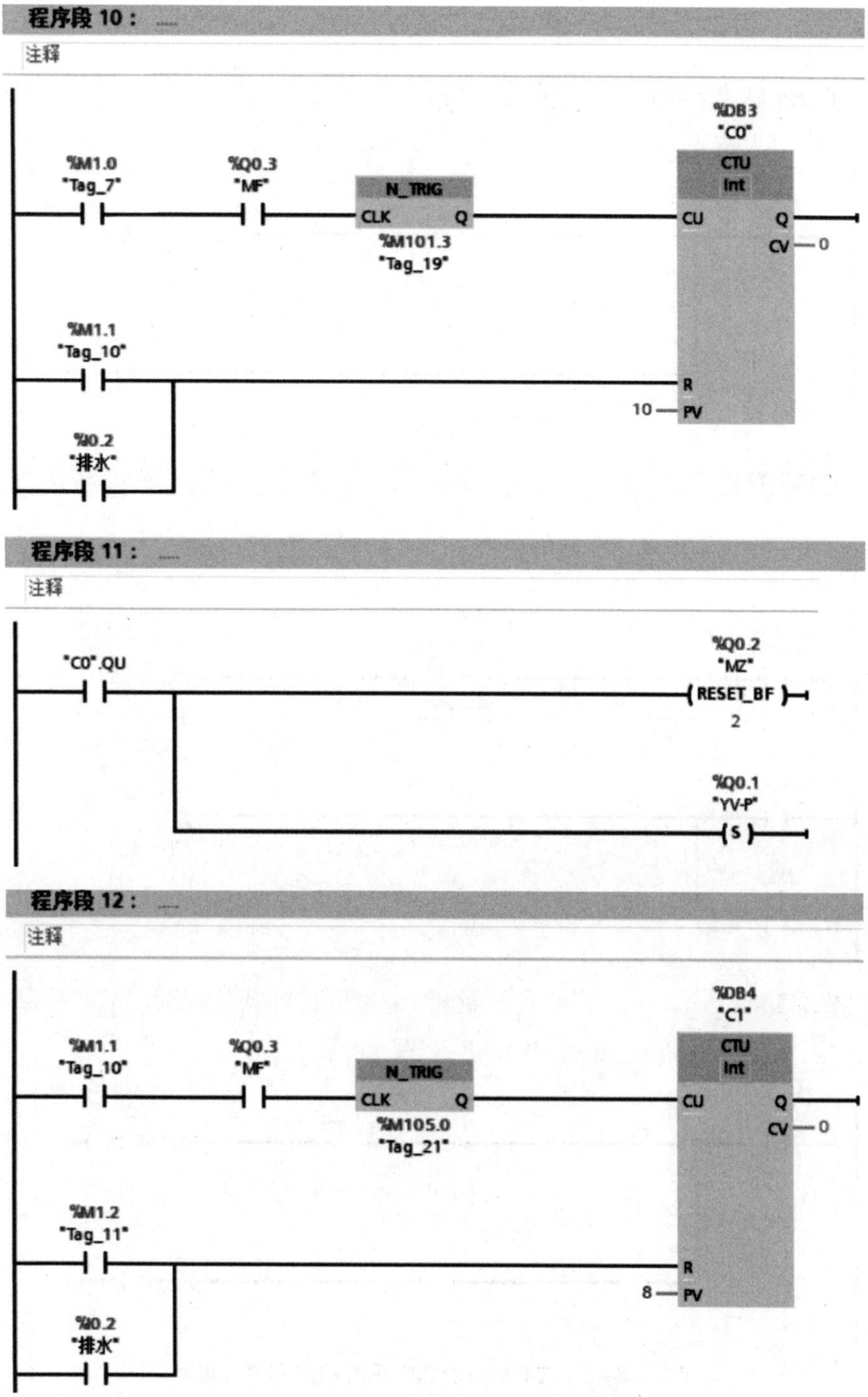

图 2 -8 -5 洗衣机自动洗衣系统 PLC 程序（续）

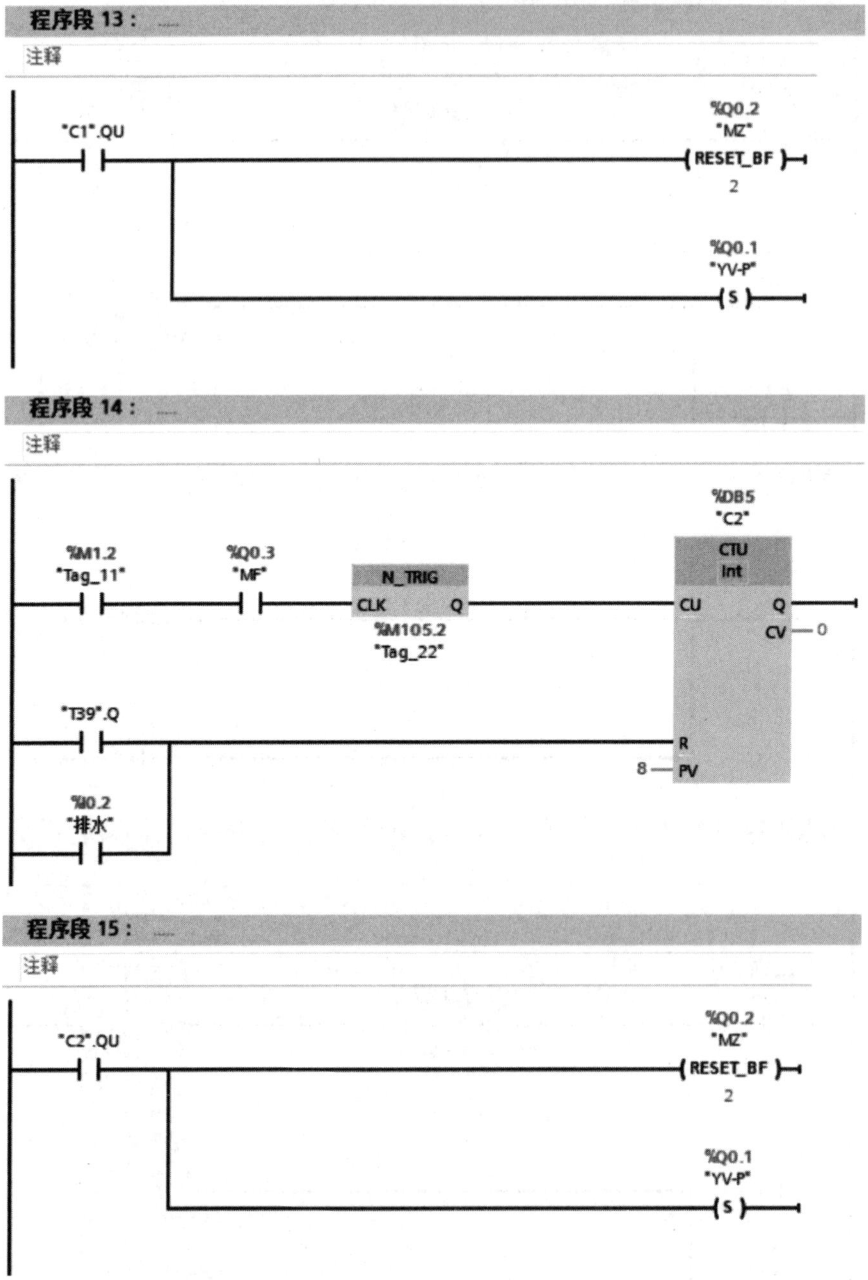

程序段 13：……

注释

"C1".QU
%Q0.2
"MZ"
RESET_BF
2
%Q0.1
"YV-P"
S

程序段 14：……

注释

%DB5
"C2"
CTU
Int
%M1.2
"Tag_11"
%Q0.3
"MF"
N_TRIG
CLK Q
%M105.2
"Tag_22"
CU Q
CV — 0
"T39".Q
R
8 — PV
%I0.2
"排水"

程序段 15：……

注释

"C2".QU
%Q0.2
"MZ"
RESET_BF
2
%Q0.1
"YV-P"
S

图 2－8－5 洗衣机自动洗衣系统 PLC 程序（续）

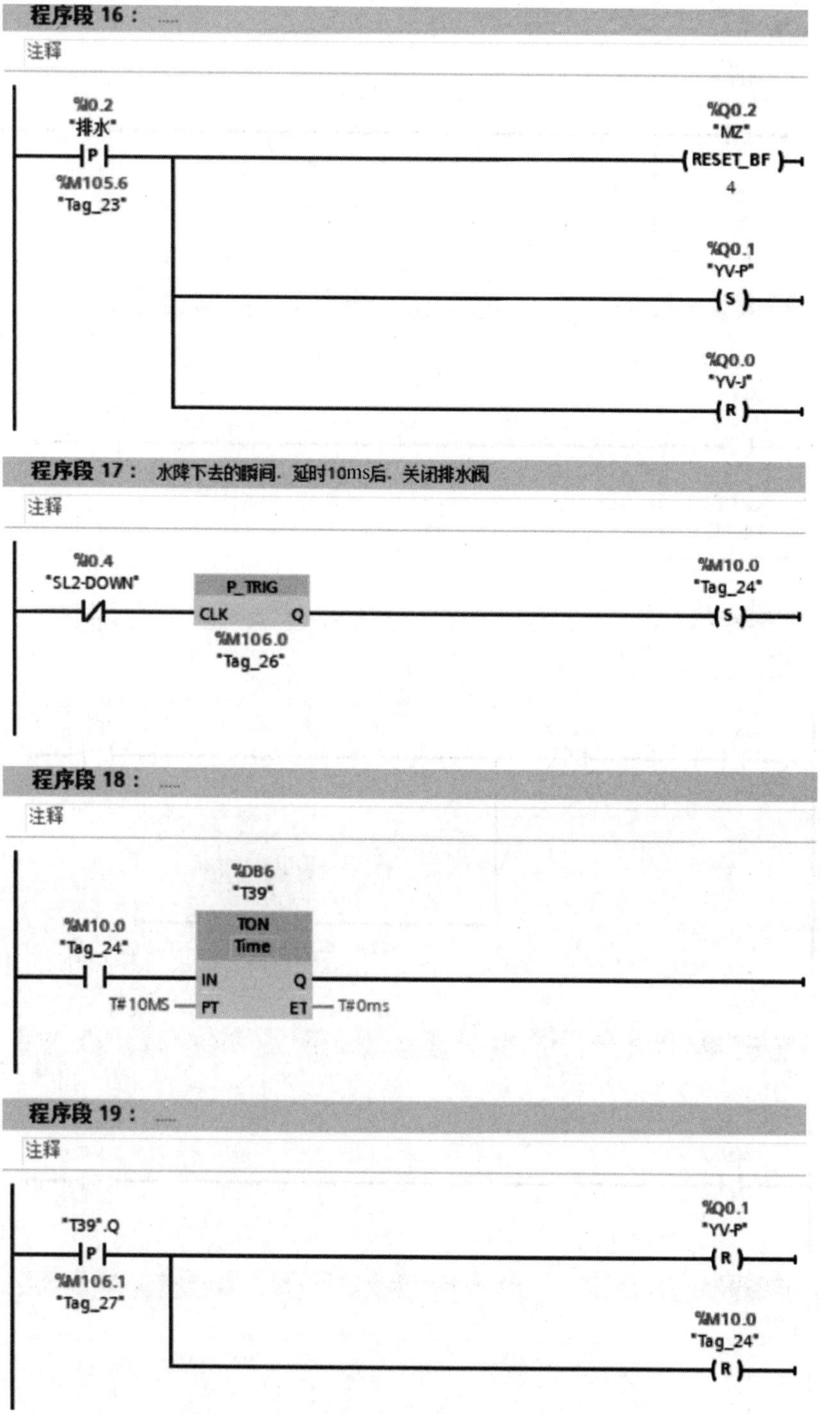

程序段 16：......

注释

%I0.2 "排水" —|P|— %M105.6 "Tag_23" —— %Q0.2 "MZ" (RESET_BF) 4 ; %Q0.1 "YV-P" (S) ; %Q0.0 "YV-J" (R)

程序段 17：水降下去的瞬间，延时10ms后，关闭排水阀

注释

%I0.4 "SL2-DOWN" —|/|— P_TRIG CLK Q %M106.0 "Tag_26" —— %M10.0 "Tag_24" (S)

程序段 18：......

注释

%M10.0 "Tag_24" —| |— %DB6 "T39" TON Time IN Q ; T#10MS — PT ET — T#0ms

程序段 19：......

注释

"T39".Q —|P|— %M106.1 "Tag_27" —— %Q0.1 "YV-P" (R) ; %M10.0 "Tag_24" (R)

图 2－8－5　洗衣机自动洗衣系统 PLC 程序（续）

程序段 20：……

注释

%M1.0 "Tag_7"
%M1.2 "Tag_11"
%Q0.6 "A"

程序段 21：……

注释

%M1.1 "Tag_10"
%M1.2 "Tag_11"
%Q0.7 "B"

程序段 22：……

注释

%M1.3 "Tag_29"
"T42".Q
%Q1.0 "C"
%DB7 "T42"
TON Time
IN Q
T#9S — PT ET — T#0ms

程序段 23：……

注释

"T42".Q
%Q0.1 "YV-P"
R

程序段 24：……

注释

%Q1.0 "C"
%Q0.4 "TUO S"

图 2－8－5　洗衣机自动洗衣系统 PLC 程序（续）

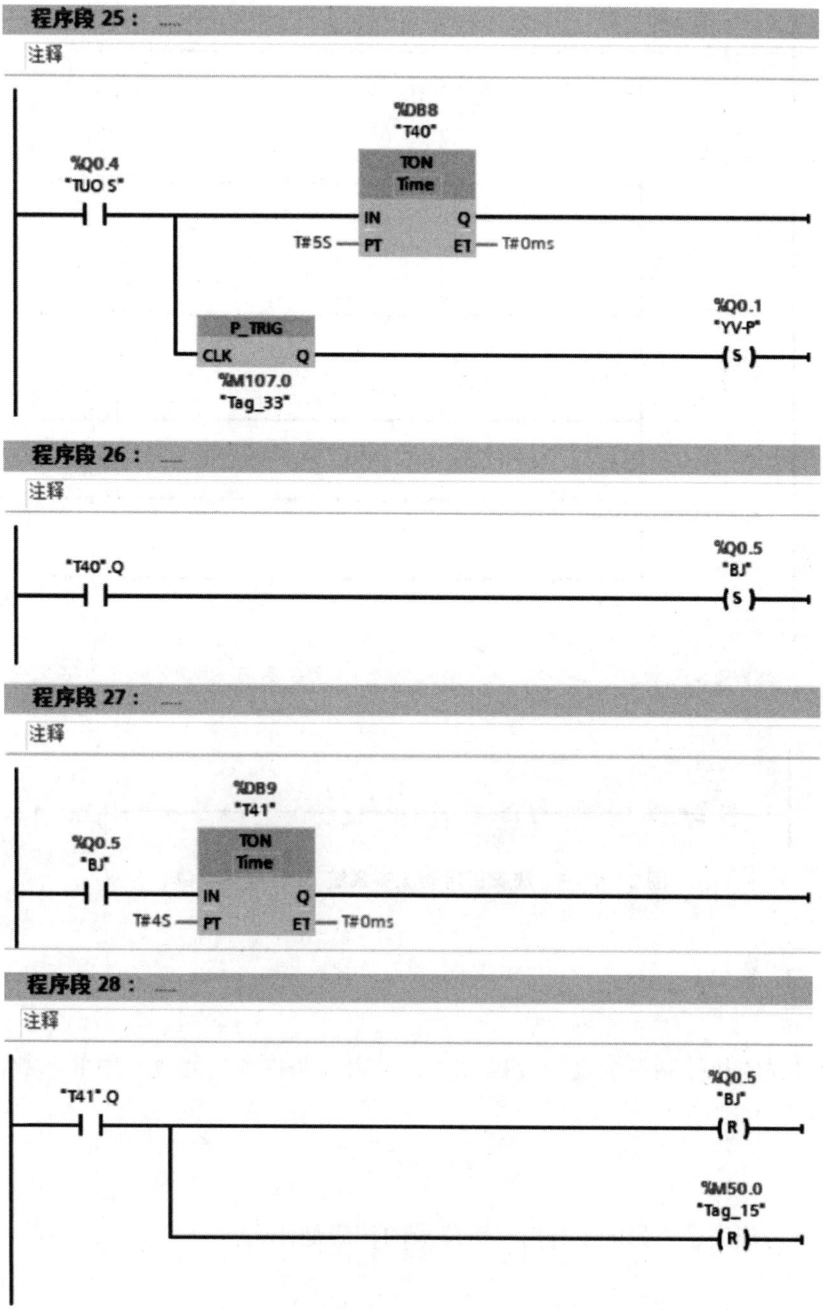

程序段25：……

注释

%DB8
"T40"
TON
Time
%Q0.4
"TUO S"
IN　Q
T#5S — PT　ET — T#0ms
%Q0.1
"YV-P"
P_TRIG
CLK　Q
S
%M107.0
"Tag_33"

程序段26：……

注释

%Q0.5
"T40".Q
"BJ"
S

程序段27：……

注释

%DB9
"T41"
TON
%Q0.5
Time
"BJ"
IN　Q
T#4S — PT　ET — T#0ms

程序段28：……

注释

%Q0.5
"T41".Q
"BJ"
R
%M50.0
"Tag_15"
R

图2－8－5　洗衣机自动洗衣系统PLC程序（续）

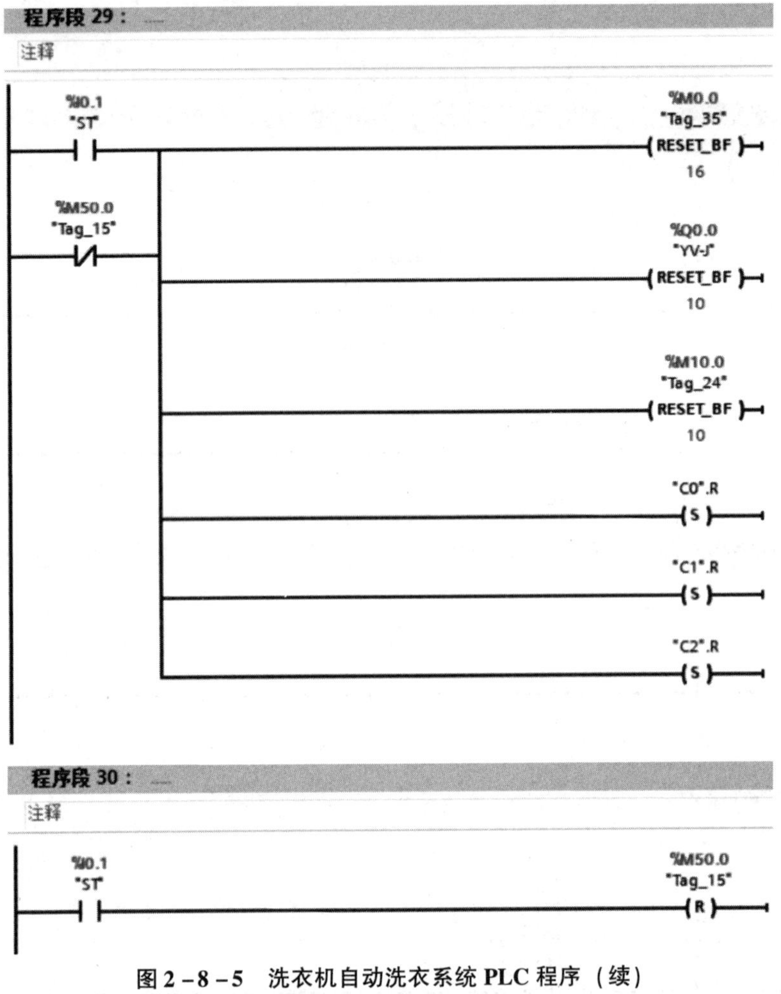

图 2－8－5　洗衣机自动洗衣系统 PLC 程序（续）

任务练习

（1）自动洗衣机控制系统设计过程中，应用到哪些指令？修改其中的参数，系统会发生哪些改变？

（2）在参考程序中用到的上升沿、下降沿的作用是什么？

（3）根据所给出的参考案例，如果后续完善程序的功能，需要添加传感器检测配料过程，则需要添加哪些类型传感器？分别在哪里添加？

模块 3　进阶项目篇

任务 3.1　温室大棚温度 PID 控制

学习情境

智能温室种植大棚作为现代农业的一项重要技术，对提高农产品的产量和质量，促进农民增收，助力乡村振兴具有重要作用。PLC 的 PID 功能可以轻松实现温室种植大棚温度的程控调节。

教学目标

1. 知识目标

（1）了解 PID 在工农业生产中的应用。

（2）理解 PID 中 P、I、D 的具体含义。

（3）掌握 PID 指令的具体功能和用法。

2. 能力目标

（1）能完成 PID 控制系统的电气连接。

（2）会使用 S7 - 1200 PLC 编程完成物理量控制。

（3）能进行 PID 控制系统程序的在线调试。

3. 素质目标

（1）培养精益求精的工匠精神。

（2）强化工程思维能力。

（3）培养知农、爱农、助农，服务乡村振兴的情怀。

任务要求

编写 PLC 程序，使用 PLC 的 PID 调节功能控制 PLC 模拟量输出，驱动加热器，加热受热体，达到预设温度。

小贴士

党的二十大报告中指出全面推进乡村振兴，坚持农业农村优先发展，坚持城乡融合发展，畅通城乡要素流动。加快建设农业强国，扎实推动乡村产业、人才、文化、生态、组织振兴。

知识链接

1. 模拟量相关知识

1）模拟量模块

（1）模拟量输入模块。模拟量输入模块 SM 1231 用于将现场各种模拟量测量传感器输出的直流电压或电流信号转换为 S7－1200 PLC 内部处理用的数字信号。模拟量输入模块 SM 1231 可选择输入信号类型有电压型、电流型、电阻型、热电阻型和热电偶型等。目前，模拟量输入模块主要有 SM 1231 AI4×13/16 bit，AI4×13 bit，AI4/8×RTD，AI4/8×TC，直流信号主要有 ±1.25 V、±2.5 V、±5 V、±10 V、0~20 mA、4~20 mA。至于模块有几路输入、分辨率多少位、信号类型及大小是多少，都要根据每个模拟量输入模块的订货号而定。

（2）模拟量输出模块。模拟量输出模块 SM 1232 用于将 S7－1200 PLC 的数字量信号转换成系统所需要的模拟量信号，控制模拟量调节器或执行机械。目前，模拟量输出模块主要有 SM 1232 AQ2×14 bit，AQ4×14 bit，其输出电压为 ±10 V 或输出电流 0~20 mA。

2）模拟量模块的地址分配

模拟量模块以通道为单位，一个通道占一个字（2 个字节）的地址，所以在模拟量地址中只有偶数。S7－1200 PLC 的模拟量模块的系统默认地址为 I/QW96~I/QW222。一个模拟量模块最多有 8 个通道，从 96 号字节开始，S7－1200 PLC 给每一个模拟量模块分配 16 B（8 个字）的地址。N 号槽的模拟量模块的起始地址为 $(N-2)\times16+96$，其中 $N\geqslant2$。集成的模拟量输入/输出系统默认地址是 I/QW64、I/QW66；信号板上的模拟量输入/输出系统默认地址是 I/QW80。

对信号模块组态时，CPU 将会根据模块所在的槽号，按上述原则自动分配模块的默认地址。双击设备组态窗口中相应模块，其“常规”属性中都列出每个通道的输入或输出起始地址。

在模块的属性对话框的“地址”选项卡中，用户可以通过编程软件修改系统自动分配的地址，一般采用系统分配的地址，因此没必要死记上述地址分配原则。但是必须根据组态时确定的 I/O 点的地址来编程。

模拟量输入地址的标识符是 IW，模拟量输出地址的标识符是 QW。

2. PID 与 PID_Compact 指令

1）循环中断设置

（1）添加循环中断 OB 组织块。在页面添加“Cyclic interrupt”OB 组织块，并将“循环时间（ms）”设置为 1 000（循环时间可设置范围为 1 ms~60 s），编号选择为自动分配。

（2）程序编辑。中断 OB 组织块中编程与主程序编写方式相同。

（3）修改中断时间。添加中断 OB 组织块后若还需修改间隔时间，可进入其属性页面，修改“循环中断”时间，如图 3－1－1 所示。

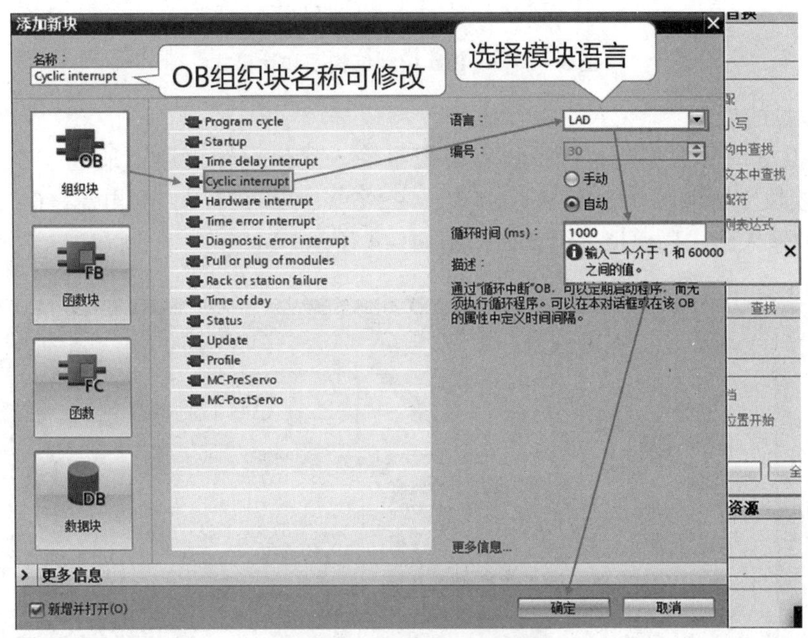

图 3－1－1　循环中断设置

2）PID 相关概念

给定信号为期望值，反馈信号是由传感器测得的系统实际运行值，期望值与实际运行值之间差值 e 称作误差。误差值是控制器输入信号，控制器基于该信号运算后发送给执行器，执行器调节控制对象。随着系统调节，系统期望值与实际值相等，即误差 e 为 0（也称作静差）时系统达到控制要求，该系统也称作无静差系统。PID 系统框图如图 3－1－2 所示。

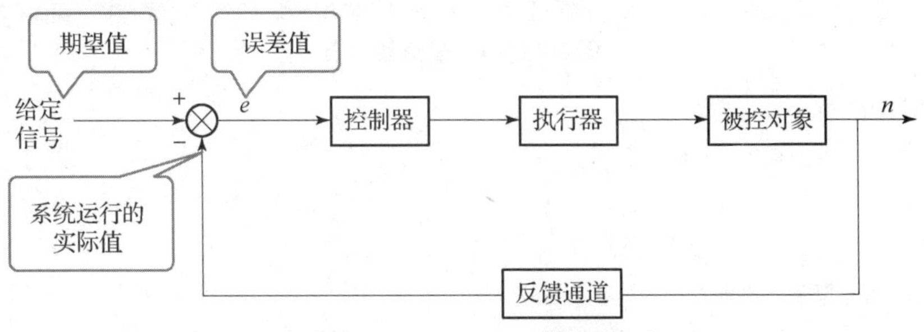

图 3－1－2　PID 系统框图

PID 控制（比例、积分、微分控制）由比例 P、积分 I 和微分 D 三个部分组成，它表明了控制器输入（误差信号 e）与输出信号 $u(t)$之间的关系，如图 3－1－3 所示。PID 参数中比例（P）、积分（I）、微分（D）三个部分均对系统有影响，其中比例可加快系统反应速度，有利于抑制动态误差，比例过大会引发过调，导致曲线振荡，而太小则动态误差抑制能力弱。积分能消除静态误差，使曲线趋于平稳。微分能感知曲线变化趋势，提前启动调节，太大不利于曲线平稳，太小动态误差抑制能力弱。

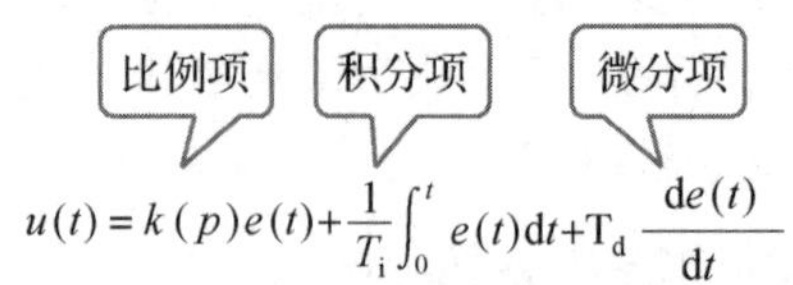

$$u(t)=k(p)e(t)+\frac{1}{T_i}\int_0^t e(t)\mathrm{d}t+T_d\frac{\mathrm{d}e(t)}{\mathrm{d}t}$$

图 3－1－3　PID 控制结构图和计算式

3）模拟量的处理

配置模拟量信号类型与范围，设置模拟量输入通道与输出通道地址。S7－1200 系列 PLC 模拟量模块支持电压（±10 V，±5 V，±2.5 V，±1.25 V）和电流（0～20 mA，4～20 mA）两种输入形式。模拟量组态如图 3－1－4 所示。

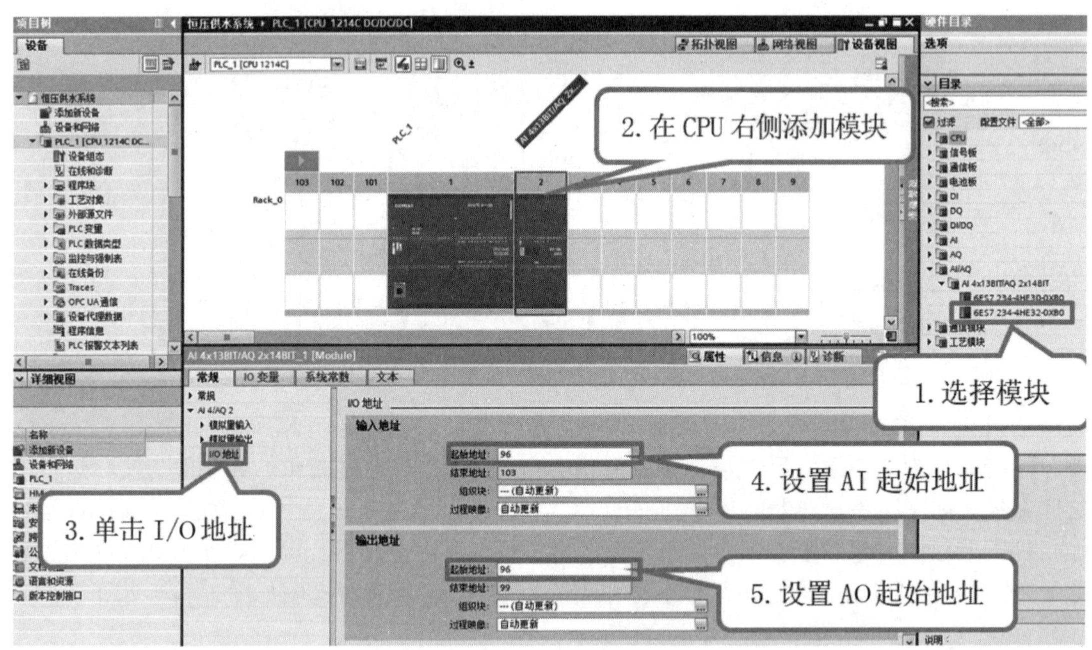

图 3－1－4　模拟量组态

4）模拟量的标定

模拟量的标定如图 3－1－5 所示。

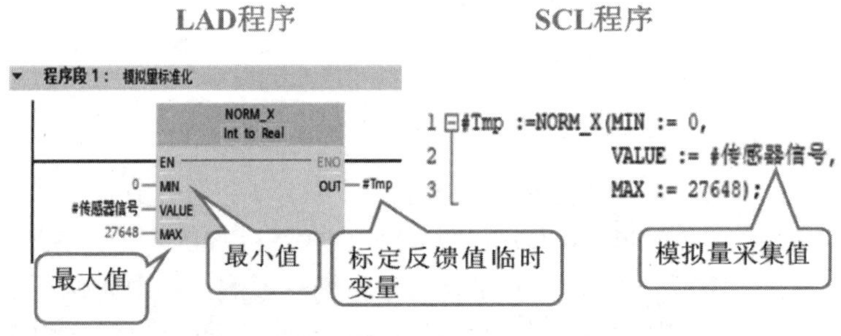

图 3－1－5　模拟量的标定（NORM）

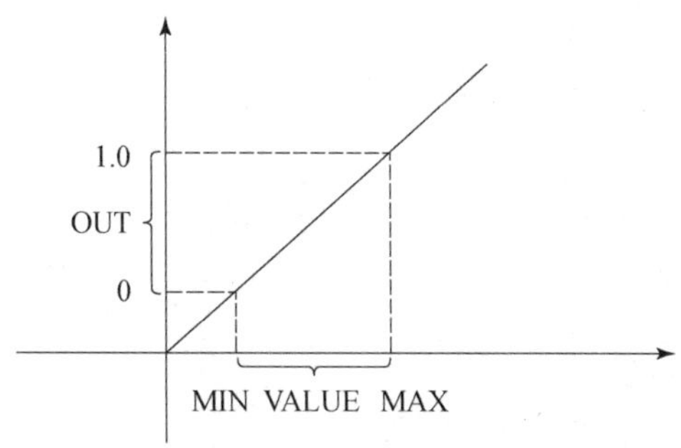

计算公式：OUT = (VALUE−MIN)/(MAX−MIN)

图 3－1－5 模拟量的标定（NORM）（续）

使用标准化指令“NORM_X”将输入 VALUE 参数中的模拟量采集数值标准化，并设定参数最小值（MIN）和最大值（MAX）以限定范围，经计算后将对应实数输出到 OUT 参数，如图 3－1－6 所示。

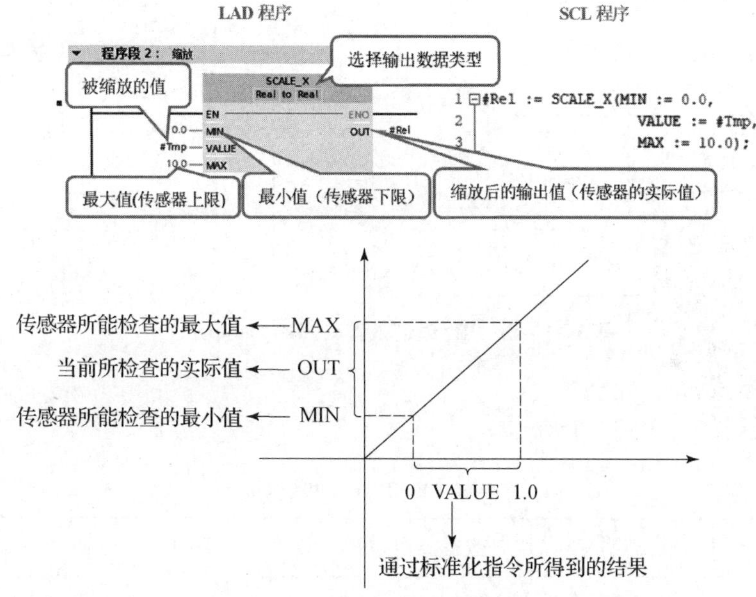

计算公式：OUT = [VALUE* (MAX−MIN)]+MIN

图 3－1－6 模拟量的标定（SCALE）

使用缩放指令 SCALE_Y 将输入参数 VALUE 缩放到由参数 MIN 和 MAX 所定义范围内，并通过 OUT 参数输出。

5）数值检查

模拟量经过标定，转化缩放后会和实际量程存在误差，经转化后量程下限有可能为负数或者量程上限超过实际量程值，因此需判断转换后的实际值是否在指定范围内，如图 3－1－7 所示。若超出或低于量程上下限，则将量程上下限替代计算值并输出报错。

6）组态 PID 工艺

PID 通道设置如图 3－1－8 所示。

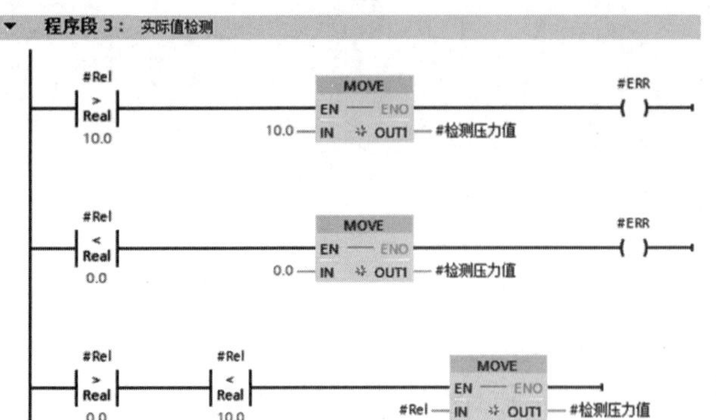

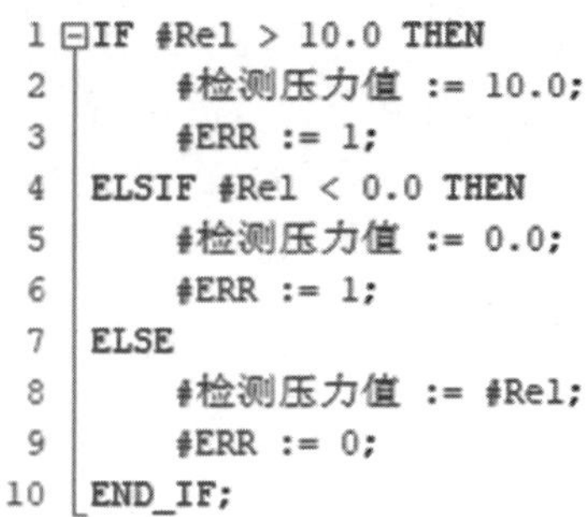

图 3－1－7　数值检查

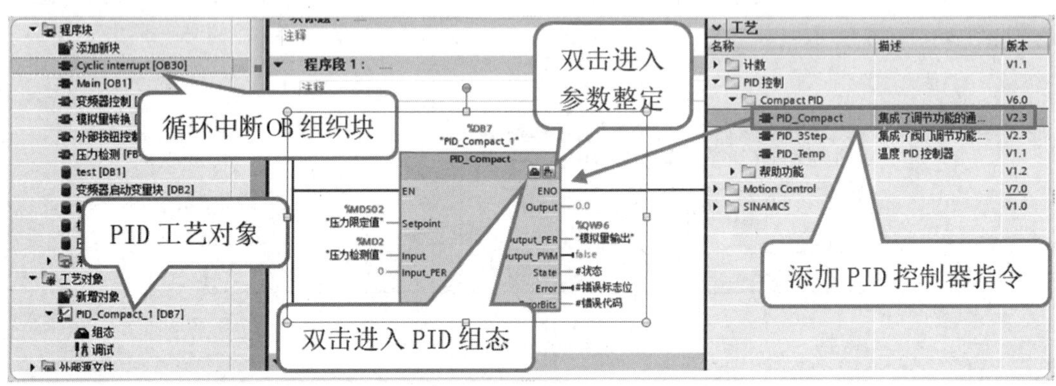

图 3－1－8　PID 通道设置（PID_Compact）

7）PID 参数说明

PID 参数说明如表 3－1－1 所示。

表 3－1－1　PID 参数说明

参数名称	声明	数据类型	说明
Setpoint	Input	Real	控制器设定值
Input	Input	Real	控制器过程值，即反馈值
Input_PER	Input	Int	模拟量输入过程值
Output	Output	Real	PID 控制实数输出值
Output_PER	Output	Int	PID 控制模拟量输出值
Output_PWM	Output	Bool	PID 脉宽调制输出值

8）PID 控制器设置

PID 控制器设置如图 3－1－9 所示。

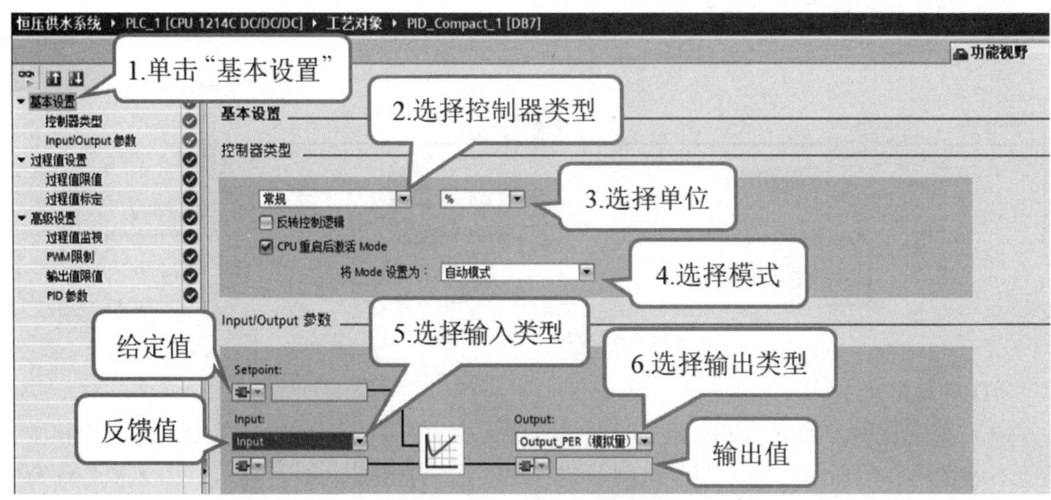

图3－1－9　PID 控制器设置

9）过程值设定

过程值设定如图3－1－10所示。

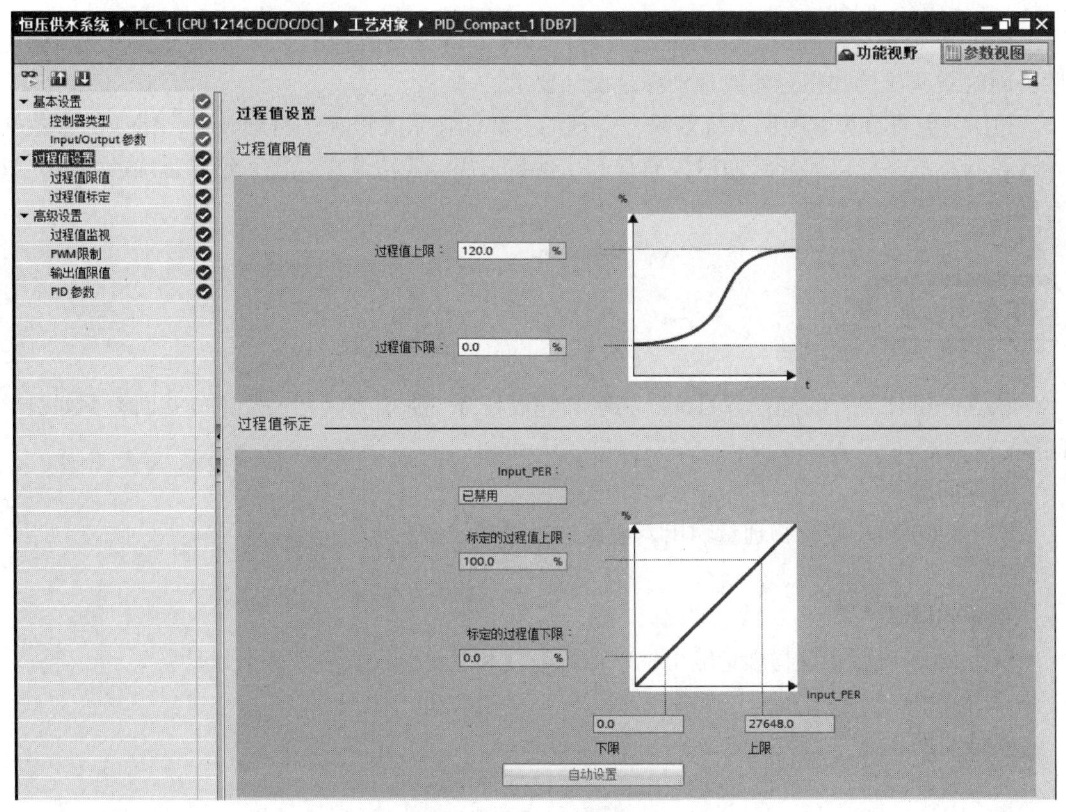

图3－1－10　过程值设定

过程值限值设置中的过程值上限和下限表示在系统调节过程中的最大值与最小值。

过程值标定是指PLC传感器采样值与系统运行之间的关系，S7－1200系列PLC模拟量采样值范围为0.0~27 648.0，0.0对应于系统运行在0%，27 648.0对应系统运行到100%。

10）PID 参数整定

PID 参数整定如图 3 - 1 - 11 所示。

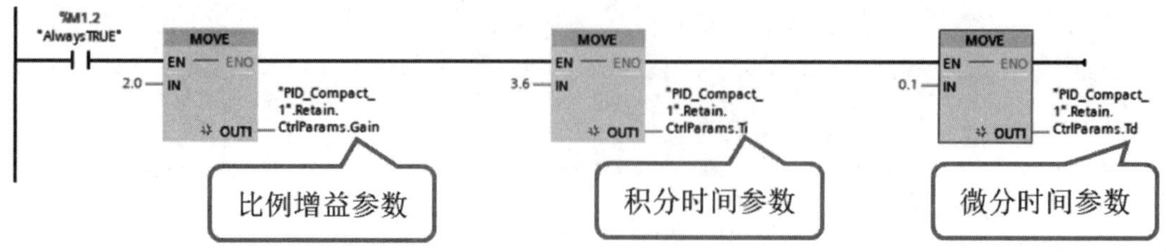

图 3 - 1 - 11　PID 参数整定

PID 参数整定：

（1）整定比例参数 P。先将积分时间设置为无穷大，微分时间设置为 0，使积分和微分环节不起作用，然后由小到大调节比例系数，观察系统响应能否满足需求。因无积分环节参与，所以系统是一个有静差系统（精度较低）。

（2）整定积分参数 I。确定比例参数后，再由小到大改变积分参数并观察系统响应，主要确定系统从启动到静差为 0 的时间。注意此时系统超调量有时可能会增加，如不满足设计指标，需要减小积分参数。

（3）整定微分参数 D。以从小到大的方式改变微分参数，主要观察系统超调量和稳定性，同时微调比例和积分参数直到满足设计要求。

PID 参数直接影响控制系统效果，合理的参数能让系统稳定、精确工作，错误的参数会导致控制系统不稳定而导致崩溃，通常 PID 参数采用经验法调试，没有绝对正确的参数，只有满足工作需求的参数。

任务引导

认真分析任务，明确任务目标。为顺利完成任务，提前查阅相关资讯，并回答下列引导问题。

引导问题 1：

S7 - 1200 PLC 实现物理量输出，应该选择哪些设备？

引导问题 2：

S7 - 1200 PLC 实现物理量输出，PLC 的 I/O 和变量分配表应该怎么设计？

引导问题 3：

要实现物理量输出，应如何在 PLC 上连接硬件电路？

引导问题 4：

要实现温度物理量输出的控制流程是什么？PLC 程序怎么写？

任务分组

小组讨论，制订任务方案，将工具及器件准备、PLC 原理图绘制、硬件电路连线、PLC 程序编写调试等工作任务分工填写在表 3－1－2 中。

表 3－1－2　组员分工表

班级		小组编号		任务分工
组长		学号		
组员	（安全员）	学号		
		学号		
		学号		

制订计划

根据任务要求，结合实训室的设备配置，选取任务所需工具及材料，完成表 3－1－3 的填写。

表 3－1－3　工具及材料清单

序号	工具或材料名称	型号或规格	数量	备注

根据任务要求及实施方案，确定任务步骤及具体工作内容，完成表 3－1－4 的填写。

表 3－1－4　任务实施安排表

序号	工作内容	计划用时	备注

任务实施

（1）列出 I/O 分配表（见表 3-1-5）。

表 3-1-5　PLC I/O 分配表

输入信号				输出信号			
序号	PLC 输入点	面板端子	功能说明	序号	PLC 输出点	面板端子	功能说明

（2）画出 PLC 的 I/O 接线图，并按照图纸、工艺要求、安全规范要求，完成 PLC 与外围设备的接线。（注意：需在断电情况下完成硬件电气接线。）

（3）完成 PLC 梯形图程序设计，并下载和调试程序。（注意：硬件电路通电前，请再次检查接线，确认无误后再上电。调试过程中，要严格执行安全操作规程的规定，小组安全员做好监督工作。）

（4）谈谈通过完成本次实训你的收获。

（5）整理。小组和教师都完成工作任务总结后，各小组对自己的工作岗位进行“整理、整顿、清扫、清洁、安全、素养”6S 处理；归还所借的工具和实训器件。

评价反馈

对任务实施情况进行评价，填入表3－1－6中。

表3－1－6　任务实施评价表

任务名称						
班级		姓名		学号	组号	
评价项目	内容	配分	评分要求	学生自评（20%）	组员互评（30%）	教师评价（50%）
专业能力（80分）	回答引导问题	5	正确完成引导问题问答			
	配置I/O	10	I/O分配合理			
	绘制电气图	10	按任务要求完成电气接线图绘制，输入/输出点使用与I/O分配表对应无误			
	连接硬件	15	按电气接线图正确连接硬件，元器件及导线选用正确合理			
	设计程序	25	完成程序编辑，编译无语法错误，符合程序设计规范，简洁高效			
	调试程序	10	按要求完成程序调试，能实现任务要求的全部功能			
	撰写报告	5	按规定格式完成实训报告撰写，内容完整，描述准确、规范			
综合素养（20分）	遵守课堂纪律	3	遵循行业企业安全文明生产规程，自觉遵守课堂纪律			
	规范操作	5	规范任务实施中的各项操作，防范安全事故，确保人、设备安全			
	6S管理	3	按要求实施现场6S管理			
	团队合作	5	工作任务分配合理，组员积极参与、沟通顺畅、配合默契			
	工作态度	2	主动完成分配的任务，积极协助其他组员完成相关工作任务			
	创新意识	2	主动探究，敢于尝试新方式方法			
小计						
总成绩						
指导教师签字				日期		

任务拓展

编写 PLC 程序，控制加热器和冷却器，实现温度快速升高或降低。

温度 PID 控制程序设计

案例参考

案例： 现有一农户蔬菜大棚种植了瓜类蔬菜，需要进行温度控制，23 ℃左右的棚内温度非常适宜所种植的瓜类蔬菜生长。棚内装有温度变送器采集温度。当棚内温度低于23 ℃时，系统自动启动棚内加热器工作，提高棚内温度；当棚内温度高于23 ℃时，加热器停止工作。采用 S7 - 1200 PLC 实现上述棚内温度控制功能。

1. 实训设备

实训设备如表 3 - 1 - 7 所示。

表 3 - 1 - 7　实训装备一览表

序号	名称	型号与规格	数量	备注
1	实训装置	THPFSM - 2	1	
2	实训挂箱	B11	1	
3	导线	3 号	若干	
4	通信编程电缆	平行网线	1	
5	计算机（安装博途软件）		1	

2. 实训装置操作面板

实训装置操作面板如图 3 - 1 - 12 所示。

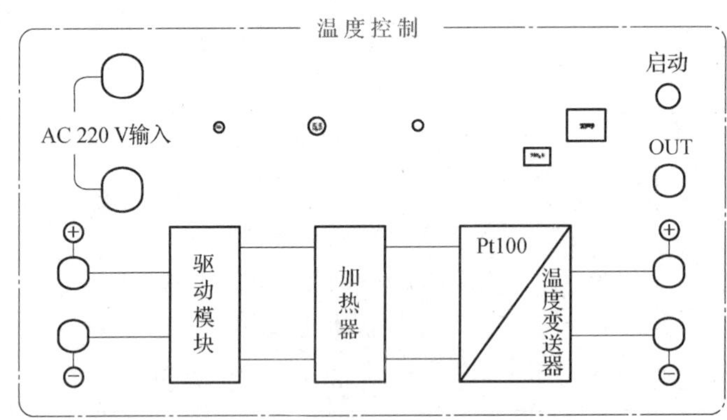

图 3 - 1 - 12　实训装备操作面板结构图

3. 控制要求

（1）总体控制要求：如图 3 - 1 - 12 所示，模拟量模块输入端从温度变送器端采集物体温度信号作为过程变量，经过程序 PID 运算后由模拟量输出端输出控制信号至驱动模块端控制加热器。

（2）程序运行后，模拟量输出端输出加热信号，对受热体进行加热。

4. 程序流程图

（1）程序流程图，如图 3－1－13 所示。

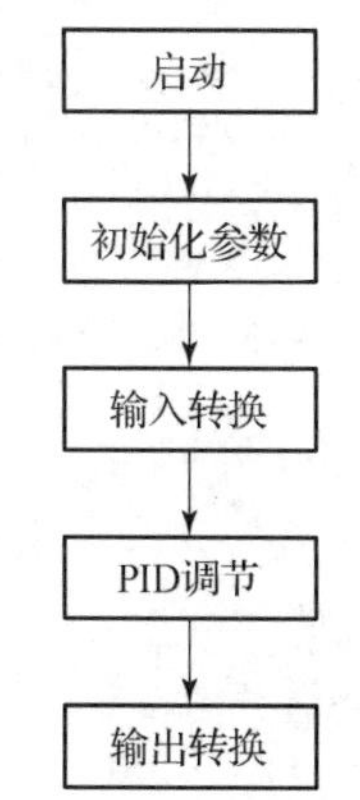

图 3－1－13　程序流程图

5. 端口分配及接线图

（1）PLC I/O 分配表，如表 3－1－8 所示。

表 3－1－8　PLC I/O 分配表

输入信号				输出信号			
序号	PLC 输入点	面板端子	功能说明	序号	PLC 输出点	面板端子	功能说明
1	AI0	温度变送＋	变送器输出正信号	1	AO0	驱动信号＋	驱动正信号
2	2M	温度变送－	变送器输出负信号	2	0M	驱动信号－	驱动负信号

注意：面板 V＋接电源＋24 V

（2）PLC 电气接线图，如图 3－1－14 所示。PLC 组态界面如图 3－1－15 所示。

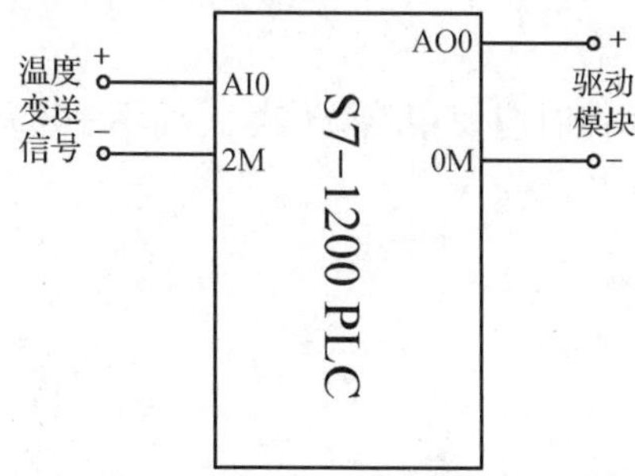

图 3－1－14　温度 PID 调节电气接线图

6. PID 程序

蔬菜温室大棚温度 PID 控制程序如图 3－1－16 所示。

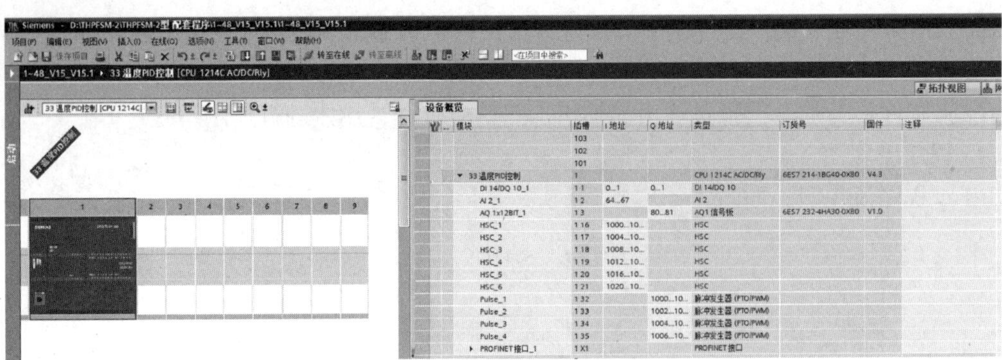

图 3－1－15　PLC 组态界面

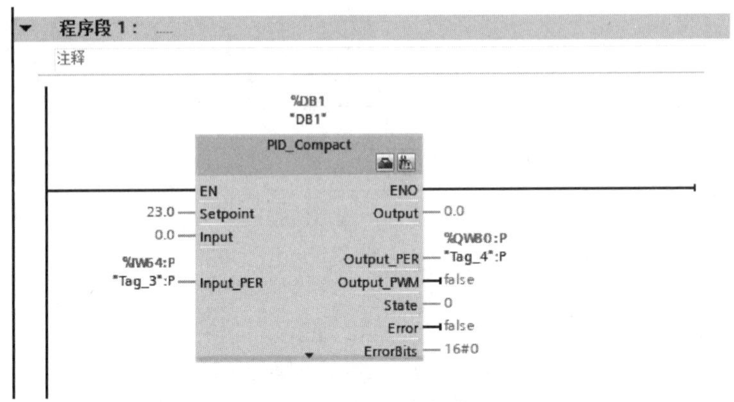

图 3－1－16　蔬菜温室大棚温度 PID 控制程序

任务练习

（1）PID 控制具有什么优点？

（2）为什么在模拟信号远传时应使用电流信号，而不是电压信号？

（3）PID_Compact 指令采用了哪些改进的控制算法？

（4）PID 输出中的积分、微分分别有什么作用？

（5）怎样确定 PID 控制的采样周期？

（6）如何确定 PID 控制器参数的初始值？

任务 3.2　步进电动机速度精准控制

学习情境

步进电动机是一种将电脉冲信号转换成相应角位移或线位移的电动机。每输入一个脉冲信号，转子就转动一个角度或前进一步，其输出的角位移或线位移与输入的脉冲数成正比，转速与脉冲频率成正比。随着永磁材料、半导体技术、计算机技术的发展，使步进电动机在众多领域得到广泛应用。我国步进电动机研发始于 20 世纪 70 年代初，发展至今，国产步进电动机广泛应用于打印机、打票机、雕刻机、医疗仪器、舞台灯光、机床、汽车、纺织等各行业的自动化设备中，且市场占有份额呈逐年扩大的趋势。

教学目标

1. 知识目标

（1）熟练掌握循环右移指令的使用及编程。

（2）掌握步进电动机控制系统的接线、调试方法。

（3）理解步进电动机的结构与工作原理。

2. 能力目标

（1）能计算出步进电动机任意转动角度所需的对应脉冲数。

（2）能使用博途编制完成步进电动机控制的 PLC 程序。

（3）能使用博途完成控制程序与硬件系统的在线联合调试。

单台步进电机控制系统实操调试

3. 素质目标

（1）激发为制造强国而奋斗的爱国情怀。

（2）培养创新与探索精神。

任务要求

步进电动机能将电脉冲信号转换成相应角位移或线位移，从而可以精确控制运动的速度和距离，可以通过 PLC 程序控制从其输出端输出指定数量和频率的高速脉冲来控制步进电动机的运行速度或转动角度。现有如图 3－2－1 所示的步进电动机实训设备面板结构图，要求编写 PLC 程序实现步进电动机手动、自动运行方式。

（1）面板上的“SD”开关为系统启动开关，按下此开关，系统准备运行。

（2）打开“MA”开关，系统进入手动控制模式，此时再按动“SE”单步按钮，每按一次，步进电动机运行一步。

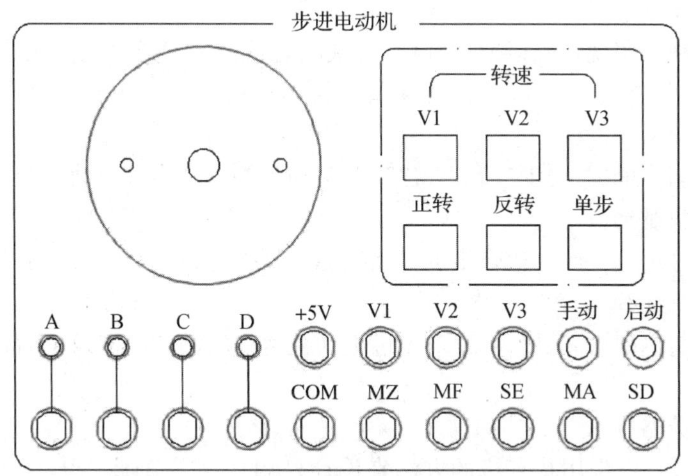

图 3－2－1　步进电动机实训设备面板结构图

（3）关闭"MA"开关，系统进入自动控制模式，此时步进电动机开始自动运行。

（4）步进电动机开始运行时为正转，按下"MF"开关，步进电动机反方向运行。再按动"MZ"开关，步进电动机正方向运行。

小贴士

面向未来，要进一步加大工程技术人才自主培养力度，不断提高工程师的社会地位，为他们成才建功创造条件，营造见贤思齐、埋头苦干、攻坚克难、创新争先的浓厚氛围，加快建设规模宏大的卓越工程师队伍。希望全国广大工程技术人员坚定科技报国、为民造福的理想，勇于突破关键核心技术，锻造精品工程，推动发展新质生产力，加快实现高水平科技自立自强，服务高质量发展，为以中国式现代化全面推进强国建设、民族复兴伟业作出更大贡献。

——习近平在"国家工程师奖"首次评选表彰之际作出重要指示，据新华社北京 2024 年 1 月 19 日电

知识链接

1. 步进电动机的概念

步进电动机是一种将电脉冲信号转换成相应角位移或线位移的电动机。每输入一个脉冲信号，转子就转动一个角度或前进一步，其输出的角位移或线位移与输入的脉冲数成正比，转速与脉冲频率成正比。因此，步进电动机又称脉冲电动机。

2. 输入信号处理

（1）信号读取：编程读取"SD"启动开关、"MA"手动/自动模式选择开关、"SE"单步按钮、"MF"反转开关和"MZ"正转开关的状态。

（2）边缘检测：实现对"SE"单步按钮的上升沿或下降沿检测，确保每次按压仅触发一次步进动作。

3. 控制逻辑实现

（1）模式控制：实现系统根据“MA”开关状态选择手动或自动模式的逻辑。

（2）步进控制：在手动模式下，实现单步控制逻辑，以及在自动模式下实现连续运行的逻辑。

（3）方向控制：根据“MF”和“MZ”开关的状态控制步进电动机的转动方向。

4. 步进电动机驱动

（1）驱动信号生成：产生适合步进电动机驱动器的脉冲信号，控制步进电动机的启动、停止、方向和步进频率。

（2）速度控制：如果需要，实现对步进电动机速度的调节，涉及 PWM（脉宽调制）信号的生成。

5. 程序编写策略

（1）状态机设计：采用状态机的方法来设计控制程序，清晰地分离不同的操作状态和转换条件。

（2）逻辑控制：编写逻辑控制语句，响应输入信号的变化，执行相应的控制动作。

任务引导

认真阅读任务要求，理解任务内容，明确任务目标。请先了解任务中用到的指令，查阅资料了解相关指令的含义和用法，回答下列引导问题，做好相关知识准备。

引导问题 1：

S7－1200 PLC 实现物理量输出，应该选择哪些设备？

引导问题 2：

S7－1200 PLC 实现物理量输出，PLC 的 I/O 和变量分配表应该怎么设计？

引导问题 3：

S7－1200 PLC 要实现物理量输出，应如何在 PLC 上连接硬件电路？

引导问题 4：

如何实现逻辑控制？当响应输入信号变化时，应该执行哪些相应的控制动作？

任务分组

小组讨论，制订任务方案，将工具及器件准备、PLC 原理图绘制、硬件电路连线、PLC 程序编写调试等工作任务分工填写在表 3－2－1 中。

表3-2-1　组员分工表

班级		小组编号		任务分工
组长		学号		
组员	（安全员）	学号		
		学号		
		学号		

制订计划

根据任务要求，结合实训室的设备配置，选取任务所需工具及材料，完成表3-2-2的填写。

表3-2-2　工具及材料清单

序号	工具或材料名称	型号或规格	数量	备注

根据任务要求及实施方案，确定任务步骤及具体工作内容，完成表3-2-3的填写。

表3-2-3　任务实施安排表

序号	工作内容	计划用时	备注

任务实施

（1）列出 I/O 分配表（见表 3－2－4）。

表 3－2－4　PLC I/O 分配表

输入信号				输出信号			
序号	PLC 输入点	器件名称	功能说明	序号	PLC 输出点	器件名称	功能说明

（2）画出 PLC 的 I/O 接线图，并按照图纸、工艺要求、安全规范要求，完成 PLC 与外围设备的接线。（注意：需在断电情况下完成硬件电气接线。）

（3）完成 PLC 梯形图程序设计，并下载和调试程序。（注意：硬件电路通电前，请再次检查接线，确认无误后再上电。调试过程中，要严格执行安全操作规程的规定，小组安全员做好监督工作。）

（4）简述通过完成本次任务的收获。

（5）整理。各小组完成任务实施及总结以后，按照“6S”要求，对实训场所实施整理、整顿、清扫、清洁等，同时归还所借的工具和实训器件。

评价反馈

对任务实施情况进行评价，填入表 3－2－5 中。

表 3－2－5　任务实施评价表

<table>
<tr><td>任务名称</td><td colspan="7"></td></tr>
<tr><td>班级</td><td></td><td>姓名</td><td>学号</td><td colspan="2"></td><td>组号</td><td></td></tr>
<tr><td>评价项目</td><td>内容</td><td>配分</td><td>评分要求</td><td>学生自评（20%）</td><td>组员互评（30%）</td><td>教师评价（50%）</td></tr>
<tr><td rowspan="7">专业能力（80 分）</td><td>回答引导问题</td><td>5</td><td>正确完成引导问题问答</td><td></td><td></td><td></td></tr>
<tr><td>配置 I/O</td><td>10</td><td>I/O 分配合理</td><td></td><td></td><td></td></tr>
<tr><td>绘制电气图</td><td>10</td><td>按任务要求完成电气接线图绘制，输入/输出点使用与 I/O 分配表对应无误</td><td></td><td></td><td></td></tr>
<tr><td>连接硬件</td><td>15</td><td>按电气接线图正确连接硬件，元器件及导线选用正确合理</td><td></td><td></td><td></td></tr>
<tr><td>设计程序</td><td>25</td><td>完成程序编辑，编译无语法错误，符合程序设计规范，简洁高效</td><td></td><td></td><td></td></tr>
<tr><td>调试程序</td><td>10</td><td>按要求完成程序调试，能实现任务要求的全部功能</td><td></td><td></td><td></td></tr>
<tr><td>撰写报告</td><td>5</td><td>按规定格式完成实训报告撰写，内容完整，描述准确、规范</td><td></td><td></td><td></td></tr>
<tr><td rowspan="6">综合素养（20 分）</td><td>遵守课堂纪律</td><td>3</td><td>遵循行业企业安全文明生产规程，自觉遵守课堂纪律</td><td></td><td></td><td></td></tr>
<tr><td>规范操作</td><td>5</td><td>规范任务实施中的各项操作，防范安全事故，确保人、设备安全</td><td></td><td></td><td></td></tr>
<tr><td>6S 管理</td><td>3</td><td>按要求实施现场 6S 管理</td><td></td><td></td><td></td></tr>
<tr><td>团队合作</td><td>5</td><td>工作任务分配合理，组员积极参与、沟通顺畅、配合默契</td><td></td><td></td><td></td></tr>
<tr><td>工作态度</td><td>2</td><td>主动完成分配的任务，积极协助其他组员完成相关工作任务</td><td></td><td></td><td></td></tr>
<tr><td>创新意识</td><td>2</td><td>主动探究，敢于尝试新方式方法</td><td></td><td></td><td></td></tr>
<tr><td colspan="4">小计</td><td></td><td></td><td></td></tr>
<tr><td colspan="4">总成绩</td><td colspan="3"></td></tr>
<tr><td>指导教师签字</td><td colspan="3"></td><td>日期</td><td colspan="2"></td></tr>
</table>

任务拓展

使用 S7－1200 PLC，在前述任务基础上做拓展，可以分别通过速度选择开关“V1”“V2”“V3”，实现步进电动机能在多种不同运行速度之间切换。

案例参考

单台步进电机控制系统设计

案例：单台步进电动机控制系统设计

1. 实训设备

实训设备如表 3－2－6 所示。

表 3－2－6　实训设备一览表

序号	名称	型号与规格	数量	备注
1	实训装置	THPFSM－2	1	
2	实训挂箱	B10	1	
3	导线	3 号	若干	
4	通信编程电缆	平行网线	1	
5	计算机（安装博途软件）		1	自备

2. 控制要求

（1）总体控制要求：如面板图 3－2－1 所示，利用可编程控制器输出信号控制步进电动机运行。

（2）按下“SD”启动开关，系统准备运行。

（3）打开“MA”开关，系统进入手动控制模式，此时再按动“SE”单步按钮，步进电动机运行一步。

（4）关闭“MA”开关，系统进入自动控制模式，此时步进电动机开始自动运行。

（5）分别按动速度选择开关“V1”“V2”“V3”，步进电动机运行在不同的速度段上。

（6）步进电动机开始运行时为正转，按动“MF”开关，步进电动机反方向运行。再按动“MZ”开关，步进电动机正方向运行。

3. 程序流程图

按如图 3－2－2 所示程序流程图设计程序。

4. 端口分配及接线图

（1）PLC I/O 分配表如表 3－2－7 所示。

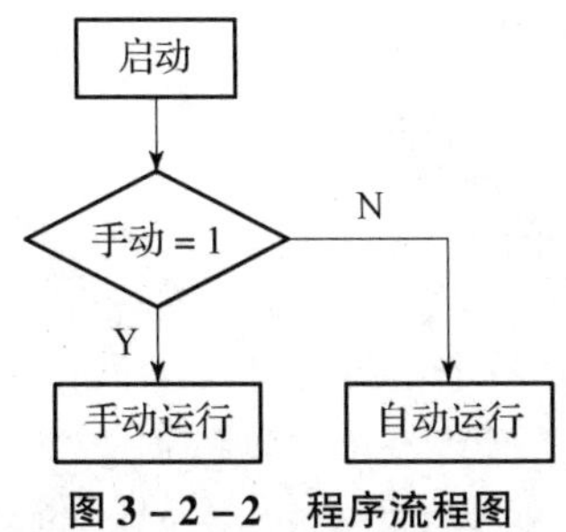

图3-2-2　程序流程图

表3-2-7　PLC I/O分配表

输入信号				输出信号			
序号	PLC输入点	器件名称	功能说明	序号	PLC输出点	器件名称	功能说明
1	I0.0	SD	启动开关	1	Q0.0	A	A相
2	I0.1	MA	手动	2	Q0.1	B	B相
3	I0.2	V1	速度1	3	Q0.2	C	C相
4	I0.3	V2	速度2	4	Q0.3	D	D相
5	I0.4	V3	速度3				
6	I0.5	MZ	正转				
7	I0.6	MF	反转				
8	I0.7	SE	单步				

注：主机1M、面板V+接电源+24 V，主机1L、2L、面板COM接电源GND。

（2）PLC电气接线图如图3-2-3所示。

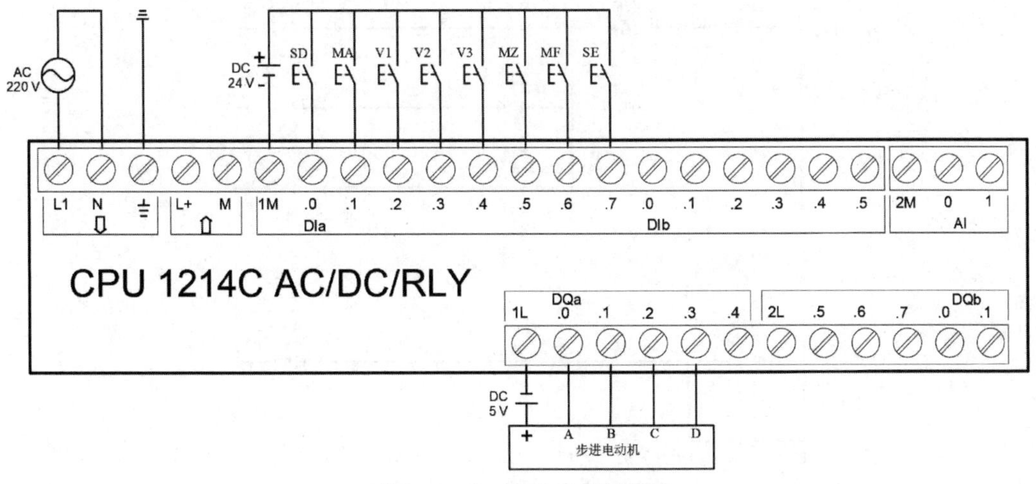

图3-2-3　PLC电气接线图

（3）PLC 组态如图 3－2－4 所示。

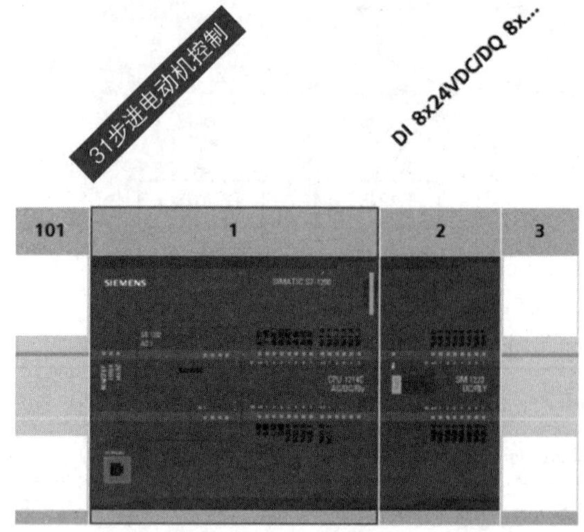

图 3－2－4　PLC 组态

5. 步进电动机 PLC 控制程序

步进电动机 PLC 控制程序如图 3－2－5 所示。

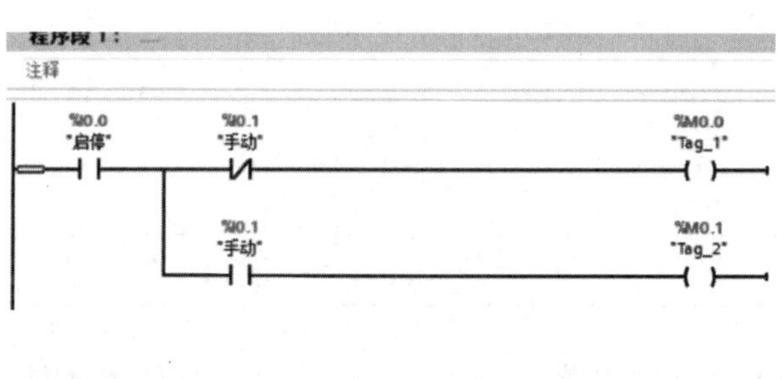

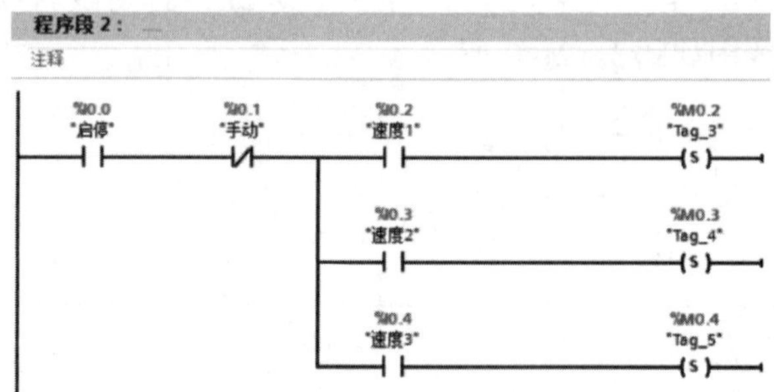

图 3－2－5　步进电动机 PLC 控制程序

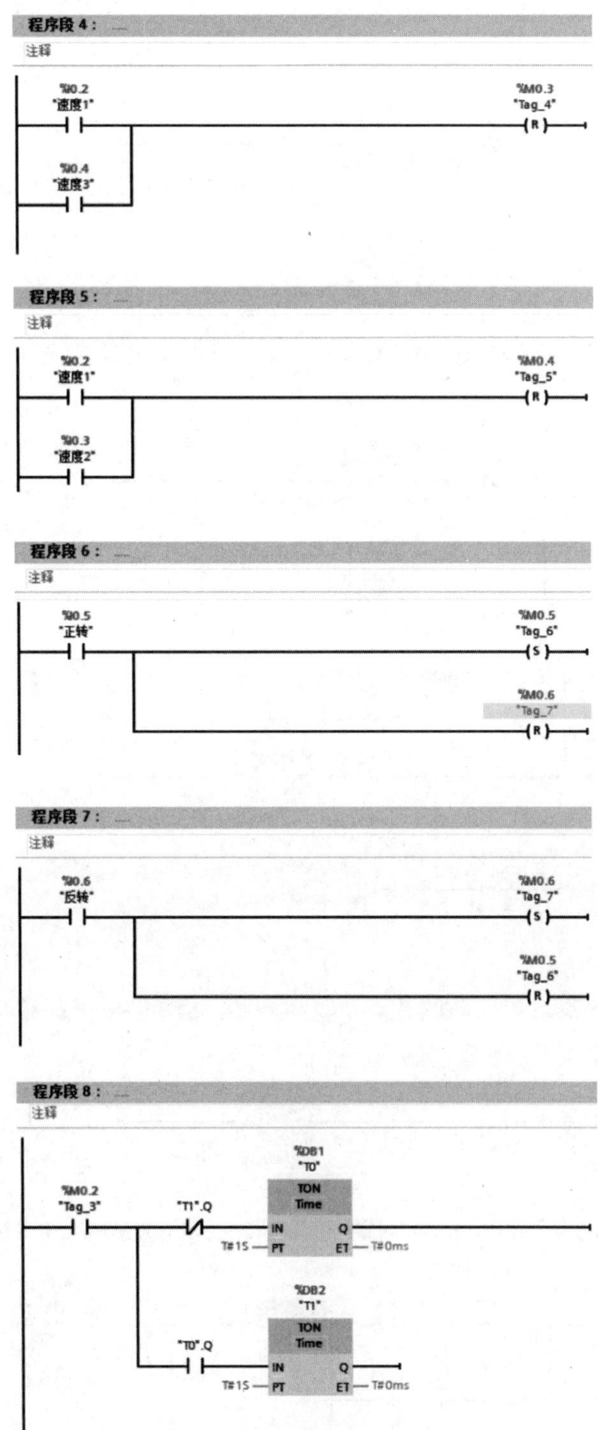

图3－2－5　步进电动机PLC控制程序（续）

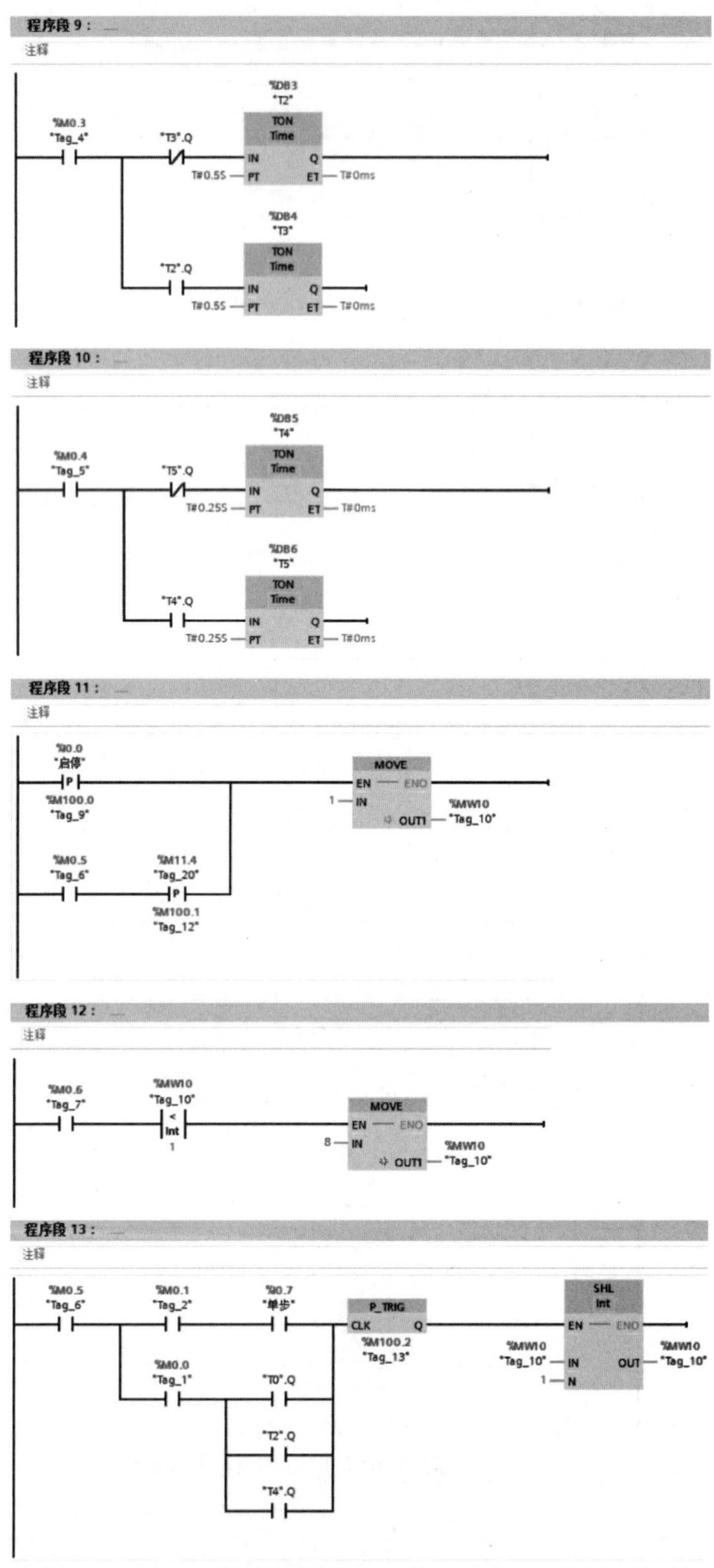

图 3－2－5　步进电动机 PLC 控制程序（续）

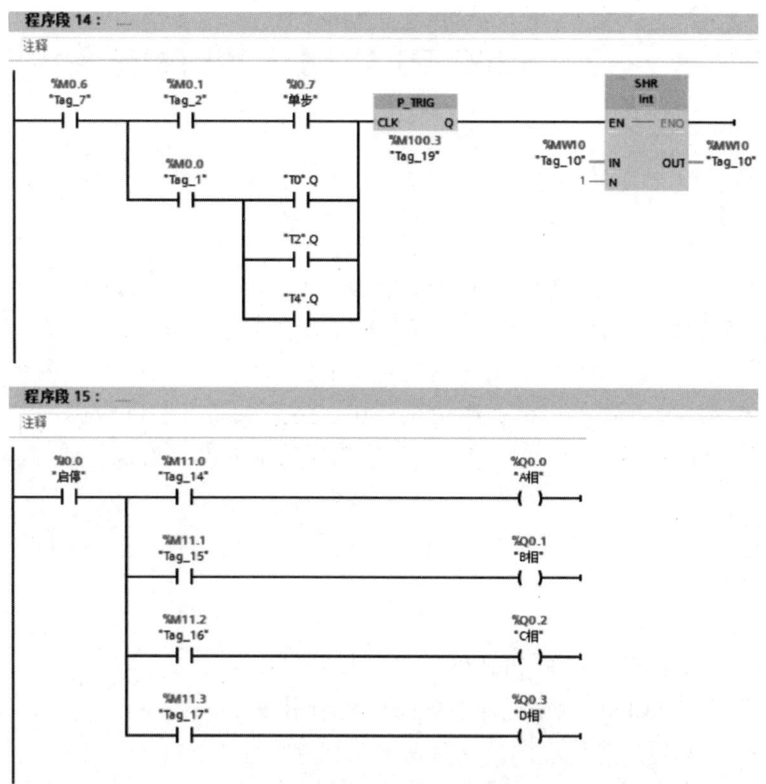

图 3 –2 –5　步进电动机 PLC 控制程序（续）

任务练习

1. 步进电动机运转不正常的原因有哪些？

2. 步进电动机失步的原因有哪些？

3. 简述步进电动机和伺服电动机的区别。

任务 3.3　S7 - 1200 PLC 以太网通信系统设计

学习情境

智能制造产线各生产单元之间能够紧密配合有序衔接地完成产品的生产，离不开彼此之间构建起来的通信网络。例如，上汽通用五菱携手华为打造全球首个“岛式”精益制造工厂，以创新“岛式”生产革新汽车工业延续百年的流水线式总装生产，重新定义汽车总装方式。在这个全球首个“岛式”精益制造工厂中，生产装备、装配设施、大量机器人井然有序、高效运转。在这一切的背后，离不开华为提供的强大网络连接和通信。

教学目标

1. 知识目标

(1) 掌握两台以上 S7 - 1200 PLC 硬件组网方法。
(2) 掌握 S7 - 1200 PLC 网络通信指令的功能和用法。
(3) 掌握网络中 PLC 主机之间数据交换的编程方法。

2. 能力目标

(1) 能对两台 S7 - 1200 PLC 组网进行硬件组态。
(2) 会应用博途软件编制出 S7 - 1200 PLC 网络通信程序。
(3) 能通过软硬件联合调试，实现 S7 - 1200 PLC 之间的网络通信。

3. 素质目标

(1) 培养学生创新求变、勇毅前行的品质。
(2) 强化学生咨询能力，提升信息素养。
(3) 增强学生对“智慧工厂”“智慧园区”等制造业发展新业态、新趋势的理解。

任务要求

在某智能生产线有两台 S7 - 1200 PLC，要求实现两台 PLC 的以太网通信，并用通信程序实现主机 1（主站）的 I0.0 ~ I0.7 输入信号能对应控制主机 2（从站）Q0.0 ~ Q0.7 的输出状态；反之，用主机 2（从站）I0.0 ~ I0.7 输入信号能对应控制主机 1（主站）Q0.0 ~ Q0.7 的输出状态。

小贴士

园区是城市的基本单元，是人类办公、生产、生活的主要场所，是数字经济发展的重要载体，是实现绿色低碳转型的关键靶点。智慧园区是将物理空间、数字空间和人文空间深度融合，具备全面智能、以人为本、绿色低碳特征的有机生命体。2024年3月18日，华为发布《智慧园区2030》报告。该报告以全球智慧园区的洞察和实践为基础，给出了具备前瞻性的未来智慧园区定义和愿景，阐述未来影响智慧园区发展的5大趋势，系统描绘了10个典型未来场景，首次定义了未来智慧园区6大关键技术特征。报告还创新提出一个智慧园区参考架构，并通过22个量化指标，对智慧园区的未来发展前景进行定量预测，指导智慧园区的建设落地。

知识链接

1. S7网络通信硬件连接方式

S7-1200 PLC本体集成了以太网接口，CPU 1215C和CPU 1217C内置了一个双端口的以太网交换机，有两个以太网接口。S7-1200 CPU以太网接口可以通过直接连接或交换机连接的方式与其他设备通信。

（1）直接连接。当一个CPU与一个编程设备或一个HMI或另外一个CPU通信时，也就是说只有两个通信设备时，直接使用网线连接两个设备即可，如图3-3-1所示。

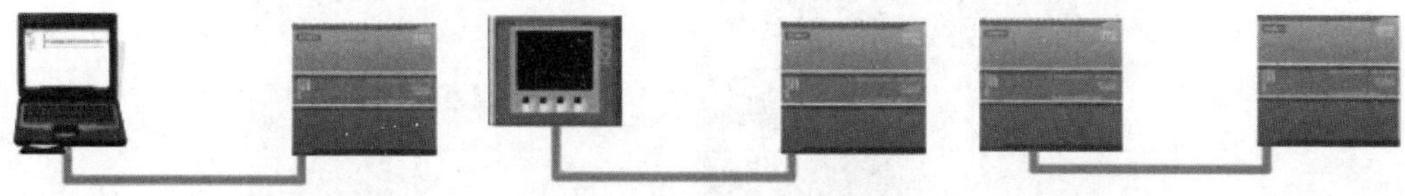

图3-3-1　网线直连示意图

（2）交换机连接。当两个以上的设备进行通信时，需要使用交换机实现网络连接。CPU 1215C和CPU 1217C内置的双端口以太网交换机可连接两个通信设备。也可以选择使用西门子CSM 1277 4端口交换机或SCALANCE X系列交换机连接多个PLC或HMI等设备。多个设备连接交换机示意图如图3-3-2所示。

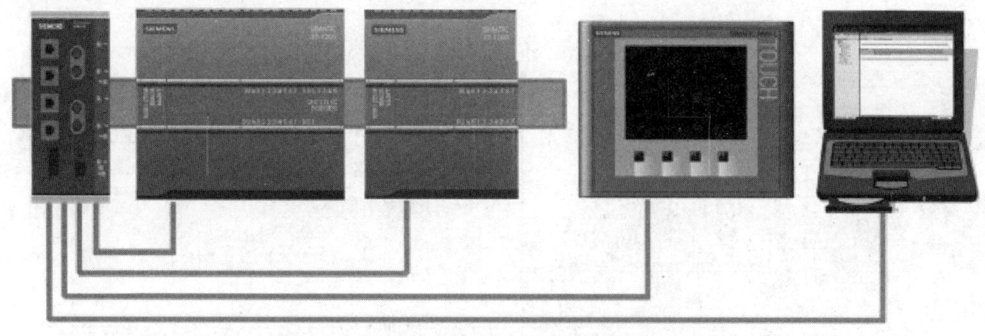

图3-3-2　多个设备连接交换机示意图

2. S7通信简介

S7-1200 CPU与其他S7-1200/1500/300/400 CPU通信可采用多种通信方式，但是最常用、最简单的还是S7通信。S7协议是专门为西门子控制产品优化设计的通信协议，它是面向连接的协议，在进行数据交换之前，必须与通信伙伴建立连接。面向连接的协议具有较高的安全性。

S7 - 1200 CPU 进行 S7 通信时，需要在客户端调用 PUT/GET 指令。“PUT” 指令用于将数据写入伙伴 CPU，“GET” 指令用于从伙伴 CPU 读取数据。

3. S7 通信组态方式

进行 S7 通信需要使用组态的 S7 连接进行数据交换，S7 连接可单端组态或双端组态。

（1）单端组态。只需在通信的发起方（S7 通信客户端）组态一个连接到伙伴方的未指定的 S7 连接，伙伴方（S7 通信服务器）无须组态 S7 连接。单端组态常用于不同项目 CPU 之间的通信。

（2）双端组态。需要在通信双方都进行连接组态。双端组态常用于同一项目中 CPU 之间的通信。

4. 组态 S7 网络

（1）创建 S7 连接：建立子网络连接——选择“S7 连接”创建 S7 通信链路，如图 3 - 3 - 3 所示。

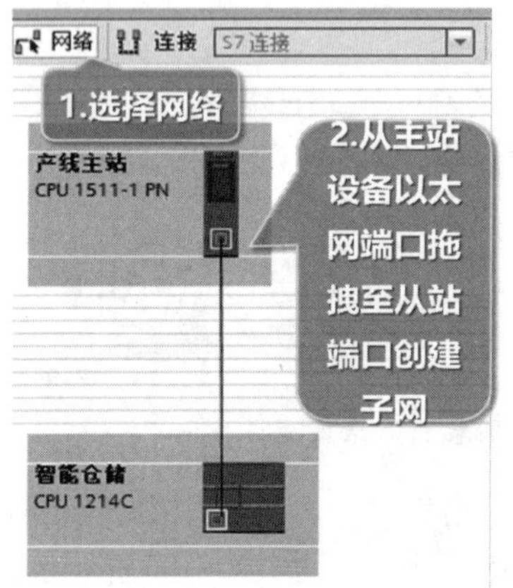

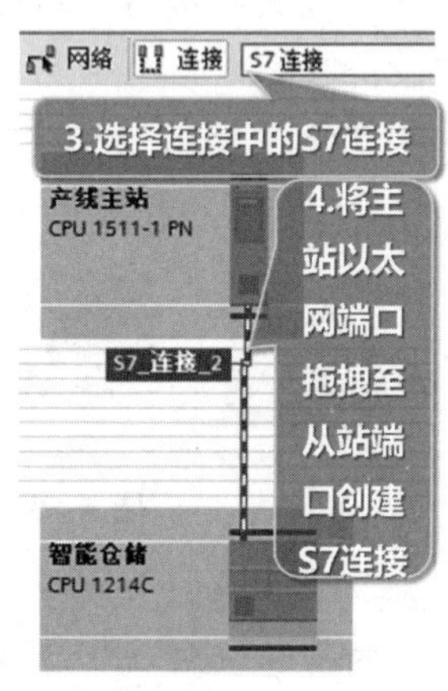

图 3 - 3 - 3　网络链路组态

（2）设置通信参数：硬件组态时需将参与通信的 PLC 设置为“允许来自远程对象的 PUT/GET 通信访问”，如图 3 - 3 - 4 所示。

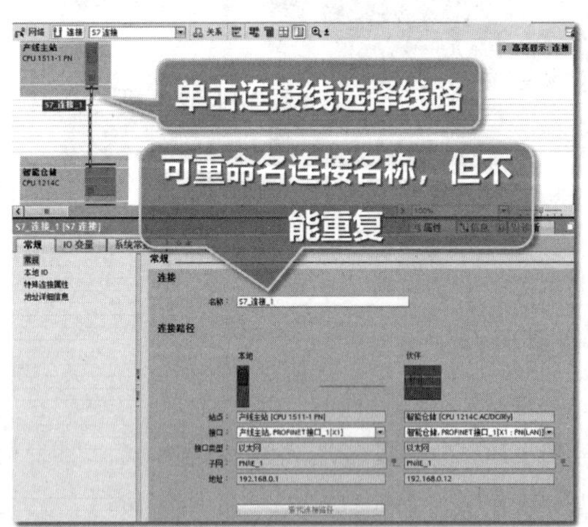

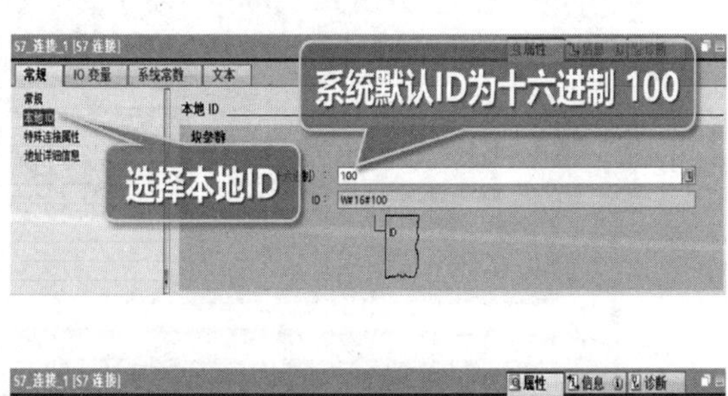

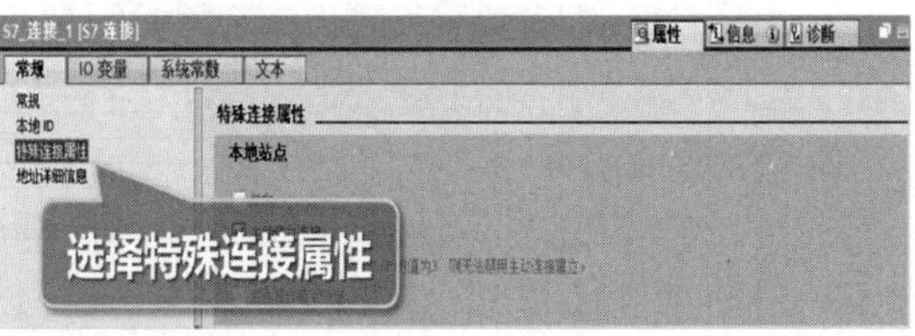

图 3 - 3 - 4　设置通信参数

（3）创建通信 DB 块：S7 通信中 GET/PUT 指令不支持读写操作远程 CPU 的优化 DB 数据块，如图 3－3－5 所示。

图 3－3－5　创建通信 DB 块

（4）GET 指令从远程 CPU 读取数据：GET 指令实现从远程 CPU 读取数据，如图 3－3－6 所示。

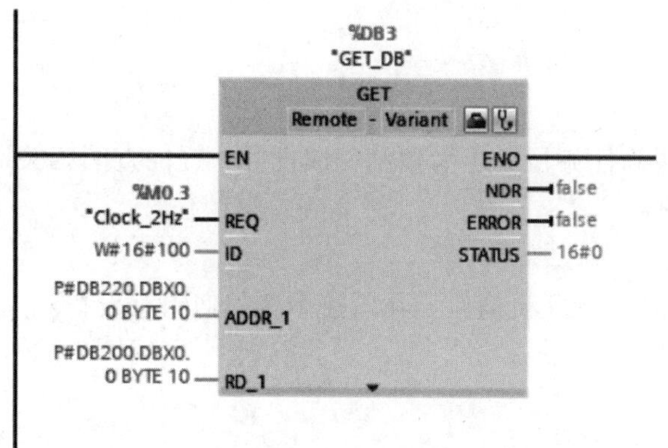

图 3－3－6　GET 指令从远程 CPU 读取数据

（5）PUT 指令：PUT 指令实现向远程 CPU 写入数据，如图 3－3－7 所示。

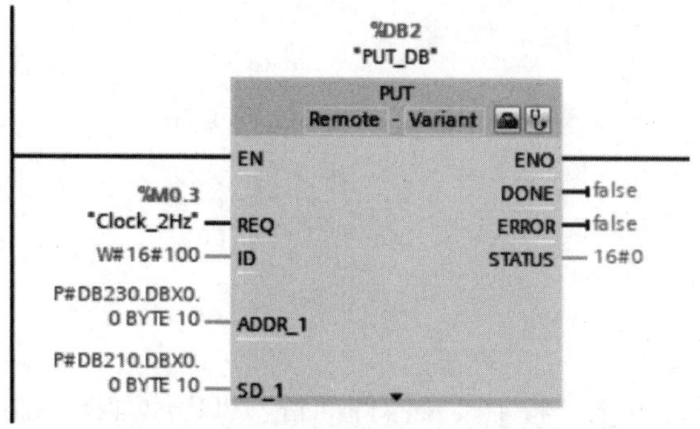

图 3－3－7　创建 PUT 指令

（6）双向连接通信程序：注意本地发送和接收的存储区地址不能重复，以免覆盖数据，如图 3－3－8 所示。

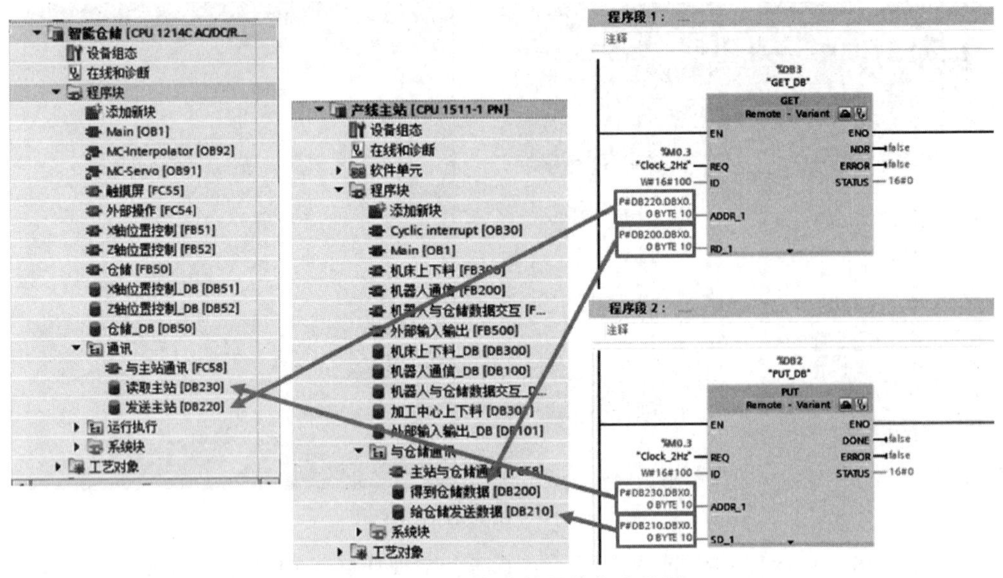

图 3－3－8　双向连接通信程序设置

任务引导

认真分析任务，明确任务目标。为顺利完成任务，提前查阅相关资讯，并回答下列引导问题。

引导问题 1：

两台 S7－1200 PLC 进行联机通信，在博途中应如何组态设备？

引导问题 2：

三台以上 S7－1200 PLC 联机通信，需要哪些硬件设备？

引导问题 3：

S7－1200 PLC 联机通信，如何在 PLC 上连接硬件电路？

任务分组

小组讨论，制订任务方案，将工具及器件准备、PLC 原理图绘制、硬件电路连线、PLC 程序编写调试等工作任务分工填写在表 3－3－1 中。

表3－3－1 组员分工表

班级		小组编号		任务分工
组长		学号		
组员	（安全员）	学号		
		学号		
		学号		

制订计划

根据任务要求，结合实训室的设备配置，选取任务所需工具及材料，完成表3－3－2的填写。

表3－3－2 工具材料清单

序号	工具或材料名称	型号或规格	数量	备注

根据任务要求及实施方案，确定任务步骤及具体工作内容，完成表3－3－3的填写。

表3－3－3 任务实施安排表

序号	工作内容	计划用时	备注

任务实施

（1）列出 I/O 分配表（见表 3－3－4）。

表 3－3－4　PLC I/O 分配表

输入				输出			
序号	输入点	器件名称	功能说明	序号	输出点	器件名称	功能说明

（2）画出 PLC 的 I/O 接线图，并按照图纸、工艺要求、安全规范要求，完成 PLC 与外围设备的接线。（注意：需在断电情况下完成硬件电气接线。）

（3）完成 PLC 梯形图程序设计，并下载和调试程序。（注意：硬件电路通电前，请再次检查接线，确认无误后再上电。调试过程中，要严格执行安全操作规程的规定，小组安全员做好监督工作。）

（4）简述通过完成本次任务的收获。

（5）整理。各小组完成任务实施及总结以后，按照“6S”要求，对实训场所实施整理、整顿、清扫、清洁等，同时归还所借的工具和实训器件。

评价反馈

对任务实施情况进行评价，填入表3－3－5中。

表3－3－5 任务实施评价表

任务名称						
班级		姓名		学号		组号	
评价项目	内容	配分	评分要求	学生自评（20%）	组员互评（30%）	教师评价（50%）
专业能力（80分）	回答引导问题	5	正确完成引导问题问答			
	配置I/O	10	I/O分配合理			
	绘制电气图	10	按任务要求完成电气接线图绘制，输入/输出点使用与I/O分配表对应无误			
	连接硬件	15	按电气接线图正确连接硬件，元器件及导线选用正确合理			
	设计程序	25	完成程序编辑，编译无语法错误，符合程序设计规范，简洁高效			
	调试程序	10	按要求完成程序调试，能实现任务要求的全部功能			
	撰写报告	5	按规定格式完成实训报告撰写，内容完整，描述准确、规范			
综合素养（20分）	遵守课堂纪律	3	遵循行业企业安全文明生产规程，自觉遵守课堂纪律			
	规范操作	5	规范任务实施中的各项操作，防范安全事故，确保人、设备安全			
	6S管理	3	按要求实施现场6S管理			
	团队合作	5	工作任务分配合理，组员积极参与、沟通顺畅、配合默契			
	工作态度	2	主动完成分配的任务，积极协助其他组员完成相关工作任务			
	创新意识	2	主动探究，敢于尝试新方式方法			
小计						
总成绩						
指导教师签字				日期		

任务拓展

PLC 以太网通信程序设计

建立三台 S7－1200 PLC 通信，编写程序实现 PLC_1 I0.0～I0.7 输入信号可以控制PLC_2 的Q0.0～Q0.7 输出，PLC_2 I0.0～I0.7 的输入信号可以分别控制 PLC_3 Q0.0～Q0.7 的输出，而 PLC_3 I0.0～I0.7 的输入信号可以分别控制 PLC_1 Q0.0～Q0.7 的输出。

案例参考

案例：某智能生产线有一个供料单元和一个装配单元，分别由两台 S7－1200 PLC 控制（主机 1、主机 2），需要实现两个单元之间的通信，要求通过主机 1 的输入控制主机 2 的输出，用主机 2 的输入控制主机 1 的输出。

1. 实训设备

实训设备如表 3－3－6 所示。

表 3－3－6　实训设备一览表

序号	名称	型号与规格	数量	备注
1	实训装置	THPFSM－2	2	
2	导线	3 号	若干	
3	网线	平行网线	2	
4	计算机（安装博途软件）		1	

2. 案例任务实施

（1）打开“TIA Portal V16 软件”单击创建项目。

（2）在同一个项目里添加两个 S7－1200 PLC。

（3）在“设备和网络”的“网络视图”里把两个 PLC 的网口连接起来，如图 3－3－9 所示。

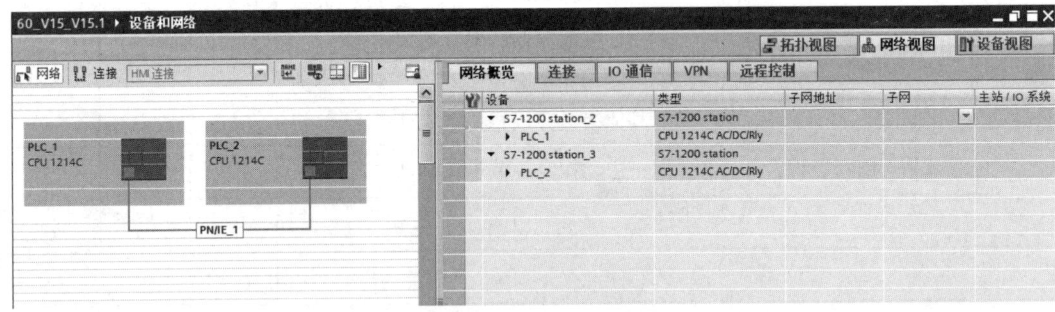

图 3－3－9　网络组态

（4）打开两个主机的“设备视图”，分别设置它们的IP地址（地址必须在同一网管下）。

（5）在各自“设备视图”中，“主机属性”里“保护”中选择“无保护”，并将允许远程伙伴访问打“√”，如图3-3-10所示。

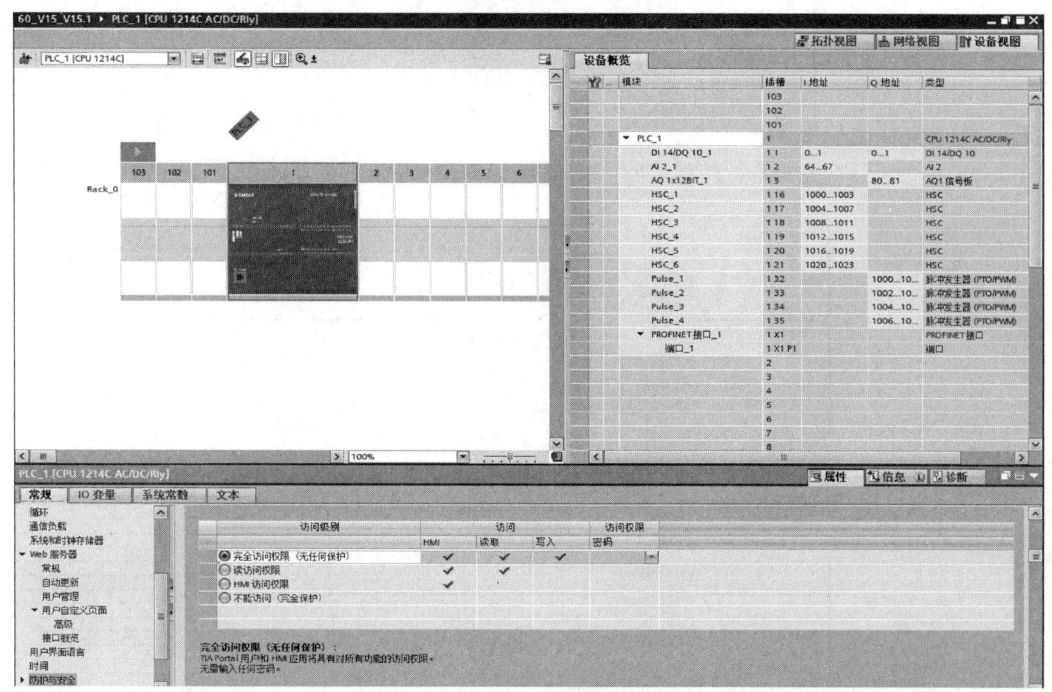

图3-3-10 访问级别设置

（6）单击“保存”按钮，完成主机配置。

（7）按照任务要求，开始编写程序。

3. 通信程序设计

供料单元与装配单元之间的通信程序如图3-3-11所示。

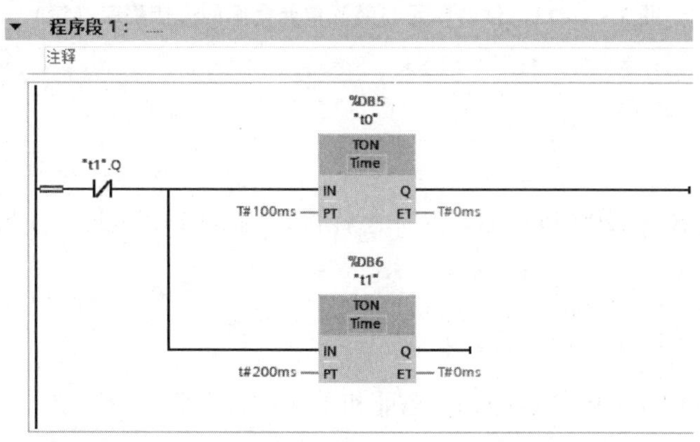

图3-3-11 供料单元与装配单元之间的通信程序

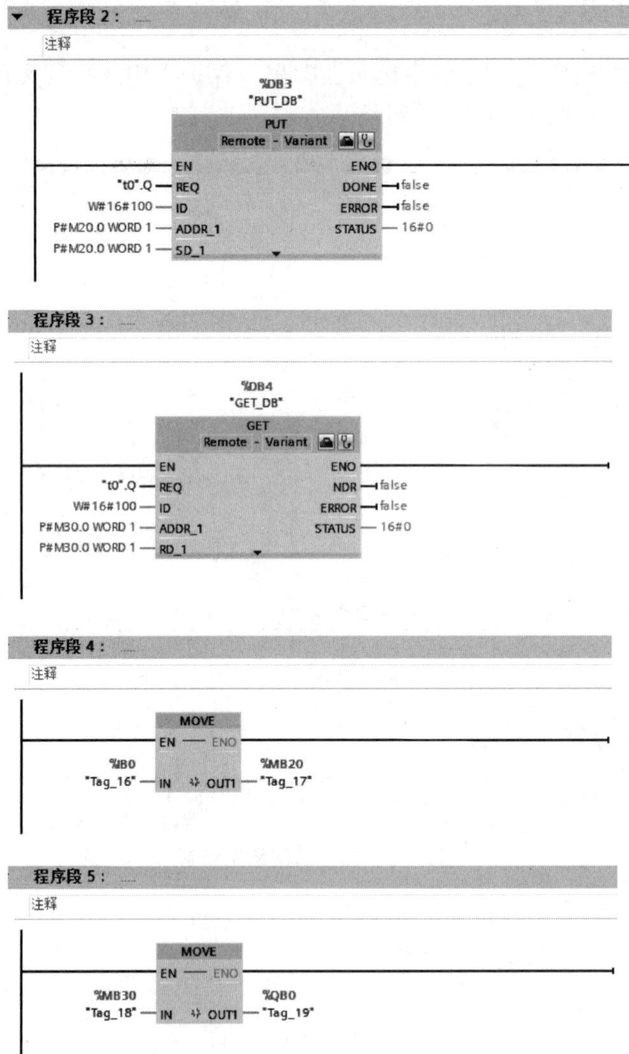

图 3－3－11　供料单元与装配单元之间的通信程序（续）

任务练习

（1）计算机与 S7－1200 PLC 通信时，怎样设置网卡的 IP 地址和子网掩码？

（2）写出 S7－1200 CPU 默认的 IP 地址和子网掩码。

（3）怎样打开 S7 – PLCSIM 和下载程序到 S7 – PLCSIM？

（4）简述开放式用户通信的组态和编程过程。

（5）怎样建立 S7 连接？

任务 3.4　基于 GRAPH 语言控制的四节传送带系统设计

学习情境

在食品生产企业中，多级传送带的应用极为广泛，它们在生产线中扮演着至关重要的角色。这些传送带不仅负责将原材料、半成品和成品在各个生产环节之间高效传递，还直接关系到生产效率、产品质量以及整体运营成本的控制。因此，在设备研发的过程中，确保多级传送带的节拍合理、稳定可靠，显得尤为关键。

教学目标

1. 知识目标

（1）掌握顺序控制的编程方法。
（2）掌握针对 S7 – 1500 PLC 用 GRAPH 进行编写流程控制类程序的方法。
（3）掌握多台电动机顺序启动、逆序停止的编程方法。

2. 能力目标

(1) 能绘制多节传送带系统顺控器结构图。

(2) 能正确使用博途软件完成 GRAPH 函数块创建。

(3) 能使用 GRAPH 函数完成多节式传动带控制任务。

3. 素质目标

(1) 通过任务资讯，树立职业意识，严格遵循企业的“6S”质量管理体系。

(2) 通过分组实训，养成实事求是的科学态度以及质疑和独立思考的习惯。

(3) 通过实训练习，增强创新能力和自我学习能力。

任务要求

有一个用四条皮带运输机的传送系统，分别用四台电动机带动，控制要求如下。按下启动按钮后，M4 的电动机先启动，启动 3 s 后，然后按顺序启动 M3、M2、M1 电动机。启动间隔时间都是 3 s。当电动机都启动完成后，若按下停止按钮，电动机逆序停止，即 M1→M2→M3→M4。两台电动机的停止时间间隔为 5 s。模拟实验面板如图 3－4－1 所示。

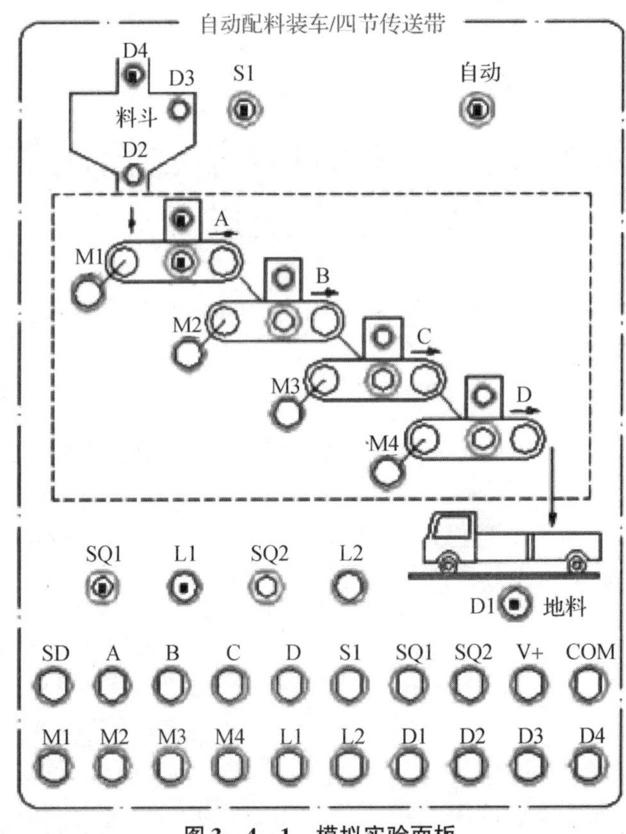

图 3－4－1　模拟实验面板

需要提交的内容如表 3－4－1 所示的任务清单。

表 3－4－1 任务清单

序号	任务内容	任务要求	验收方式
1	完成 PLC 控制线路原理图绘制	符合电气接线原理图绘图原则，符合任务要求接线原则	材料提交
2	按原理图完成硬件接线	符合电气线路接线标准，正确按照原理图完成接线	成果展示
3	完成 PLC 程序设计，实现任务要求	实现任务要求	成果展示
4	完成任务工单信息记录	内容完整，图片清楚	材料提交

小贴士

中共中央总书记、国家主席、中央军委主席习近平日前对食品安全工作作出重要指示，指出：民以食为天，加强食品安全工作，关系我国 13 亿多人的身体健康和生命安全，必须抓得紧而又紧。这些年，党和政府下了很大气力抓食品安全，食品安全形势不断好转，但存在的问题仍然不少，老百姓仍然有很多期待，必须再接再厉，把工作做细做实，确保人民群众“舌尖上的安全”。

知识链接

1. 顺序功能图语言 GRAPH 的介绍

GRAPH 是一种顺序功能图编程语言，适合用于顺序逻辑控制。其特点为：

（1）适用于顺序控制程序。

（2）符合国际标准 IEC61131－3。

（3）通过了 PLCopen 基础级认证。

（4）适用于 SIMATIC S7－300、S7－400、C7、WinAC 和 S7－1500。

在顺序控制系统中，至少包含三个块：背景数据块、GRAPH 函数块和调用块，如图 3－4－2 所示。GRAPH 函数块的周期取决于调用块的周期。在每个周期，都会先执行 GRAPH 函数块中的前永久指令，然后再处理活动步中的动作，最后再执行后永久指令。编译 GRAPH 程序时，其生成的块以 FB 的形势出现，此 FB 可以被其他程序调用。

根据顺控过程的流向，顺序控制图形结构类型主要有四种：单一的顺序结构、选择分支结构、并行结构、复合结构，如图 3－4－3 所示。

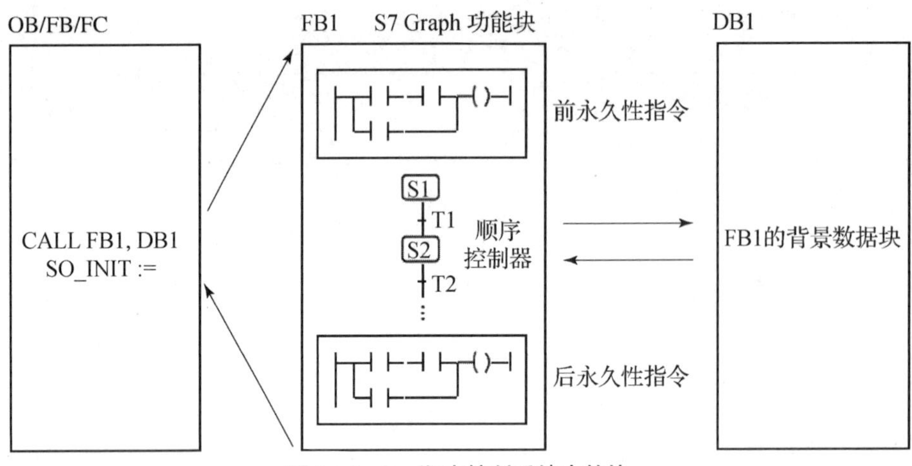

图 3－4－2　顺序控制系统中的块

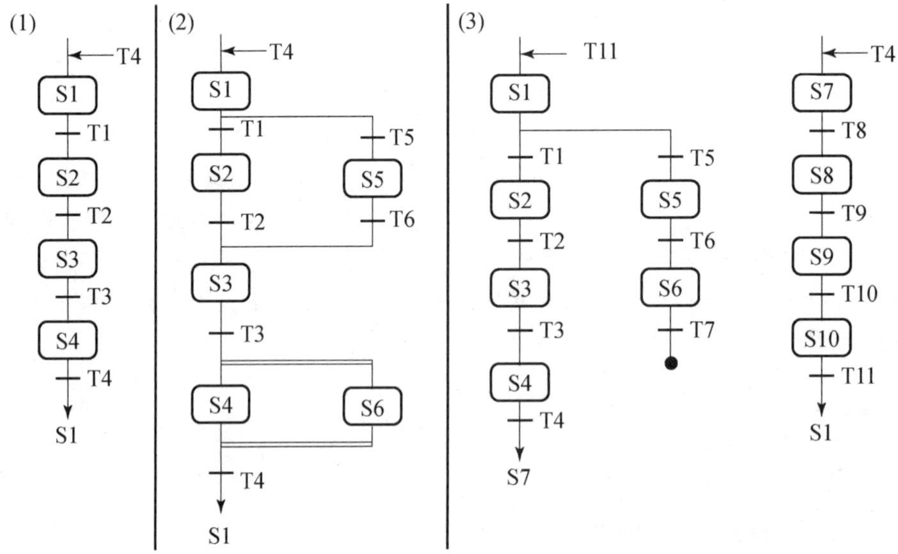

图 3－4－3　顺序控制图形结构类型

（1）S7－GRAPH 的 FB 可以是简单的线性结构顺控器。

（2）S7－GRAPH 的 FB 可以是包括选择结构及并行结构顺控器。

（3）S7－GRAPH 的 FB 可以包括多个顺控器。

2. GRAPH 编辑器介绍和应用

（1）新建一个 GRAPH 块。

在程序中单击“添加新块”，弹出对话框，如图 3－4－4 所示，在语言下拉列表中选择“GRAPH”，就可以添加 GRAPH 程序块了。

（2）GRAPH 编辑器。创建好 GRAPH 块后，就进入编辑器界面，如图 3－4－5 所示。

绘制顺控图时，常用的工具条如图 3－4－6 所示，功能说明如表 3－4－2 所示。

图3-4-4　新建 GRAPH 块

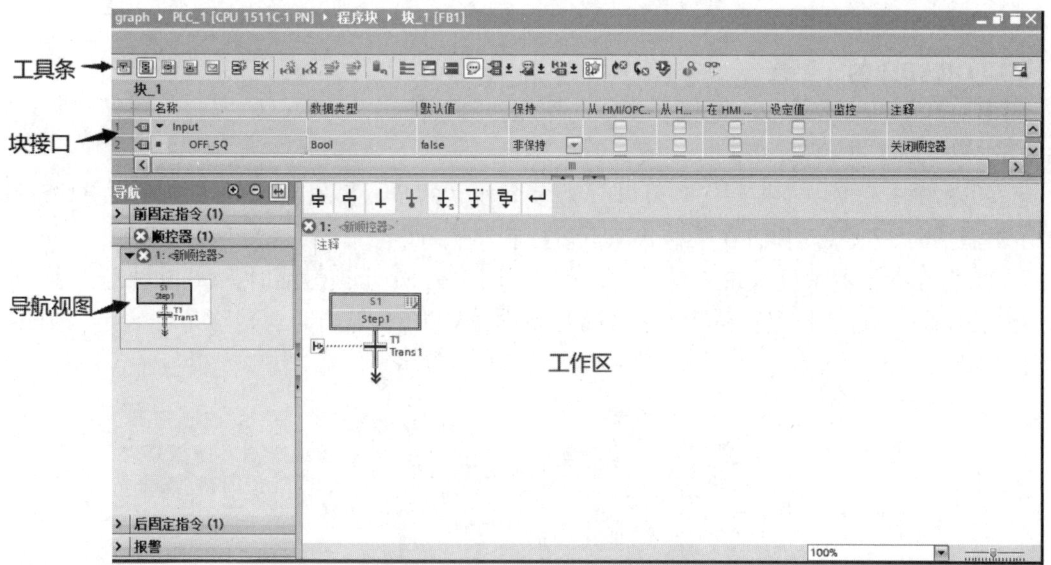

图3-4-5　GRAPH 编辑器界面

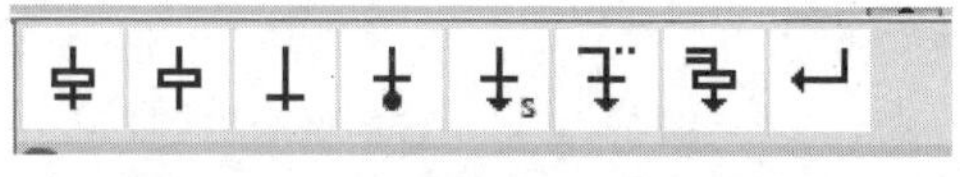

图3-4-6　GRAPH 编辑工具条

表 3－4－2　GRAPH 编辑工具条功能说明

符号	名称	功能说明
	步和转换条件	添加新步和其切换至下一步的转换条件
	添加新步	添加新步
	添加转换条件	添加转换条件
	顺控器结尾	顺控器结尾
	跳转到另一步	跳转到另一步
	选择分支	打开选择分支的起始步
	并行分支	打开并行分支的起始步
	嵌套闭合	嵌套闭合

3. GRAPH 的三要素

GRAPH 编写主要的三个要素：步、动作和转移条件。

1）步

在 GRAPH 程序中，控制任务可以分为多个独立的步。可以在这些步中声明一些动作。当步被激活时，这些动作将在某些状态下被控制器执行。

例 1：在编辑器中显示如图 3－4－7 所示。图中的 S1 步被激活时，Q0.0 执行 R 指令复位为 0，Q0.1 执行 S 指令置位为 1。当满足条件，M110.0 导通时，转移条件满足，则转移到下一步。

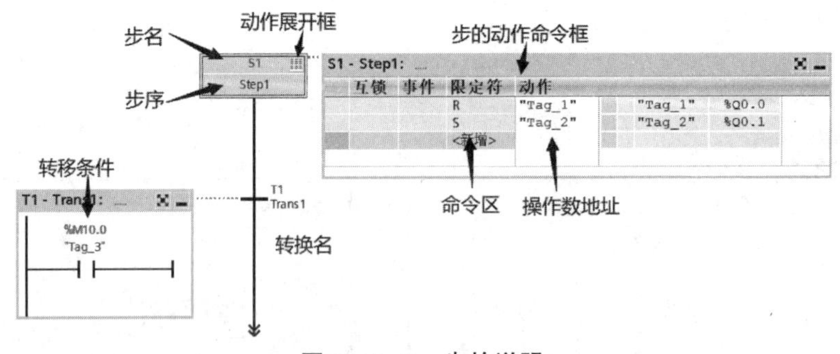

图 3－4－7　步的说明

当选中某步时，单击单步视图快捷键就会进入单步视图界面，如图 3－4－8 所示，也可以在此界面下进行编辑。

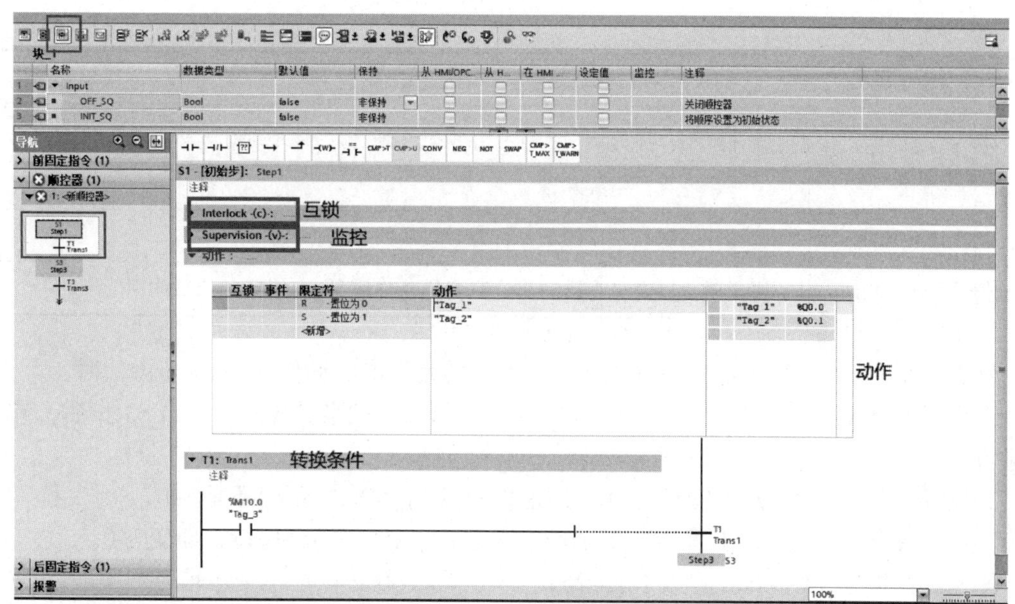

图 3-4-8　单步视图

激活的步是当前自身的动作正在被执行的步，非激活的步在以下情况下也可以被激活：

①当某步前面的转换条件满足时。

②当某步被定义为初始步，并且顺控器被初始化时。

注意：顺控器中有些步可以没有动作，顺序执行到这些步后，此步激活，并直接进入后续的转换条件判断部分。

2）动作

步的动作在 GRAPH 的 FB 中占有重要位置，用户大部分控制任务要由步的动作来完成，编程者应当熟练掌握所有的动作指令。动作可以分为以下几类：

（1）标准动作。如表 3-4-3 所示是标准动作中的命令，表中的 Q、I、M 和 D 均为位地址，括号中的内容用于有互锁的动作。标准动作可以设置互锁，仅在步处于活动状态和互锁条件满足时，有互锁的动作才被执行。没有互锁的动作在步处于活动状态时就会被执行。图 3-4-5 所示步的动作就使用了 R 和 S 标准动作命令。

表 3-4-3　标准动作中的命令

命令	地址类型	说明
N	Q、I、M、D	只要步为活动步（且互锁条件满足），动作对应的地址就为 1 状态，无锁存功能
S	Q、I、M、D	置位：只要步为活动步（且互锁条件满足），该地址被置为 1 并保持为 1 状态
R	Q、I、M、D	复位：只要步为活动步（且互锁条件满足），该地址被置为 0 并保持为 0 状态
D	Q、I、M、D	延迟：（如果互锁条件满足），步变为活动步 n 秒后，如果步仍然是活动的，该地址被置为 1 状态，无锁存功能
	T# < 常数 >	有延迟的动作的下一行为时间常数

续表

命令	地址类型	说明
L	Q、I、M、D	脉冲限制：步为活动步（且互锁条件满足），该地址在 n 秒内为 1 状态，无锁存功能
	T# < 常数 >	有脉冲限制的动作的下一行为时间常数
CALL	FC，FB	块调用：只要步为活动步（且互锁条件满足），指定的块被调用

例 2：如图 3－4－9 所示，在这一步中，运用的是标准的动作，当 S3 步激活时：

①执行 D 延时指令。即当激活 S3 步后的 5 s，M2.2 则会置 1。当跳出 S3 步后，M2.2 不保留，则变为 0。

②执行 R 指令，使 Q0.0 复位为 0。当跳出 S3 步后，Q0.0 不变还是为 0。

③执行 N 指令，使 Q0.1 置为 1。当跳出 S3 步后，Q0.1 不会保持，即变为 0。

④执行 S 指令，使 Q0.2 置为 1。当跳出 S3 步后，Q0.2 保持不变还是为 1。

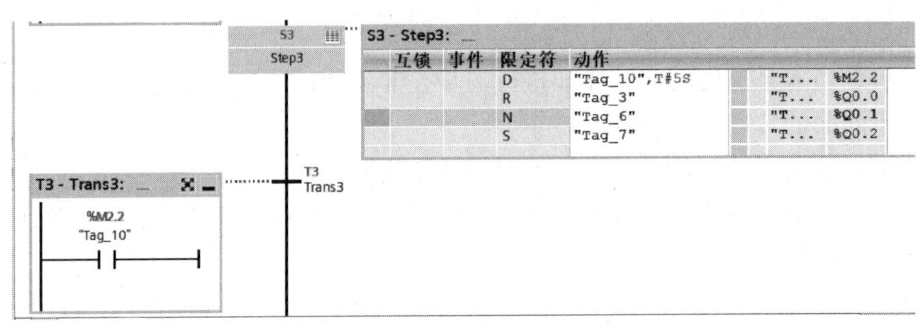

图 3－4－9　S3 步程序

（2）与事件有关的动作。动作可以与事件结合，事件是指步、监控信号、互锁信号的状态变化，信息的确认或信号被置位。命令只能在事件发生的那个循环周期执行。动作的事件符号表示的含义如表 3－4－4 所示。

表 3－4－4　控制动作的事件

名称	事件意义
S1	步变为活动步
S0	步变为不活动步
V1	发生监控错误（有干扰）
V0	监控错误消失（无干扰）
L1	互锁条件解除
L0	互锁条件变为 1
A1	信息被确认
R1	在输入信号 REG_EF/REG_S 的上升沿，记录信号被置位

除了命令 D（延迟）和 L（脉冲限制）外，其他命令都可以与事件进行逻辑组合。

（3）ON 命令与 OFF 命令。

用 ON 命令或 OFF 命令分别可以使命令所在的步之外的其他步变为活动步或不活动步。

ON 和 OFF 命令取决于“步”事件，即该事件决定了该步变为活动步或变为不活动步的时间，这两条指令可以与互锁条件组合，即可以使用命令 ONC 和 OFFC。

指定的事件发生时，可以将指定的步变为活动步或不活动步。如果命令 OFF 的地址标识符为 S_ALL，将除了命令“S1（V1，L1）OFF”所在的步之外其他的步变为不活动步。

例3：如图3-4-10所示的步 S1 变为活动步后，各动作按以下方式执行：

①S1 变为活动步和互锁条件满足（出现 S1 事件），命令“R”使输出 Q0.0 复位为0，并保持为0。

②一旦监控错误发生（出现 V1 事件），除了动作中的命令“V1 OFF”所在的步 S1，其他的活动步变为不活动步。

③S1 变为不活动步时（出现事件 S0），将步 S3 变为活动步。

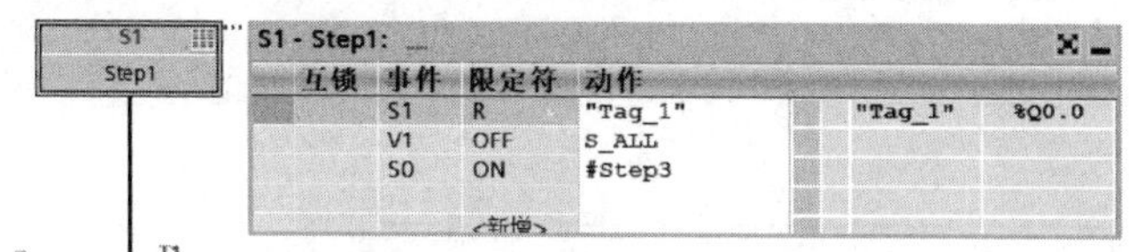

图3-4-10 S1 步动作

（4）动作中的计数器。有互锁功能的计数器在互锁条件满足和指定的事件出现时，动作中的计数器才会计数。事件发生时，计数器指令 CS 将初值装入计数器。CS 指令下面一行是要装入的初值。事件发生时，CU、CD 和 CR 指令使计数值分别加1、减1和将计数值复位为0。

（5）动作中的定时器。事件出现时定时器被执行，互锁功能也可以用于定时器。相关动作指令如表3-4-5所示。

表3-4-5 动作中定时器指令

名称	事件意义
TD	命令用来实现定时器位有闭锁功能的延迟。一旦事件发生，定时器被启动。互锁条件 C 仅仅在定时器被启动的那一时刻起作用
TF	关闭定时器
TL	为扩展的脉冲定时器命令，一旦事件发生，定时器被启动
TR	是复位定时器命令，一旦事件发生，定时器位与定时值被复位为0

（6）动作中的算术运算。

在动作中可以使用：A:= B；A:= 函数(B)；A:= B <运算符号> C。A:= 函数(B)；例4：如图3-4-11所示，N 指令表示，只有步数激活时，执行时“Tag_7”:=0 运算，把0赋给 Q0.2，使 Q0.2 输出0。

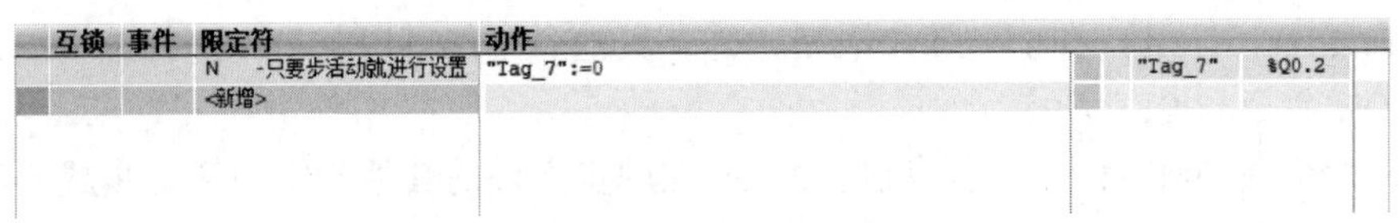

互锁	事件	限定符	动作		
		N -只要步活动就进行设置	"Tag_7":=0	"Tag_7"	%Q0.2
		<新增>			

图 3－4－11　动作中的算术运算

3）条件

（1）转换条件。转换条件可以用梯形图或功能块图来表示，如前面图 3－4－9，当 M2.2 导通时，则 T3－Trans：的转移条件满足，则会跳转到下一步。

（2）互锁条件。如果互锁条件的逻辑满足，则互锁成立。在动作中，不执行受互锁控制的动作。

例 5：如图 3－4－12 互锁程序，当 M0.1 导通时，C 互锁成立。当该步激活时，由于 C 互锁成立，则第一条 N 是不执行的，Q0.2 不动作。而第二条 N 执行 Q0.3 置 1。如果 M0.1 不导通，互锁不成立，则执行两条 N。

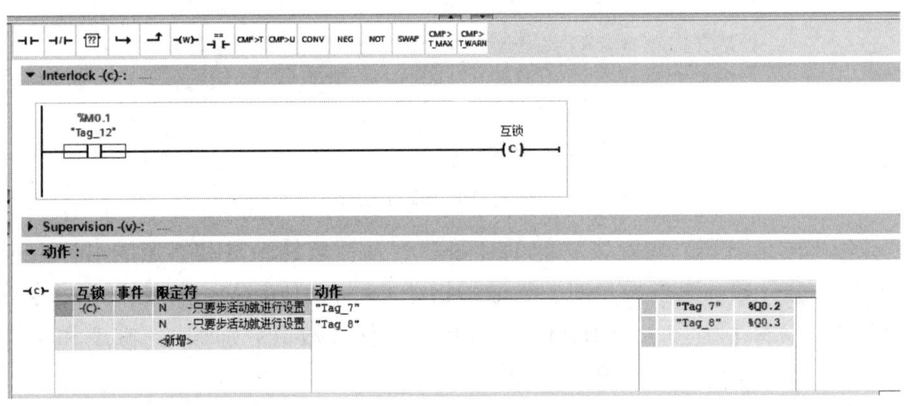

图 3－4－12　互锁程序

（3）监控条件。如果监控条件的逻辑运算满足，表示有干扰事件 V1 发生。顺控器不会转换到下一步，保持当前步为活动步。如果监控条件的逻辑运算不满足，表示没有干扰，如果转换条件满足，转换到下一步。只有活动步被监控。

任务引导

认真阅读任务要求，理解任务内容，明确任务目标。请先了解任务中使用到的指令，查阅资料了解相关指令的含义和用法，回答下列引导问题，做好相关知识准备。

引导问题 1：

如图 3－4－13 所示，当该步被激活时，Q0.1 和 Q0.2 的状态是什么？M0.0 什么时候被接通？

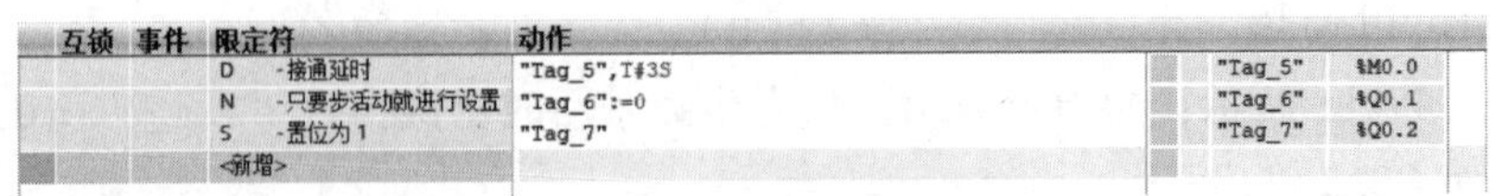

互锁	事件	限定符	动作		
		D -接通延时	"Tag_5",T#3S	"Tag_5"	%M0.0
		N -只要步活动就进行设置	"Tag_6":=0	"Tag_6"	%Q0.1
		S -置位为 1	"Tag_7"	"Tag_7"	%Q0.2
		<新增>			

图 3－4－13　步的动作

引导问题2：

如图3-4-14所示，当该步被激活时，Q0.1和Q0.2的状态是什么？当跳出该步时，Q0.1和Q0.2的状态是什么？

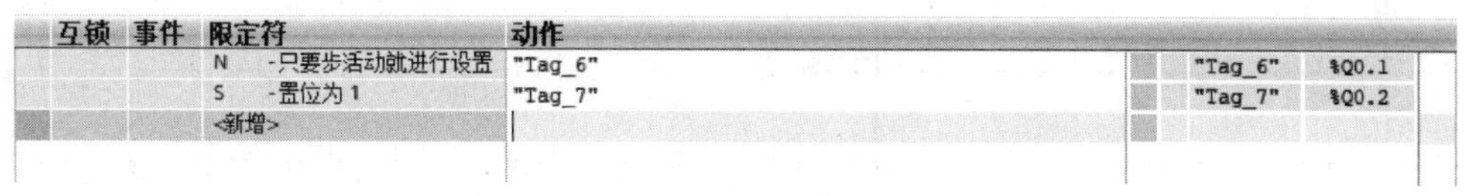

互锁	事件	限定符	动作		
		N -只要步活动就进行设置	"Tag_6"	"Tag_6"	%Q0.1
		S -置位为1	"Tag_7"	"Tag_7"	%Q0.2
		<新增>			

图3-4-14　步的动作

引导问题3：

如图3-4-15所示，当该步被激活时，Q0.1和Q0.2的状态是什么？当跳出该步时，Q0.1和Q0.2的状态是什么？当该步被激活时，发生了V1事件，对程序有什么影响？

互锁	事件	限定符	动作		
	S1	S -置位为1	"Tag_6"	"Tag_6"	%Q0.1
	S0	S -置位为1	"Tag_7"	"Tag_7"	%Q0.2
	V1	OFF -取消激活步	S_ALL		
		<新增>			

图3-4-15　步的动作

任务分组

请组长组织组员完成方案讨论、组员分工、工具元件准备、PLC原理图设计及绘制、硬件电路连线、PLC元件编写、程序的调试等工作任务的分工，并做好信息记录，填写在表3-4-6中。

表3-4-6　组员分工表

班级		小组编号		任务分工
组长		学号		
组员	（安全员）	学号		
		学号		
		学号		

制订计划

根据任务要求，结合实训室的设备配置，选取任务相关工件材料，完成表3-4-7的填写。

表 3－4－7　工具材料清单

序号	工具或材料名称	型号或规格	数量	备注

根据任务要求，讨论工序步骤，完成表 3－4－8 的填写。

表 3－4－8　任务实施安排表

序号	工作内容	计划用时	备注

（1）各小组派代表阐述设计方案及编程思路。
（2）各组对其他组的设计方案提出不同的看法。
（3）教师结合大家完成的方案进行点评，选出最佳方案。

任务实施

（1）列出 I/O 分配表（见表 3－4－9）。

表3-4-9 PLC I/O分配表

输入信号				输出信号			
序号	PLC输入点	器件名称	功能说明	序号	PLC输出点	器件名称	功能说明

（2）画出PLC的I/O接线图，并按照图纸、工艺要求、安全规范要求，安装完成PLC与外围设备的接线。（注意：一定要在断电情况下完成接线。）

（3）完成PLC梯形图程序设计，下载到PLC，通电进行调试。（注意：通电前请再次检查接线，经指导老师检查后，再进行上电。调试过程中，要认真执行安全操作规程的有关规定，不要用手触碰裸露的接线端子。安全员要时刻做好监督工作。）

（4）谈谈通过完成本次实训你的收获。

（5）整理。小组和教师都完成工作任务总结后，各小组对自己的工作岗位进行“整理、整顿、清扫、清洁、安全、素养”6S处理；归还所借的工具和实训器件。

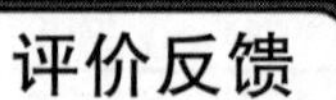

评价反馈

对任务实施情况进行评价，填入表 3－4－10 中。

表 3－4－10　任务实施评价表

<table>
<tr><td>任务名称</td><td colspan="6"></td></tr>
<tr><td>班级</td><td></td><td>姓名</td><td>学号</td><td></td><td>组号</td><td></td></tr>
<tr><td>评价项目</td><td>内容</td><td>配分</td><td>评分要求</td><td>学生自评（20%）</td><td>组员互评（30%）</td><td>教师评价（50%）</td></tr>
<tr><td rowspan="7">专业能力（80 分）</td><td>回答引导问题</td><td>5</td><td>正确完成引导问题问答</td><td></td><td></td><td></td></tr>
<tr><td>配置 I/O</td><td>10</td><td>I/O 分配合理</td><td></td><td></td><td></td></tr>
<tr><td>绘制电气图</td><td>10</td><td>按任务要求完成电气接线图绘制，输入/输出点使用与 I/O 分配表对应无误</td><td></td><td></td><td></td></tr>
<tr><td>连接硬件</td><td>15</td><td>按电气接线图正确连接硬件，元器件及导线选用正确合理</td><td></td><td></td><td></td></tr>
<tr><td>设计程序</td><td>25</td><td>完成程序编辑，编译无语法错误，符合程序设计规范，简洁高效</td><td></td><td></td><td></td></tr>
<tr><td>调试程序</td><td>10</td><td>按要求完成程序调试，能实现任务要求的全部功能</td><td></td><td></td><td></td></tr>
<tr><td>撰写报告</td><td>5</td><td>按规定格式完成实训报告撰写，内容完整，描述准确、规范</td><td></td><td></td><td></td></tr>
<tr><td rowspan="6">综合素养（20 分）</td><td>遵守课堂纪律</td><td>3</td><td>遵循行业企业安全文明生产规程，自觉遵守课堂纪律</td><td></td><td></td><td></td></tr>
<tr><td>规范操作</td><td>5</td><td>规范任务实施中的各项操作，防范安全事故，确保人、设备安全</td><td></td><td></td><td></td></tr>
<tr><td>6S 管理</td><td>3</td><td>按要求实施现场 6S 管理</td><td></td><td></td><td></td></tr>
<tr><td>团队合作</td><td>5</td><td>工作任务分配合理，组员积极参与、沟通顺畅、配合默契</td><td></td><td></td><td></td></tr>
<tr><td>工作态度</td><td>2</td><td>主动完成分配的任务，积极协助其他组员完成相关工作任务</td><td></td><td></td><td></td></tr>
<tr><td>创新意识</td><td>2</td><td>主动探究，敢于尝试新方式方法</td><td></td><td></td><td></td></tr>
<tr><td colspan="4">小计</td><td></td><td></td><td></td></tr>
<tr><td colspan="4">总成绩</td><td colspan="3"></td></tr>
<tr><td>指导教师签字</td><td colspan="3"></td><td>日期</td><td colspan="2"></td></tr>
</table>

任务拓展

在完成本任务的基础上，增加三个要求：

（1）当启动 M4 后，M3 未启动之前，按下停止按钮，则 M4 立即停止。再回到初始状态。

（2）当 M4 和 M3 都启动了，M2 未启动之前，按下停止按钮。M3 立即停止，5 s 后 M4 停止。

（3）当 M4、M3 和 M2 都启动了，M1 未启动之前，按下停止按钮。M2 立即停止，5 s 后 M3 停止。5 s 后 M4 停止。

案例参考

皮带运输机传送系统设计

案例： 有一个用三条皮带运输机的传送系统，分别用三台电动机带动，控制要求如下。按下启动按钮后，M1 的电动机先启动，启动 3 s 后，然后按顺序启动 M2、M3 电动机。启动间隔时间都是 3 s。当电动机都启动完成后，若按下停止按钮，电动机全部停止。

分析： 该任务为顺序控制逻辑。我们可以使用顺序控制语言 GRAPH 完成。把任务分为 4 步，第一步为启动 M1，第二步为启动 M2，第三步为启动 M3，第四步为停止动作，电动机全部停止。流程图如图 3－4－16 所示。

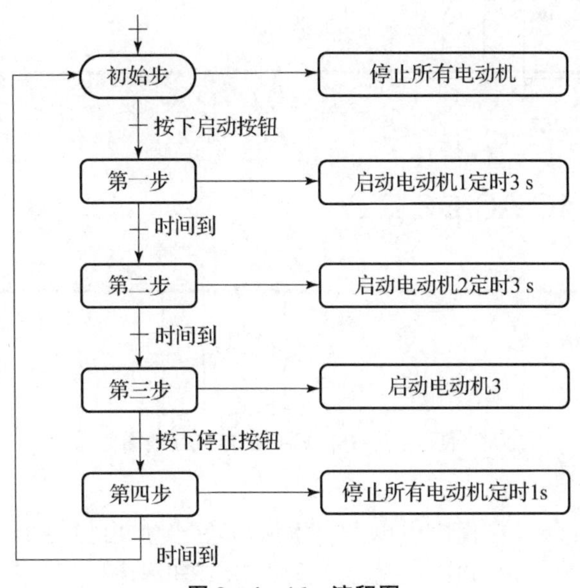

图 3－4－16 流程图

实施步骤：

1. PLC 的 I/O 和变量分配

根据前面分析得出，输入信号主要有启动按钮、停止按钮，输出信号控制三台电动机。对这些进行分配，如表 3－4－11 所示。变量表如图 3－4－17 所示。

表 3-4-11　PLC I/O 分配表

输入信号				输出信号			
序号	PLC 输入点	器件名称	功能说明	序号	PLC 输出点	器件名称	功能说明
1	I0. 0	SB1	启动按钮	1	Q0. 0	KM1	电动机 1
2	I0. 1	SB2	停止按钮	2	Q0. 1	KM2	电动机 2
				3	Q0. 2	KM3	电动机 3

默认变量表

	名称	数据类型	地址	保持	从 H...	从 H...	在 H...	监控	注释
1	电机1	Bool	%Q0.0		✓	✓	✓		
2	电机2	Bool	%Q0.1		✓	✓	✓		
3	电机3	Bool	%Q0.2		✓	✓	✓		
4	电机1启动	Bool	%M10.0		✓	✓	✓		
5	电机2启动	Bool	%M10.1		✓	✓	✓		
6	停止信号	Bool	%M10.2		✓	✓	✓		
7	启动	Bool	%I0.0		✓	✓	✓		
8	停止	Bool	%I0.1		✓	✓	✓		
9	<新增>				✓	✓	✓		

图 3-4-17　PLC 的变量表

2. PLC 的 I/O 接线图

根据控制要求及 I/O 分配表，绘制出 PLC 的 I/O 接线图，如图 3-4-18 所示。

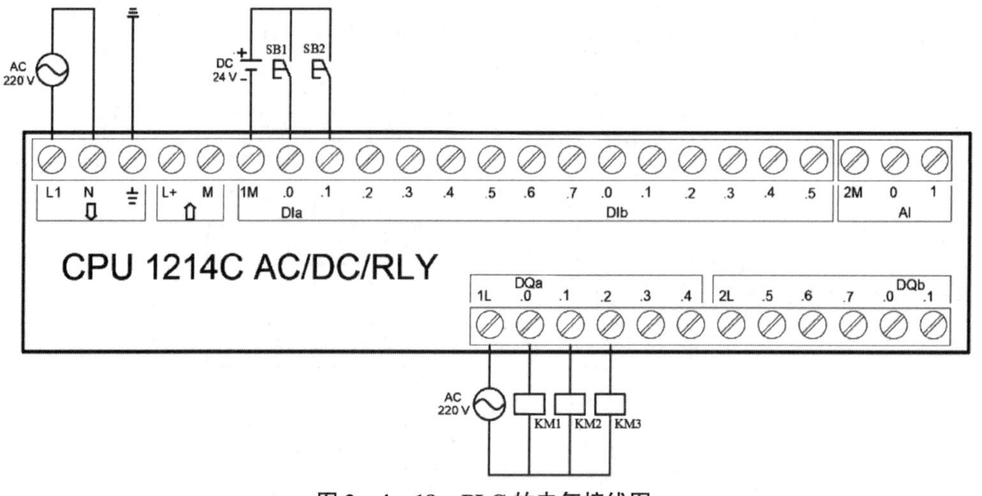

图 3-4-18　PLC 的电气接线图

3. 编写程序

（1）创建 GRAPH 块。在程序中单击“添加新块”，弹出如图 3-4-4 所示的对话框，在语言下拉列表中选择“GRAPH”，就可以添加 GRAPH 程序块了。

（2）绘制顺控器。从图 3-4-16 流程图看出，任务需要绘制 5 步，到第 5 步后再跳转回到初始步。绘制完成如图 3-4-19 所示。

（3）完成步的动作和转换条件。根据图 3-4-16 所示流程图完成每步的动作和转换条件编写。步的动作中，启动电动机主要使用 D 指令完成时间的定时，由于启动电动机后要一直保持运行，因此使用 S 指令完成。详细设置如图 3-4-20 所示。

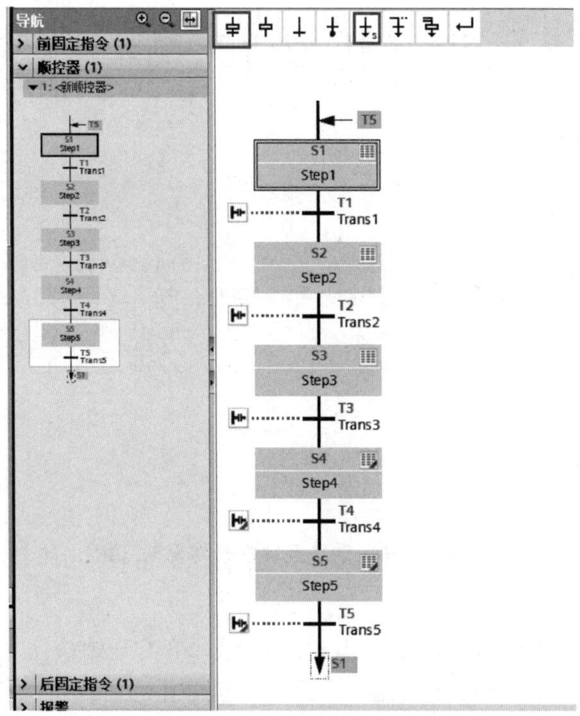

图 3－4－19　顺控器框架

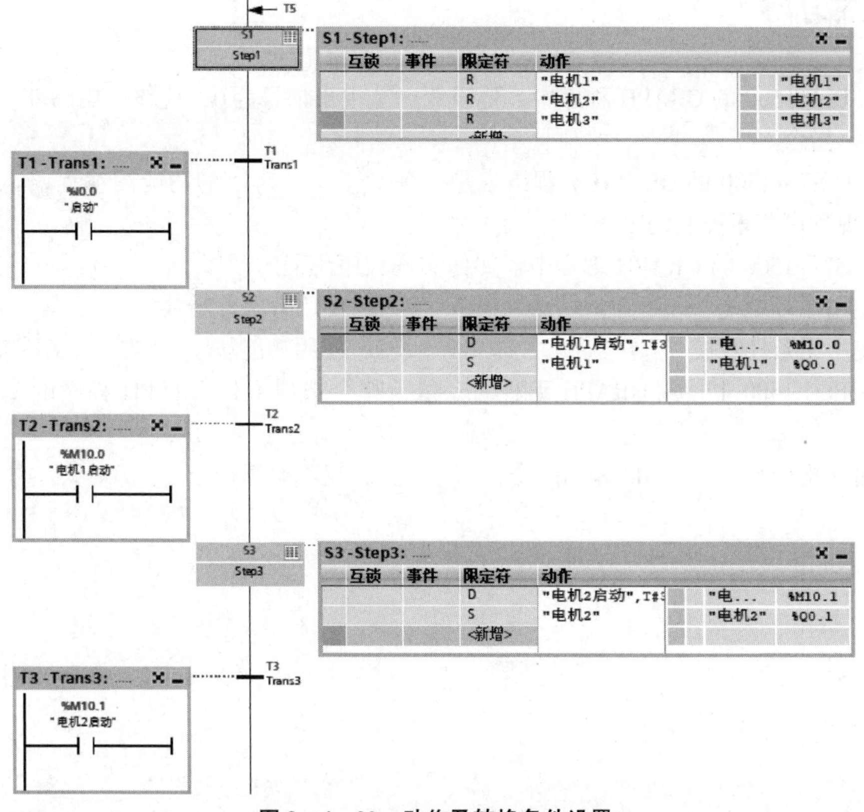

图 3－4－20　动作及转换条件设置

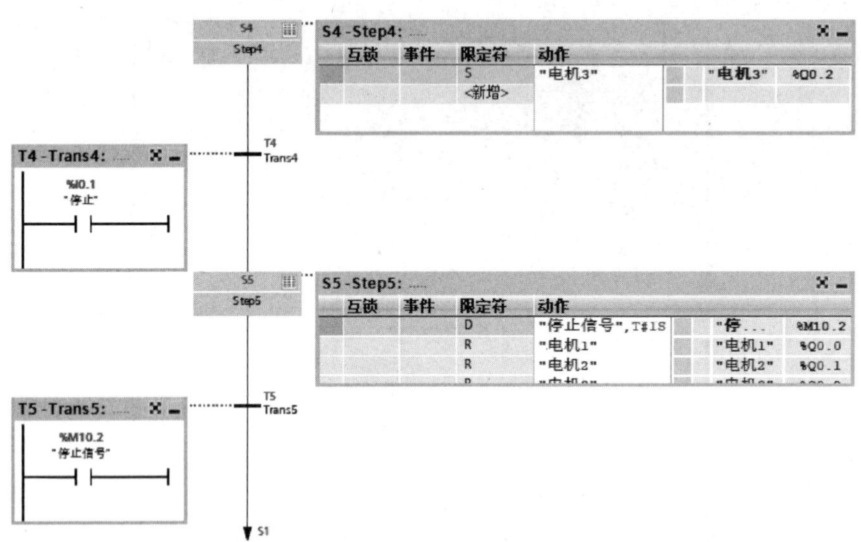

图 3 - 4 - 20 动作及转换条件设置（续）

4. 系统调试

下载完成后，单击 PLC 运行按钮，让 PLC 运行。单击开始按钮，将看到三台电动机顺序启动。启动完成后，再单击停止按钮，三台电动机停止运行。本次任务调试完成。

任务练习

1. 在 PLC 1500 的 GRAPH 程序中，要设置一个输出信号为 0，应该使用标准动作指令中的________指令。

2. PLC S7 - 1500 的 GRAPH 编程语言是一种基于________的功能图编程语言，适用于设计和实现顺序逻辑控制程序。

3. 在 S7 - 1500 的 GRAPH 编程中，如何实现程序流程的循环？（　　）

A. 使用循环结构　　B. 使用有条件转换

C. 使用无条件转换　　D. 使用功能块

4. 在 PLC 1500 上使用 GRAPH 编程时，以下哪个选项不是 GRAPH 程序的基本组成部分？（　　）

A. 输入指令　　B. 输出指令　　C. 逻辑运算指令　　D. 文本注释

参考文献

［1］周文军，胡宁峪，叶远坚．西门子 S7－1200/1500 PLC 项目化教程［M］．广州：华南理工大学出版社，2020.

［2］陶权．PLC 控制系统设计、安装与调试（第 5 版）［M］．北京：北京理工大学出版社，2022.

［3］吴繁红，雷宁，陈岭，等．西门子 S7－1200 PLC 应用技术项目教程［M］．2 版．北京：电子工业出版社，2022.

［4］刘治满，高晓霞．PLC 应用技术项目工单实践教程（S7－1500）［M］．北京：北京理工大学出版社，2022.

［5］侍寿永，王玲．西门子 PLC、变频器与触摸屏技术及综合应用（S7－1200、G120、KTP 系列 HMI）［M］．北京：机械工业出版社，2023.

［6］王淑芳．电气控制与 S7－1200 PLC 应用技术［M］．2 版．北京：机械工业出版社，2020.

［7］段礼才，黄文钰．西门子 S7－1200 PLC 编程及使用指南（第 2 版）［M］．北京：机械工业出版社，2020.

［8］廖常初．S7－1200 PLC 编程及应用（第 4 版）［M］．北京：机械工业出版社，2021.

［9］李林涛．西门子 S7－1200/1500 PLC 从入门到精通［M］．北京：机械工业出版社，2022.

［10］侍寿永．西门子 S7－1200 PLC 编程及应用教程（第 2 版）［M］．北京：机械工业出版社，2021.

［11］余攀峰．西门子 S7－1200 PLC 项目化教程［M］．北京：机械工业出版社，2022.

［12］王烈准，孙吴松．S7－1200PLC 应用技术项目教程［M］．北京：机械工业出版社，2022.